资助项目：国家重点研发计划项目（2018YFE0127

科技部援外项目（KY201904016）

马铃薯种薯生产 与质量检测

吕典秋　闵凡祥　主编

中国农业出版社
北　京

内 容 简 介

　　本书全面系统地阐述了马铃薯种薯生产相关理论知识、实践经验和操作技术，反映了中国马铃薯种薯产业发展和种薯认证体系架构。全书共分五章，第一章简要概述了国内外马铃薯产业现状及发展趋势等；第二章阐述了马铃薯茎尖脱毒与组织培养相关概念及原理，马铃薯脱毒苗快繁技术操作流程；第三章从原原种基质栽培技术、营养液栽培技术、潮汐式生产技术、大田种薯栽培技术等方面阐述了马铃薯种薯优质高效生产理论和栽培管理措施，并概述了马铃薯种薯储藏技术及原理；第四章介绍了马铃薯主要病虫害及综合防控措施，涵盖了病毒病、类病毒病、真菌性病害、细菌性病害、胞囊线虫病、虫害、非侵染性病害等；第五章详述了马铃薯种薯生产资格认证流程、种薯质量检验程序和种薯质量认证网络平台构建等内容。

　　本书具有产业特色，全面系统介绍了马铃薯种薯生产与质量检测，具有可操作性和实践指导性，可供科技工作者、马铃薯生产从业者、大专院校师生阅读借鉴。

主　　编　吕典秋　闵凡祥

副 主 编　胡林双　王晓丹　宿飞飞　范国权

参　　编（按姓氏笔画排序）

于洪涛　马　纪　王文重　王绍鹏　申　宇

刘尚武　刘振宇　李　勇　李　辉　杨　帅

邱彩玲　张　抒　张　威　张静华　高云飞

高艳玲　董学志　魏　琪

Contents | 目 录

第一章

马铃薯产业现状 / 1

第一节 世界马铃薯的种植现状 ·········· 1

一、世界马铃薯的面积分布 ·········· 1

二、世界马铃薯产量与单产水平 ·········· 2

三、世界马铃薯的消费利用情况 ·········· 3

四、世界马铃薯贸易情况 ·········· 3

第二节 我国马铃薯的种植现状 ·········· 4

一、我国马铃薯种植面积和总产量 ·········· 5

二、我国马铃薯单产水平 ·········· 6

三、我国马铃薯消费结构情况 ·········· 6

四、我国马铃薯机械化水平 ·········· 7

五、我国马铃薯品种选育 ·········· 7

六、我国种薯认证体系 ·········· 8

第三节 我国马铃薯种薯的生产现状 ·········· 8

一、我国马铃薯种薯生产区域划分及种植面积 ·········· 8

二、我国马铃薯种薯生产市场规模 ·········· 9

三、我国马铃薯种薯繁育、生产企业及部门 ·········· 9

四、我国种薯生产存在问题 ·········· 10

第四节 马铃薯种薯生产的现实意义 ·········· 12

一、马铃薯种薯生产发展趋势 ·········· 12

二、马铃薯种薯生产前景 ·········· 12

三、马铃薯种薯生产的现实意义 ·········· 13

第二章

马铃薯茎尖脱毒与组织培养 / 15

第一节 马铃薯退化原因和机理 ·········· 15

一、马铃薯退化的概念 ·········· 15

二、马铃薯退化的原因假说 ·········· 15

第二节　马铃薯茎尖脱毒技术 ·················· 16
一、马铃薯茎尖脱毒的研究进展 ·················· 16
二、马铃薯茎尖脱毒的概念 ·················· 16
三、马铃薯茎尖脱毒原理 ·················· 17
四、马铃薯脱毒方法 ·················· 17
五、马铃薯茎尖脱毒技术要点 ·················· 19
六、影响马铃薯茎尖脱毒效果的因素 ·················· 23
七、马铃薯茎尖脱毒的注意事项 ·················· 25
八、马铃薯茎尖脱毒苗的保存技术 ·················· 26
第三节　马铃薯脱毒苗快繁技术 ·················· 27
一、马铃薯脱毒苗快繁的概述 ·················· 27
二、马铃薯脱毒苗快繁技术 ·················· 27
三、马铃薯脱毒苗快繁简化技术 ·················· 30
第四节　马铃薯脱毒苗快繁过程中污染和异常症状及防控 ·················· 31
一、脱毒苗污染症状及防控措施 ·················· 31
二、脱毒苗异常症状及防控措施 ·················· 32

第三章
马铃薯脱毒种薯繁育 / 34

第一节　马铃薯原原种基质栽培技术 ·················· 34
一、马铃薯原原种等级标准及质量要求 ·················· 34
二、马铃薯原原种基质生产栽培技术 ·················· 37
第二节　马铃薯原原种营养液栽培技术 ·················· 50
一、营养液栽培技术简介 ·················· 50
二、马铃薯原原种营养液栽培设备 ·················· 53
三、马铃薯原原种营养液栽培技术实施方案 ·················· 55
第三节　马铃薯原原种潮汐式生产技术 ·················· 60
一、马铃薯原原种潮汐式生产技术的优势 ·················· 60
二、马铃薯原原种潮汐式生产技术构成 ·················· 60
三、潮汐式灌溉系统的特点 ·················· 62
四、潮汐灌溉在马铃薯种薯生产上的应用 ·················· 63
第四节　马铃薯大田种薯生产技术 ·················· 64
一、马铃薯种薯繁育基地的选择 ·················· 64
二、马铃薯种薯的田间繁育技术 ·················· 65
三、马铃薯种薯的养分管理 ·················· 70
第五节　马铃薯种薯储藏技术 ·················· 74
一、马铃薯种薯储藏 ·················· 74
二、种薯储藏常见问题和解决方法 ·················· 80

■■■■ **第四章**

马铃薯主要病虫害及综合防控 / 84

第一节　马铃薯主要病毒病及防控 ……………………………………… 84
　一、马铃薯主要病毒病简介 ………………………………………… 84
　二、马铃薯主要病毒病的防控 ……………………………………… 90
第二节　马铃薯类病毒病及防控 ………………………………………… 92
　一、马铃薯类病毒病简介 ………………………………………… 92
　二、马铃薯类病毒病的防控 ……………………………………… 94
第三节　马铃薯主要真菌性病害及防控 ………………………………… 96
　一、马铃薯晚疫病 ………………………………………………… 96
　二、马铃薯早疫病 ………………………………………………… 99
　三、马铃薯干腐病 ………………………………………………… 102
　四、马铃薯灰霉病 ………………………………………………… 104
　五、马铃薯立枯丝核菌病 ………………………………………… 105
　六、马铃薯癌肿病 ………………………………………………… 108
　七、马铃薯银屑病 ………………………………………………… 112
　八、马铃薯粉痂病 ………………………………………………… 113
第四节　马铃薯主要细菌性病害及防控 ………………………………… 114
　一、马铃薯环腐病 ………………………………………………… 115
　二、马铃薯黑胫病 ………………………………………………… 117
　三、马铃薯软腐病 ………………………………………………… 118
　四、马铃薯青枯病 ………………………………………………… 120
　五、马铃薯疮痂病 ………………………………………………… 121
第五节　马铃薯胞囊线虫病及防控 ……………………………………… 123
　一、病原 …………………………………………………………… 123
　二、发生规律 ……………………………………………………… 125
　三、症状及危害 …………………………………………………… 126
　四、防治方法 ……………………………………………………… 126
第六节　马铃薯主要虫害及防控 ………………………………………… 127
　一、马铃薯虫害发生的原因 ……………………………………… 128
　二、食叶害虫 ……………………………………………………… 129
　三、地下害虫 ……………………………………………………… 139
　四、马铃薯主要虫害的防治 ……………………………………… 144
第七节　马铃薯非侵染性病害及防控 …………………………………… 145
　一、药害 …………………………………………………………… 146
　二、缺素症 ………………………………………………………… 148
　三、马铃薯块茎黑心病 …………………………………………… 151

四、马铃薯块茎畸形 ··· 152

五、马铃薯青皮病 ··· 153

六、马铃薯冻害 ··· 153

七、马铃薯块茎机械损伤 ··· 154

八、马铃薯空心病 ··· 154

■ 第五章
马铃薯种薯质量检测认证 / 156

第一节　国内外马铃薯种薯质量检测的发展 ····························· 156

第二节　马铃薯种薯生产资格认证 ····································· 160

一、申请注册 ··· 160

二、种植地检疫要求 ··· 160

三、种薯生产要求 ··· 160

四、种薯批的概念 ··· 161

第三节　种薯检验程序 ··· 161

一、检疫性病害检验 ··· 161

二、马铃薯脱毒苗的检验 ··· 161

三、马铃薯种薯的田间检验 ··· 161

四、种薯收获后检验 ··· 163

五、库房检验 ··· 167

六、种薯批定级 ··· 168

第四节　种薯检验合格证发放、包装及标签的规定 ····················· 169

一、种薯检验合格证发放 ··· 169

二、种薯包装的规定 ··· 169

三、种薯标签的规定 ··· 170

第五节　马铃薯种薯检测认证网络平台 ································· 170

附录 ··· 171

附录1　马铃薯种薯质量认证申请表 ··································· 171

附录2　认证登记信息表 ··· 172

附录3　种薯生产平面图 ··· 174

附录4　马铃薯种薯质量检测基础信息登记表 ··························· 175

附录5　第____次田间检验记录表 ····································· 175

附录6　马铃薯种薯块茎存储登记表 ··································· 176

附录7　库房（发货前）检测记录表 ··································· 177

附录8　马铃薯种薯质量认证溯源平台操作示范 ························· 178

主要参考文献 ··· 183

第一章 | *Chapter 1*
马铃薯产业现状

马铃薯（*Solanum tuberosum* L.）属茄科茄属双子叶植物，英文名为 potato，在我国又名土豆、洋芋、洋山芋、山药蛋、馍馍蛋等。马铃薯的营养价值很高，含有丰富的维生素及矿物质，优质淀粉含量约为 16.5％，还含有大量木质素等，被誉为人类的"第二面包"。其维生素含量是胡萝卜的 2 倍、大白菜的 3 倍、番茄的 4 倍。近年来我国将马铃薯列为最有发展前景的粮食兼蔬菜作物，其已成为富民强国的重要经济作物和工业原料作物。

第一节　世界马铃薯的种植现状

马铃薯是世界上第四大粮食作物，原产于南美的安第斯山脉，目前已广泛种植于世界各地。据联合国粮食及农业组织（FAO）统计，2014 年全世界种植马铃薯的国家和地区有 163 个，种植面积为 1 805.21 万 hm²，总产量达 3.7 亿 t。

一、世界马铃薯的面积分布

世界马铃薯分布的最大特点是以欧洲、亚洲种植为主，其中中国、俄罗斯、乌克兰、印度四大生产国的种植面积占世界种植面积的一半以上。近几十年来，世界马铃薯的种植面积一直保持在 2 000 万 hm² 左右，在近年略有下降。2014 年亚洲马铃薯种植面积为 916.35 万 hm²，占世界总面积的 50.76％；欧洲为 561.92 万 hm²，占 31.13％；两者合计占世界马铃薯面积的 81.93％。而马铃薯的原产地南美洲种植面积仅 92.03 万 hm²，只占世界马铃薯种植面积的 5.10％。

近年来，世界马铃薯的总面积波动不大，但各大洲种植面积却有较大变化，除整个美洲大陆保持相对稳定外，欧洲的种植面积在持续减少，而亚洲、非洲的种植面积在不断增加。与 20 世纪 90 年代相比，欧洲马铃薯种植面积由 1992 年的 1 038.33 万 hm²，下降到了 2014 年的 561.92 万 hm²，下降了 45.88％。其中，主要种植国俄罗斯、波兰、白俄罗斯、德国种植面积均有所下降，分别减少 20 万 hm²、104 万 hm²、50 万 hm² 和 23 万 hm²，减幅分别为 6％、58％、49％和 45％。亚洲种植面积由 20 世纪 90 年代初的 561 万 hm² 增加到 2014 年的 916.35 万 hm²，增加了 63.34％。其中，中国的种植面积由 299 万 hm² 增加到 491.27 万 hm²，增加了 64.3％；印度、孟加拉国的种植面积分别增加了 40 万 hm² 和 13 万 hm²，增幅达到 43％和 52％；朝鲜的种植面积则由 6.1 万 hm² 猛增到 18.8 万 hm²，增加了 2 倍以上。非洲的种植面积由 20 世纪 90 年代初的 78.61 万 hm² 增加到 2014 年的 164.89 万 hm²，增加了 109.76％。其中，尼日利亚由 20 世纪 90 年代初的仅仅 0.8

万 hm² 增加到 2014 年的 17.5 万 hm²，10 多年间面积增加了近 21 倍，一跃成为非洲第一大马铃薯种植国；卢旺达、肯尼亚、马拉维的种植面积增长幅度也分别达到 190%、140% 和 80%。

目前马铃薯种植面积最大的国家是中国。2014 年中国马铃薯种植面积达到 491.27 万 hm²，占世界马铃薯种植面积的 27.2%，占亚洲马铃薯种植面积的 53.6%。苏联在解体前曾是世界上马铃薯种植面积最大的国家，马铃薯种植面积常年在 600 万 hm² 以上，产量在 7 000 万 t 左右。苏联解体后，中国即成为世界第一大马铃薯种植国。排在世界第二位的是俄罗斯，2014 年种植面积为 317 万 hm²，占世界的 17.6%；再次是乌克兰和印度，面积分别为 160 万 hm² 和 134 万 hm²，占世界的 8.9% 和 7.4%；四大生产国马铃薯种植面积占世界马铃薯总面积的 60% 以上。马铃薯种植面积超过 50 万 hm² 的国家还有波兰（77 万 hm²）、白俄罗斯（52 万 hm²）、美国（51 万 hm²）。

二、世界马铃薯产量与单产水平

在总产上，欧洲和亚洲的马铃薯总产占世界马铃薯总产的 80% 左右，主要生产国地位突出。在单产上，世界平均单产水平不高，不同区域单产水平差异极大。

（一）世界马铃薯总产量情况

随着人类社会的科技进步，世界马铃薯单产水平不断提高，1961—2014 年提高了 67.98%，因而世界马铃薯生产在面积有所下降的情况下，总产保持相对稳定并稳步增加。与面积分布一样，世界马铃薯产量主要集中在欧洲和亚洲。2014 年欧洲产量为 1.25 亿 t，亚洲为 1.75 亿 t，分别占到世界总产的 34% 和 47%。

从各国产量看，中国仍牢牢占据着首位，2014 年总产达到 8 421 万 t，占世界总产的 23%，占亚洲总产的 54%。其次为俄罗斯，总产 3 675 万 t，占世界总产的 12%。印度的总产为 2 316 万 t，排名第三。美国凭借单产的优势（是世界平均水平的 2 倍以上），总产达到 2 082 万 t，排名第四，超越面积在其排名之前的乌克兰、波兰和白俄罗斯。马铃薯总产超过 1 000 万 t 的生产大国还有乌克兰（1 850 万 t）、波兰（1 373 万 t）。

（二）世界马铃薯单产情况

2014 年世界马铃薯单产水平为 20.50 t/hm²，发达国家与发展中国家单产平均水平差距不大。但不同大洲、不同国家受地域、气候、栽培水平的影响，马铃薯单产水平差异很大。北美洲单产最高，为 45.75 t/hm²，是世界平均水平的 2.2 倍；其次为大洋洲，单产为 41.53 t/hm²，是世界平均水平的 2 倍；欧洲单产略高于世界平均水平；亚洲、南美洲单产略低于世界平均水平；非洲单产仅为世界平均水平的 68%，与世界平均水平差距较大。

单产高的国家主要分布在欧洲、北美洲和大洋洲。世界单产最高的国家是新西兰，排在其后的为比利时、丹麦、美国、英国、荷兰，单产均超过 40 t/hm²；而产量低的国家主要分布在非洲，如斯威士兰、布隆迪、中非等国，单产低于 30 t/hm²，不到高水平国家单产水平的 10%，不到世界平均单产水平的 15%。中国的单产水平为 17 138 kg/hm²，比世界平均水平低 16.48%。

三、世界马铃薯的消费利用情况

从总体上看，世界马铃薯的直接利用和加工利用均以食品用途为主，不同国家人均消费量差异大。

根据1999—2001年统计数据，世界人均马铃薯占有量为51.8 kg，其中用于食用的为32.1 kg，占62%；其次为用于饲料，占14%；用于种薯的占11%；其余的13%为加工、其他用途及损耗。由于历史和传统习惯的不同，各国对马铃薯的加工利用方式不同，人均消费量也各不相同。发展中国家与发达国家对于马铃薯消费利用的主要差异在消费量。全世界人均马铃薯年消费量为32.1 kg，而发达国家人均年消费量达73.9 kg，发展中国家人均年消费量只有20.4 kg。但是，与20世纪60年代初的9 kg相比，发展中国家人均年消费量已增长了一倍多，消费潜力巨大。从各大洲看，欧洲人均年消费量最高，为93.6 kg，其余依次是大洋洲（47.3 kg）、北美洲（45.1 kg）、南美洲（31 kg）、亚洲（22.4 kg）、非洲（12.3 kg）。

人均马铃薯消费量最大的国家集中在东欧和中亚地区，年人均消费量超过100 kg。吉尔吉斯斯坦年人均消费量为148.8 kg，为世界之最。西欧地区，北美的美国、加拿大，南美的阿根廷、秘鲁、智利、玻利维亚等人均消费量也较大，年人均消费量在50 kg以上。非洲的马拉维年人均消费量达到112.7 kg，是非洲平均水平的10倍，在非洲众国家中鹤立鸡群；其次的卢达旺，消费量也有50.7 kg。亚洲的土耳其、黎巴嫩年人均消费量超过50 kg；伊朗、以色列、朝鲜等超过40 kg。中国年人均消费量为31.3 kg，与世界平均水平基本持平，但是，与1994—1996年的14 kg相比，短短几年时间，人均消费量翻了一番还多，增长速度很快。

在利用途径方面，发达国家与发展中国家差别不是很大。发达国家马铃薯的食品消费比例为54%，而发展中国家为70%，发展中国家高出16个百分点；在饲料比例方面，发达国家为18%，而发展中国家为9%，发达国家高出一倍；在储藏、运输、加工等环节的损耗方面，发达国家为6%，而发展中国家为9%，发展中国家损耗较大；种薯使用方面，发达国家用去了产量的15%，而发展中国家只是7%。但是发达国家高达15%的用种比例是否包括出口的种薯在内，统计未予说明。关于加工，要专门说明的是，由于联合国粮食及农业组织推行标准化统计，能够还原成马铃薯的马铃薯加工产品（如薯条、马铃薯泥等）又折回马铃薯计入食品利用统计项，不能还原成马铃薯的加工产品才计入加工统计，因而在加工统计中的加工比例不是实际加工比例，这样的统计结果是发达国家与发展中国家及世界平均的加工用途比例均为4%。尽管如此，荷兰的加工统计比例仍高达50%，遥居世界首位。新西兰的加工比例为16%，也是比较高的。中国的加工比例为8%，高出世界平均水平4个百分点。若不以上述方式统计，从相关资料综合来看，发达国家的总体加工利用水平是高于发展中国家的。

四、世界马铃薯贸易情况

世界马铃薯贸易以鲜马铃薯和冻马铃薯为主，在主要地区的主要国家之间展开。据统计，2002年世界马铃薯及其制品进出口贸易的总量为2 409万t，占世界马铃薯总产量的7.5%，贸易值为84亿美元。从贸易构成看，由鲜马铃薯、冻马铃薯、马铃薯粉三大块构成，在数量上以鲜马铃薯为主，在贸易值上以冻马铃薯为主。其中，鲜马铃薯的进出口量为1650万t，占马铃薯总贸易量的68.5%；贸易值为34亿美元，占总贸易值的40%。冻马铃薯的进出口量为707万t，占29.3%；贸易值为45亿美元，占54%。马铃薯粉的进出口量为52万t，占2.2%；贸易值为近5亿美元，占6%。

近年来世界马铃薯贸易的主要特点有三个。

一是马铃薯整体贸易保持较快增长速度，冻马铃薯贸易增长迅猛。1980—2002年，马铃薯贸易处在一个速度较快的增长期。与1980年相比，2002年世界马铃薯进出口总额由23.6亿美元增长到83.9亿美元，增长2.6倍，而同期世界农产品进出口总额只增长了85%。具体看，鲜马铃薯的进出口量由960万t增长到1650万t，增长72%；贸易值由19.5亿美元增长到34亿美元，增长74%。冻马铃薯的贸易量从39万t增长到707万t，增长17倍；贸易额从2.7亿美元增长到45亿美元，增长16倍。马铃薯粉的贸易量从18万t增长到52万t，增长1.9倍；贸易值从1.4亿美元增长到4.7亿美元，增长2.4倍。由此可以看出，在1980—2002年的马铃薯贸易中，冻马铃薯贸易是增长最快的。但值得注意的是，马铃薯贸易的增长速度已经减缓，尤其是在贸易额上。1980—1995年15年间马铃薯贸易量增长84%，贸易值增长2.7倍；而1995—2002年贸易量只增长了28%，贸易值还下降了4%。

二是贸易集中度高，西欧与北美发达国家占绝大部分份额。纵观世界马铃薯贸易，一个重要特点是其贸易在重点区域的重点国家展开，再具体一点就是在西欧和北美的发达国家展开。欧洲的贸易量和北美与中美的贸易量分别占世界总贸易量的69%和16%，贸易值分别占世界总贸易值的61%和23%。而西欧的贸易量与贸易值均占到欧洲的95%。欧洲的7个主要贸易国家（荷兰、比利时、德国、法国、英国、意大利、西班牙）、北美的2个发达国家（美国和加拿大）连同亚洲的日本，10个主要贸易国的贸易量与贸易值占到世界的76%，其中荷兰一国的贸易量就占到世界的20%。

三是马铃薯贸易整体价格呈现稳定增长态势，但增长速度已经放缓。具体看，鲜马铃薯价格基本保持稳定，冻马铃薯价格略降，而马铃薯粉价格有一定上涨。与1980年相比，2002年世界马铃薯贸易产品平均价格由233美元/t上涨到了348美元/t，上涨了50%。其中，鲜马铃薯的价格由203美元/t上涨到207美元/t，基本保持稳定；冻马铃薯的价格由708美元/t下降到637美元/t，下降10%；马铃薯粉的价格由783美元/t增长到900美元/t，增长了15%。几种马铃薯贸易产品的价格峰值均出现在20世纪90年代中期。1995年的马铃薯贸易产品平均价格和鲜马铃薯、冻马铃薯、马铃薯粉价格分别较1980年上涨了100%和63%、31%、47%，而2002年的价格则又分别较峰值下降了25%、37%、31%、21%。

第二节　我国马铃薯的种植现状

马铃薯于明朝万历年间传入我国，在我国已经有400多年的栽培历史。由于马铃薯具有极高的营养价值、巨大的增产潜力和广阔的产业发展前景，近年来，我国马铃薯产业得到了迅猛发展，正在从数量扩张阶段转向稳定规模、提升质量、持续创新的繁荣发展阶段。目前，我国已成为世界上最大的马铃薯生产国，马铃薯的产量和种植面积均居世界第一位。

一、我国马铃薯种植面积和总产量

世界马铃薯种植面积的分布主要在亚洲和欧洲，占据了世界总种植面积的 80% 以上。欧洲马铃薯生产主要集中在 5 个国家，其中以荷兰与比利时最为典型，是欧洲传统马铃薯生产强国。2014 年荷兰和比利时马铃薯种植面积分别为 15.55 万 hm² 和 8.11 万 hm²，产量分别为 710.03 万和 438.06 万 t。2006—2014 年数据显示（表 1-1、表 1-2），2014 年荷兰马铃薯种植面积与 2006 年相比有所减少，但总产量却增加 13.79%；比利时不仅种植面积增加了 20.51%，而且总产量也增加了 68.95%。近年来，我国马铃薯生产增长迅猛，成为世界上最大的马铃薯生产国。2006 年种植面积仅为 421.34 万 hm²，2014 年达到 491.27 万 hm²，增幅为 16.60%；2006 年总产量为 6 453.61 万 t，2014 年总产量为 8 421.18 万 t，总产量增加了 30.49%。2014 年，荷兰和比利时马铃薯种植面积仅为我国马铃薯种植面积的 3.17% 和 1.65%，但总产量却达到了我国总产量的 8.43% 和 5.20%，主要原因在于其拥有先进的马铃薯生产技术。截至 2014 年，我国马铃薯种植面积占世界总面积的 27.21%，总产量占世界总产量的 22.76%，我国已经成为推动世界马铃薯产业发展的重要力量。2015 年，随着国家马铃薯主粮化战略的提出，马铃薯在我国粮食生产中占据越来越重要的地位。

表 1-1 2006—2014 年马铃薯种植面积（万 hm²）

年份	比利时	荷兰	中国	世界
2006	6.73	15.58	421.34	1 780.28
2007	6.79	15.69	436.28	1 801.09
2008	6.39	15.19	452.07	1 816.60
2009	7.37	15.50	484.74	1 858.15
2010	8.18	15.70	488.82	1 817.36
2011	8.23	15.92	510.37	1 869.96
2012	6.45	14.98	503.27	1 869.83
2013	7.54	15.58	502.78	1 850.73
2014	8.11	15.55	491.27	1 805.21

表 1-2 2006—2014 年马铃薯产量（万 t）

年份	比利时	荷兰	中国	世界
2006	259.28	623.96	6 453.61	30 757.28
2007	318.98	687.04	6 382.04	31 319.85
2008	294.32	692.27	6 863.31	32 721.69
2009	329.61	718.10	6 988.59	33 078.03
2010	345.58	684.35	7 659.22	32 866.45
2011	412.87	733.35	8 363.63	36 978.51
2012	292.98	676.56	8 400.39	36 105.08
2013	342.80	657.69	8 593.08	36 520.65
2014	438.06	710.03	8 421.18	37 001.45

二、我国马铃薯单产水平

从单产水平来看（表 1-3），2006—2014 年，世界马铃薯平均单产为 18.56 t/hm²，我国平均单产为 15.83 t/hm²。比利时单产水平较高，平均单产为 45.95 t/hm²，是世界平均单产的 2.48 倍，是我国平均单产的 2.90 倍。荷兰平均单产为 44.27 t/hm²，是世界平均单产的 2.39 倍，是我国平均单产的 2.80 倍。相比之下，我国单产水平明显低于世界平均水平，所以我国在提高马铃薯单产水平方面尚有巨大潜力。荷兰和比利时是欧洲马铃薯生产较为发达的地区，其种薯质量、生产投入、机械化水平以及良种应用率等都很高。由于生产技术、种薯质量、机械投入等方面的不足，我国马铃薯产业发展受到严重限制，从而导致了我国虽是马铃薯生产大国，却不是生产强国的现状。

表 1-3 2006—2014 年马铃薯单产水平（t/hm²）

年份	比利时	荷兰	中国	世界
2006	38.55	40.05	15.32	17.28
2007	46.95	43.79	14.63	17.39
2008	46.07	45.57	15.18	18.01
2009	44.71	46.34	14.42	17.80
2010	42.27	43.60	15.67	18.08
2011	50.14	46.06	16.28	19.68
2012	45.42	45.17	16.77	19.31
2013	45.46	42.21	17.09	19.73
2014	54.00	45.66	17.14	20.50
平均	45.95	44.27	15.83	18.56

三、我国马铃薯消费结构情况

马铃薯是粮菜兼用作物，除鲜食外，还广泛应用于饲料、种薯、加工等领域。从世界范围看，马铃薯主要以鲜食为主，占总量 60%，饲用和种用占比总和超过 20%；统计分析显示，我国鲜食和饲用占比相对较高，分别为 64.66% 和 16.86%，但加工占比不足 10%。比利时马铃薯产业发达，加工占比超过 40%，出口为 34.52%，鲜食为 11.46%，损耗低于 2%。荷兰种薯认证体系健全，出口占比 63.09%，鲜食为 15.92%，饲用为 6.11%，损耗为 2.04%，加工占比则很低（表 1-4）。总的来说，荷兰和比利时马铃薯以出口和加工为主，而我国则以鲜食、饲用和种用为主。马铃薯产业链较长，生产产品种类繁多。除熟悉的薯条、薯片、薯粉、粉丝以外，马铃薯还可加工为全粉、淀粉等，被广泛应用于速冻食品、膨化食品、调味品以及面包、馒头、面条、蛋糕等食品生产中。马铃薯变性淀粉还可作为添加剂、黏结剂和稳定剂等应用于食品、制药、造纸、纺织和化工等行业。荷兰和比利时充分利用技术优势延长马铃薯产业链，使其产值增加 5~10 倍，并做到专品种专用途。随着我国经济发展和城乡居民收入提高，健康饮食文化理念发展，马铃薯作为主粮的消费形式，已经渗透到生活各领域中，并影响着人们生活。

表 1-4 不同国家马铃薯消费情况比较（％）

消费方式	比利时	中国	荷兰	世界
食用	11.46	64.66	15.92	59.30
加工	40.60	9.45	1.70	3.21
出口	34.52	0.62	63.09	7.01
饲用	11.00	16.86	6.11	12.27
种薯	0.57	3.25	2.44	8.14
损耗	1.82	4.96	2.04	7.89
其他	0.02	0.20	8.70	2.18

四、我国马铃薯机械化水平

目前我国马铃薯机械化水平较低，与荷兰、比利时机械化水平存在较大差距。2011年，我国马铃薯机耕水平 48％，机播水平 19.6％，机收水平 17.7％（图 1-1），而我国其他粮食作物机械化水平为 61％。国际上，荷兰和比利时马铃薯耕种收综合机械化水平高达 98％。相比之下，我国马铃薯耕种收综合机械化水平低于我国农机化综合水平十几个百分点，低于荷兰和比利时农机化综合水平近 50 个百分点。在我国农业机械化发展中，马铃薯机械化发展是显而易见的短板。由于马铃薯生产机械化水平较高，荷兰和比利时种植 120 hm² 马铃薯，仅需要 2 人，而我国种植同等面积马铃薯，仅收获期，就需要近百人收获 15 d。而且，这里所说马铃薯全程机械化只是一个相对的定义，仅包括整地、播种、田间管理、杀秧、挖掘等机械化过程，而不包括人工种薯切块、挖掘后人工捡拾、分选、分级、装车及仓储等过程。因此，我国马铃薯机械化发展要走很长的路，才能达到国外通常意义上的综合全程机械化水平。

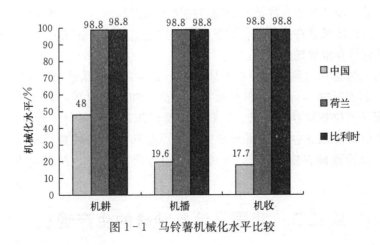

图 1-1 马铃薯机械化水平比较

五、我国马铃薯品种选育

荷兰马铃薯育种源自私人自发的选育。专业的育种企业和私人育种者是整个马铃薯育种的核心，每年资金投入高达 2 亿元左右，主要从事杂交育种、试验新品种和进行注册，还负责品种分配。一旦选育 1 个新品种，选育者就拥有 30 年的专有贸易权。荷兰现注册的马铃薯品种有 400 余个，其中主要有以下 7 个品种，分别是 Spunta, Fontane, Agria, Innovtor, Dessiree, Bintje 和 Agata，占荷兰种植总面积 80%。比利时拥有马铃薯品种有 300 余种，主要以加工薯为主，现主栽品种分别是 Bintje（30%～35%）、Fontane（30%～35%）、Innovtor（10%～15%）、Lady claire（5%～10%），其他鲜食品种占 10%。其中，在比利时拥有近百年历史的 Bintje 由于非常适合加工炸薯条，目前依然是比利时种植面积最大的品种。

我国马铃薯选育工作经历了国外引种、种间杂交、生物技术育种的发展过程。据统计，我国已选育的品种有 190 多个，拥有一定推广面积的品种有 90 多个，约占我国种植面积的 90%，其中种植面积较大的品种为克新 1 号、中薯 5 号、Favorita、中薯 3 号、东农 303、大西洋、夏波蒂等。但由于育种策略的问题，过度强调高产抗病育种，进而忽略品质育种，使得现有种植的专用型品种（尤其是高品质高淀粉的加工专用品种）稀缺，无法满足产业发展、出口创汇和机械化操作的需求。

六、我国种薯认证体系

在欧洲，只有通过种薯质量认证的种薯才能对外销售。荷兰和比利时均强制执行马铃薯种薯质量认证制度，其中荷兰的种薯认证体系最为健全。荷兰是欧洲主要的马铃薯种薯生产大国，每年生产 70 万 t 种薯，销往世界 80 多个国家，出口量居世界首位。荷兰种薯认证机构是荷兰农作物种子及马铃薯种薯检测机构（NAK），负责进行种薯检疫病害的检测和市场监督，主要承担的工作包括：植物检疫性病害检测、出口认证检疫、PCN 样品的采集与检测、青枯病和环腐病检测、承担来自植物保护局（PPS）的任务及审核。比利时种薯检测机构是瓦隆农业研究中心，执行不同认证标准，但均高于欧盟标准。在荷兰和比利时，马铃薯市场的健康有序状态是通过法律来维护的，也可以说荷兰和比利时马铃薯种薯的检测、认证体系是在法律的保护下顺利有效地实施的，确保了荷兰和比利时马铃薯生产整体水平保持在世界领先地位。

目前我国马铃薯种薯质量检测技术体系尚不完善，质量认证和市场准入制度还没有建立。我国在国家标准和行业标准方面并不比荷兰和比利时落后，主要是管理体系不完善，导致无法严格贯彻执行标准。且我国幅员辽阔，气候条件、地理状况复杂多样，使得我国种薯认证体系无法涵盖所有地区，进而导致马铃薯种薯质量监督检验与马铃薯生产脱节，马铃薯种薯质量较差、种薯市场处于无序状态，严重制约了我国马铃薯走出国门。

第三节　我国马铃薯种薯的生产现状

一、我国马铃薯种薯生产区域划分及种植面积

我国马铃薯种薯生产主要集中在内蒙古、甘肃、宁夏、黑龙江、云南和贵州等省份，占全国种植面积 90% 以上。截至 2014 年，我国具有一定规模的马铃薯种薯生产单位数量

达 129 家，遍布全国 24 个省份。其中，北方一作区有 62 家，占 48.1%，主要分布在黑龙江（17 家）、甘肃（13 家）、内蒙古（9 家）、宁夏（7 家）、辽宁（6 家）等省份；中原二作区有 42 家，占 32.6%，主要分布在山东（8 家）、河北（7 家）、湖南（5 家）、陕西（5 家）、湖北（4 家）等省份；西南混作区有 23 家，占 17.8%，主要分布在四川（10 家）、云南（7 家）等省份；南方二作区仅 2 家，占 1.6%，主要分布在福建。

二、我国马铃薯种薯生产市场规模

我国马铃薯种植面积及总产量均居世界首位。据统计，2014 年，我国马铃薯播种总面积达到 491.27 万 hm^2。按三级种薯繁育体系计算，若要实现我国马铃薯播种的全部脱毒化，理论上全国每年需求一级种薯约为 117 亿 kg，原种 11.7 亿 kg，原原种 39 亿粒，需要脱毒种苗 19.5 亿株。通过对我国主要马铃薯种薯生产企业生产能力调查显示，目前我国每年原原种的实际生产数量仅为 10 亿粒左右，原种为 3 亿 kg，一级种薯约为 30 亿 kg，脱毒种薯普及率不足 30%。这些数据表明，我国马铃薯种薯市场发展空间巨大。

三、我国马铃薯种薯繁育、生产企业及部门

马铃薯种薯生产包括种质资源构建、优良品种选育、脱毒试管苗及种薯繁育等环节。

（一）马铃薯种薯繁育概况

马铃薯产业的发展首先与马铃薯种质资源密切相关，优良的马铃薯品种是马铃薯产业发展的重要基石。我国拥有国家马铃薯改良中心、国家作物种质资源库、农业农村部薯类作物生物学与遗传育种重点实验室等多家马铃薯种质资源保存单位。其中，国家马铃薯种质资源库的试管苗库共收集整理并保存了种质资源 1 700 份，包括地方品种 63 份，国内育成品种（系）352 份，外引品种（系）1 285 份等。而且，其他各育种单位陆续从国外马铃薯研究机构和单位引进品种、野生种和原始栽培种、中间育种材料等 1 000 多份，正进行进一步的鉴定、评价并利用于育种。

我国马铃薯育种单位主要包括中国农业科学院、黑龙江省农业科学院、东北农业大学、云南省农业科学院、甘肃省农业科学院等。据不完全统计，在 1998—2009 年，我国共审定了 165 个马铃薯新品种，其中国家级马铃薯新品种 34 个，省级新品种 131 个（同一品种省级审定和国家审定，按国家审定统计）。

在乐陵希森马铃薯产业集团有限公司（国家马铃薯工程技术研究中心）、雪川农业发展股份有限公司等上百马铃薯种薯生产及销售企业中，仅有乐陵希森马铃薯产业集团有限公司等几家大型农业高新技术企业具备开展马铃薯育种工作的能力，而其他大多数企业仅以马铃薯种薯生产、运输及销售为经营内容，不进行马铃薯育种工作。

（二）马铃薯种薯生产企业概况

由于我国马铃薯种薯产业在全国分布较广，区域之间对品种的需求及供种时期差异较大，整个种薯产业发展仍处于初级阶段，尚未出现由少数企业垄断整个产业市场的局面。2014 年，我国具有一定规模的种薯生产单位有 129 家，若包括一些规模较小的企业，总

数量超过 200 家。企业投资规模各异，有上亿元的大型企业，也有小的马铃薯专业合作社，种薯生产经营者有企业也有科研事业单位，种薯生产经营部门之间发展十分不均衡，当前我国马铃薯种薯产业集中度相对较低。

我国种薯企业投资规模大小不一，其中，投资 1 亿元以上的种业企业有 2 家，投资 3 000 万以上的种业企业仅有 3 家。种薯企业的资金来源主要为企业自投和国家投资。资金主要用于基础设施建设、设备购置、基地建设、市场销售、技术及人才引进等。中央和地方财政分别下达专项资金，启动实施马铃薯脱毒种薯繁育补贴和基地补贴项目。近年来，国家对农机购置实行补贴，全国总体实施 30% 左右的补贴比例。

在技术创新方面，我国多数企业没有自己的研发团队及品种，其技术支持主要来自与科研院所之间松散的合作，缺少企业核心竞争力和自主创新能力。在种薯繁育质量监管方面，缺少种薯质量跟踪检测认证，致使种薯质量无法得到有效保障。但在种薯繁育技术方面，我国种薯企业具有与国外企业相当的技术水平，加之国内种薯生产成本相对较低，具有明显的价格优势。同时，我国多区域适合种薯繁育，可实现周年供种，具有一定的地缘优势。

四、我国种薯生产存在问题

（一）产业缺乏整体规划和宏观调控

马铃薯产业链长，涉及农业、加工业、制造业和服务业等行业，包括研发、种植、收获、贮运和废弃物利用等多个复杂环节。由于条块分割、信息交流不畅和部门利益等原因，产业缺乏整体规划，在政策支持、市场监管和资金投入等方面严重脱节。2010 年，全国马铃薯大丰收，市场供大于求，马铃薯价格低，最终导致许多种植者放弃收获，造成巨大损失，严重挫伤种植者积极性。

我国马铃薯市场监管混乱，缺乏相关产品标准和行业标准。脱毒种薯相关标准不完善，种薯市场管理难度大。变性淀粉、全粉、薯条和薯片等加工品没有及时更新行业标准、产品标准，市场存在良莠不齐现象。检测内容、检测标准和检测方法与发达国家的标准有很大差距，导致我国马铃薯制品出口容易受到技术壁垒的制约。这些因素制约着我国马铃薯加工业的健康发展。

（二）科技支撑力度差、技术储备少

我国马铃薯专用新品种少，结构不合理。目前，我国已有马铃薯品种近 300 个，但工业专用品种不足 20 个，仅能满足需求量的 10% 左右。生产管理技术粗放，无法抵御自然灾害和生物灾害的发生与流行，导致马铃薯单产水平只处于世界中下游，与发达国家相比还有很大差距。在马铃薯产业相关配套技术方面，技术储备少，缺乏有效组织、协调和投入，如马铃薯种质资源创新和新品种选育、脱毒技术、病虫害检测检疫防控技术、高产栽培技术、储藏技术、新型马铃薯产品研发技术、加工废弃物利用、污染控制技术等方面，多头投入，局部投入，难以形成有效的、分工明确的科技支撑体系，导致关键技术难以有重大突破，面对我国复杂的马铃薯产业局面，缺乏有利的、必要的技术支持，严重制约了

产业的可持续发展。

（三）政策支持少、落实不到位

2015年1月，国家提出马铃薯主粮化战略。2016年2月，农业部颁布《关于推进马铃薯产业开发的指导意见》，并提出到2020年，我国马铃薯种植面积扩大到666.7万hm²以上，平均每公顷产量提高到19 500 kg，总产达到1.3亿t左右；优质脱毒种薯普及率达到45%，适宜主食加工的品种种植比例达到30%，主食消费占马铃薯总消费量的30%。马铃薯作为我国稻米、小麦和玉米三大主粮的补充，逐渐成为第四大主粮作物。由于马铃薯在保障粮食安全方面的重要作用，国家将鼓励扩大种植，但到目前为止，还缺乏切实可行的政策措施。国家对玉米、水稻等作物实行的"农业补贴"以及对重点龙头企业制定的贷款、贴息等政策还没有惠及马铃薯。

（四）机械化程度低、生产效率差

2011年，发达国家马铃薯机械化作业率可达到80%以上，而我国马铃薯产业机械化作业率比较低，耕整地、播种和收获的机械化作业率仅为48%、19.6%和17.7%，且主要集中在黑龙江、内蒙古等马铃薯大面积生产区域。在我国西部和西南地区，马铃薯主要种植在贫瘠、分散的山区坡地，没有配套的作业机械，制约了生产效率的提高。

（五）脱毒技术应用范围小、种薯质量控制体系不健全

我国马铃薯种植面积排在世界第一位，但脱毒种薯的覆盖率仅为20%，种薯需求量很大。由于缺少权威部门的组织、管理和相关法律的监管、规范，我国种薯质量控制体系仍处在一种自发、无序的状态，很多国家、地方颁布的检测标准、规程难以实施应用，致使种薯市场严重混乱。

（六）市场需求大，加工业发展滞后

马铃薯是重要的粮菜兼用型食物资源，且其加工产品是食品工业、医药卫生和化工等行业的重要原料，马铃薯在国际市场贸易中具有重要地位。随着全球马铃薯生产的发展和消费需求的不断增长，马铃薯国际贸易量呈持续稳步上升趋势。近年来国际马铃薯加工产品进出口贸易量增长尤为迅速，几乎呈直线型增长态势。2014年，全球马铃薯人均消费量约为32.1 kg，发达国家达到75 kg，利用马铃薯研发的产品达到2 000种之多。我国在马铃薯消费方面，人均消费量仅为14 kg，只有世界平均消费水平的1/2，而且能够开发利用的马铃薯产品仅有10余种，其中主要的消费方式就是鲜食，真正能用于加工的马铃薯只占鲜薯的9%左右。同时，在加工技术、工艺方面，我国马铃薯加工转化率只有不到10%，仍处于初级阶段，其加工产品主要集中在加工粉丝、粉条等中低端产品，其效益不仅远远低于薯条、精制淀粉、全粉等高附加值产品，而且由于资金、管理、品质等因素，初加工产品的销售也较为困难。与发达国家相比，我国马铃薯加工业发展明显滞后。

第四节　马铃薯种薯生产的现实意义

一、马铃薯种薯生产发展趋势

在马铃薯种薯产业领域，许多马铃薯种薯生产大国的脱毒种薯生产不仅已形成专业化的生产农场，而且已经形成法律化的良种繁育制度，并由众多的专业化农场组成大型的马铃薯种薯公司，这些公司集新品种选育、种薯繁育和市场营销于一体，如荷兰的 Hettema 种薯公司，其种薯播种面积 4 500 hm²，此外，Agrico 公司、Meijer 公司等大型马铃薯种薯公司也均为"育、繁、销"一体化的大型种薯企业。而在我国，集"育、繁、销"于一体的大型马铃薯种薯企业数量极为有限，如乐陵希森马铃薯产业集团有限公司是我国集马铃薯育种与种薯繁育、新品种研发、销售与进出口业务于一体的大型生态农业高新技术企业。随着马铃薯产业在我国的不断发展，通过重组并购等资本运营途径，建立"育、繁、销"一体化的马铃薯种薯龙头企业，实现马铃薯种薯生产技术高度集中、生产基地高度集中的标准化、规模化生产，可有效提高我国马铃薯种薯生产质量，有利于提高我国马铃薯种薯在国际市场上的竞争力。

二、马铃薯种薯生产前景

通过播种面积、用种量、价格、商品化率可以计算出作物种子市场规模，作物种子市场规模＝播种面积×单位面积用种量×商品化率×作物种子单价，2014 年，马铃薯种薯市场规模排在玉米、水稻、小麦三大农作物之后，达到 96.55 亿元（表 1-5）。马铃薯种薯生产过程中从脱毒种苗到原原种，再到种薯，价值增加近百倍。最近几年由于劳动力成本提高等因素，导致马铃薯生产成本逐年递增（图 1-2），优质脱毒种薯价格也有所提高。而且，我国脱毒种薯的市场需求量日益增大，因此，马铃薯脱毒种薯的生产逐渐成为投资的热点。

表 1-5　2014 年主要农作物种子市场规模分析

作物种类	播种面积/万亩	每亩*用种量/kg	商品化率/%	种子单价/（元/kg）	种子市场规模/亿元
杂交玉米	55 614	2.12	100	25.93	305.72
水稻	45 464	1.08	100	52.79	259.20
小麦	36 096	12.77	55.71	4.30	110.42
大豆	13 769	4.44	64.76	7.21	28.54
马铃薯	7 369	140.99	35.88	2.59	96.55

---

　* 亩为非法定计量单位，1 亩＝1/15 hm²。——编者注

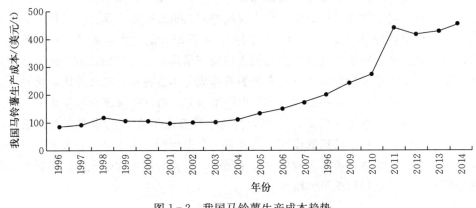

图 1-2　我国马铃薯生产成本趋势

（资料来源：联合国粮食及农业组织）

三、马铃薯种薯生产的现实意义

（一）种薯是限制我国马铃薯产量重要因素

合格脱毒种薯比例小，种薯的增产潜力发挥不够。我国脱毒种薯应用面积仅为马铃薯种植面积的 20% 左右，而发达国家在 90% 以上。由于种薯带毒，马铃薯病害发生严重，导致减产 10%～30%，严重的达到 70% 以上，而使用合格的脱毒种薯，增产幅度一般可达 30%～50%。近年来，甘肃、宁夏和贵州等省份马铃薯产量的迅速提高，主要得益于脱毒种薯的大面积推广应用。目前，我国 80% 的马铃薯播种面积还没有使用合格的脱毒种薯，马铃薯种薯质量监督体系不健全，缺乏质量标准和检测手段，种薯质量参差不齐，成为制约我国马铃薯产业发展最突出的问题。

（二）对促进我国农业战略发展，保障粮食安全意义重大

2015 年，我国马铃薯主粮化战略实施，马铃薯已成为继水稻、小麦、玉米之后的第四大主粮作物。由于我国三大主粮单产已高于世界水平，大幅增产难度较大，而马铃薯发展较发达国家还相对滞后，存在大幅提高产量和品质的空间。因此，马铃薯种薯生产综合生产能力提升，可充分挖掘马铃薯增产潜能，从而响应国家发展战略，对确保我国粮食安全具有重要战略意义。

（三）对增加农民收入意义重大

近年来农业结构调整的经验表明，在耕地面积不断减少、人口逐年增加、世界经济日益一体化的情况下，农民靠种粮只能温饱，很难致富。要跳出种植业的范围谋划农民致富，要把农业的产前、产中、产后有机地结合起来，加快发展精深加工。因此，增加农民收入，必须抓住比较效益高、加工链条长、附加值大的产业加以优先发展，而马铃薯正是这样的优质农产品。其一，马铃薯是单位面积效益较高的农作物。根据《中国农业年鉴 2014》，在主要农作物中，每亩产生的效益依次为：水稻 766.64 元，马铃薯 1 000.09 元，

玉米 470 元，小麦 246 元，大豆 287 元，油菜籽 275 元。马铃薯亩均效益最高。由于马铃薯的经济效益好，各地都将马铃薯生产作为农民增收的重要措施。其二，马铃薯是一种高产作物，而我国马铃薯单产仅为发达国家的 1/3，单产增长潜力大。第三，马铃薯是一种优质农产品。从品质上看，马铃薯单位面积蛋白质产量是小麦的 2 倍，玉米的 1.2 倍，水稻的 1.3 倍，其干物质产量非常高。马铃薯的营养成分丰富齐全，粮菜兼优，弥补了蔬菜和粮食作物营养中的不足。如粮食作物多不含维生素 C，而马铃薯富含维生素 C，尤其对于北方和高寒山区，冬季便于储藏，可成为食物中补充维生素 C 的重要来源。第四，马铃薯是一种适应性强，易于栽植的作物。马铃薯生育期较短，耐干旱，对土地条件和施肥没有太高要求，抗病性强，可与多种作物间作套种，以充分利用太阳光能，提高土地利用率，在田间地头、屋前房后均可种植。

（四）对消除饥饿、减少贫困意义重大

马铃薯具有耐寒、耐贫瘠、耐旱、适应性广的特点，马铃薯在世界范围内广泛种植，成为全球几十亿人共享的重要食物来源。20 世纪 90 年代初期以前，世界大多数马铃薯产自欧洲、北美洲并在那里消费掉。此后，亚洲、非洲和南美洲的马铃薯种植面积和消费量大幅度增加。近些年，马铃薯在发展中国家扩张较快。这些国家人口较多、人均耕地有限，保障粮食安全的压力大。据研究报道，被列为世界最不发达国家之一的卢旺达、尼泊尔、马拉维等国家的马铃薯种植面积占耕地比例均超过 6%，马铃薯在农业生产中占有重要地位，是这些地区居民的重要热量来源，是这些国家粮食安全的重要保障。2005 年，联合国大会将 2008 年确定为国际马铃薯年，肯定马铃薯在实现千年发展目标中"消除饥饿、减少贫困"的重要作用。

在我国西北、西南的一些地区，马铃薯仍是人民主要的粮食和经济收入来源。马铃薯适应性广、耐贫瘠、抗旱，相比玉米、小麦、水稻在气候、水肥条件上受到的制约，马铃薯更适宜在土地更少、气候更恶劣的条件下生产出更多粮食。2015 年，国际马铃薯中心预测，未来 20 年我国粮食还需要增加 1 亿 t 才能满足人口增长和社会发展的需求，这个增量 50% 要来自马铃薯。目前，我国马铃薯主粮化战略进程正在推进中。马铃薯主粮化，是将马铃薯加工成适合中国人消费的馒头、面条、米粉等主食产品，实现由副食消费向主食消费的转变，使马铃薯逐渐成为第四大主粮作物。这一战略的推进，将影响产业链中的研发、生产、加工、流通、消费等环节，对产业发展起到很大推动作用。马铃薯将为我国粮食安全提供更多保障。

第二章 Chapter 2
马铃薯茎尖脱毒与组织培养

第一节 马铃薯退化原因和机理

一、马铃薯退化的概念

马铃薯易受到多种病毒的感染，已知的马铃薯病毒有 40 多种，类病毒 1 种。在我国危害马铃薯的主要病毒和类病毒有：马铃薯 Y 病毒（PVY）、马铃薯卷叶病毒（PLRV）、马铃薯 X 病毒（PVX）、马铃薯 A 病毒（PVA）、马铃薯 S 病毒（PVS）、马铃薯 M 病毒（PVM）以及马铃薯纺锤块茎类病毒（PSTVd）。由于病毒的侵入，马铃薯植株正常生长功能受到破坏，致使染毒植株生长势衰弱，营养器官和生殖器官表现出不正常现象，例如：植株矮化，叶片变小或向上竖起，卷叶、花叶和黄化，叶片皱缩，叶片出现黄绿相间的嵌斑，甚至叶脉坏死直至整个复叶脱落，匍匐茎缩短，根系不发达，茎秆细弱、丛生，紫顶，开花结实率下降，抗逆（抗病、抗虫、抗旱和抗涝）性降低。由于制造养分的器官被病毒干扰和破坏，植株生长失常，导致块茎变小、尖头、龟裂，薯皮裂口，造成大幅度减产，种薯品质变劣，最后失去种用价值，这就是通常所说的退化现象。退化种薯若不进行脱毒处理，即使栽培条件再好，也不能恢复种性，达不到品种原产量水平。

二、马铃薯退化的原因假说

长期以来，生物学界围绕马铃薯退化原因进行了研究和争论，大致有三种学说。

(1)"衰老学说"。18 世纪后半期，有学者提出马铃薯退化是长期使用块茎繁殖，不能进行有性更新而衰老的结果。

(2)"高温诱发学说"。20 世纪 20 年代，苏联的一些学者根据退化与地理气候条件的联系，提出了"高温诱发学说"。他们认为退化是高温刺激了块茎上的芽眼所致，即在马铃薯生长期间，高温刺激了块茎上正在生长的芽眼，或在储藏期间，高温刺激了已经萌动的芽眼，使茎生长点组织变得衰老而退化。

(3)"病毒侵染学说"。第一次世界大战末期，西方学者提出"病毒侵染学说"。他们的试验证明，马铃薯的退化是由病毒引起的传染性病害造成的，这些病毒在田间靠蚜虫或叶片接触传播，并通过块茎传给后代。

首先用茎尖脱毒法成功获得无病毒植株的是法国人莫勒尔（Morle），他以大丽花为原料，在 1952 年试验获得了无病毒植株，直至 1955 年用退化的马铃薯茎尖分生组织培养出完全无病毒的马铃薯植株，恢复了该品种的特征、特性，其健康程度和产量水平都达到了原品种的最佳状态，证明了所谓的马铃薯退化不是遗传性状的改变，而是由病毒侵染造成的。

多年试验分析认为，马铃薯退化原因是多方面的。从马铃薯的生物学特性和外界环境条件来看，这些病毒的来源主要是带毒种薯，通过种薯调运可使病毒远距离传播。在马铃薯植株生长期间，病毒可以通过汁液或昆虫（蚜虫等）来传播，从而引起再侵染，特别是在高温条件下，传毒蚜虫的繁殖能力增强，其传毒活动也增强，同时高温造成薯块活力降低，使马铃薯对病毒抵抗力降低，马铃薯容易染病，而且容易退化。因此，马铃薯本身的抵抗是内因，病毒是直接外因，高温环境是间接外因。

有效控制马铃薯退化是马铃薯种薯繁育体系的重要内容，防止退化主要应从培育抗病品种、防止病毒侵染和改变生存环境等方面着手，目前，最有效的办法就是利用马铃薯体内病毒分布不均匀的特点，采用茎尖组织培养技术生产马铃薯脱毒种苗和种薯。这也是当前应用最普遍的防止马铃薯病毒性退化的措施，是世界各国保持种薯健康无病毒，促进马铃薯优质高产、持续发展的根本途径。

第二节　马铃薯茎尖脱毒技术

一、马铃薯茎尖脱毒的研究进展

马铃薯脱毒技术是一种现代生物技术，也是生物技术在生产中应用时间最早、影响最广、效果最显著的研究成果。早在 20 世纪 50 年代中期，欧洲一些马铃薯生产国（如英国、法国、德国和荷兰等）就开始了以茎尖分生组织培养脱除马铃薯病毒为基础的无病毒种薯生产体系研究，以期通过脱毒来恢复优良品种的种性，并保证种薯质量。

1955 年，法国莫勒尔等首次以马铃薯茎尖为外植体，成功获得无病毒植株，为脱除马铃薯病毒开辟了一个新途径。继法国之后，许多国家将脱除病毒的研究拓展到除马铃薯外的多种试验材料，包括甘蔗、甘薯、兰花、石竹、葡萄、草莓、菊花等。

20 世纪 60 年代以后，随着组织培养技术的日趋成熟和完善，植物组织培养研究和产业化应用进入快速发展阶段，很多马铃薯生产国都将这项技术应用于脱毒快繁及马铃薯育种研究中。20 世纪 60 年代末，欧美马铃薯生产大国先后建立起无病毒马铃薯种薯生产体系，种薯质量得到制度化保障，从而使马铃薯产量大幅增加。20 世纪 70 年代末至 80 年代中期，这种方法陆续被亚非拉一些马铃薯生产国家广泛采用，这充分表明，利用茎尖分生组织培养脱除活体组织内病毒等病原是完全可行的。

20 世纪 70 年代初，我国黑龙江省克山农业科学研究所等单位进行了茎尖组织培养初步试验，取得了一定进展。1974 年开始，中国科学院植物研究所相继与国内科研单位合作，开展了以马铃薯茎尖培养为核心的实用化研究，获得了一些无病毒品种和大量无病毒植株。1982 年，农业部拟定了 GB 3243—82《马铃薯种薯生产技术操作规程》。至今，利用茎尖分生组织培养获得脱毒种苗的技术，一直是马铃薯脱毒种薯繁育体系中消除马铃薯病毒危害、提高马铃薯种薯质量的有效途径。

二、马铃薯茎尖脱毒的概念

马铃薯茎尖脱毒的核心技术是茎尖组织培养（又叫分生组织培养）脱毒技术，就是利用茎尖没有病毒的特性，在无菌操作条件下，将茎尖剥离脱去病毒，置入人工配制的茎尖培养基，给予一定温度、光照和湿度，使其形成完整的植株，并结合病毒检测技术，培育出无病毒试管苗，再经过隔离繁殖获得脱毒马铃薯种薯。

利用马铃薯茎尖分生组织培养获得的脱毒种薯，能充分发挥马铃薯品种本身优良的生产特性，表现为出苗早，植株健壮，叶片肥大浓绿、平展，茎秆粗壮，田间整齐一致，产量可比未脱毒种薯增加 30%～50%，单株结薯数增加 50%～70%，单薯重增加 50%，同时品质也有所改善。

三、马铃薯茎尖脱毒原理

茎尖培养脱毒是利用病毒在植物体内分布的不均匀性，即茎尖分生组织含病毒量少或不含病毒，通过分生组织培养，对马铃薯等无性繁殖作物进行脱除病毒的处理。

病毒通过媒介传播到健康的植株上，并利用被侵染细胞内的核酸和蛋白质进行复制。而绝大部分病毒不侵染植株分生组织的细胞，即不侵染根尖和芽尖，特别是生长点（0.1～1.0 mm）区域。1943 年，怀特（White）发现，被烟草花叶病毒（TMV）侵染的番茄根尖不同部位病毒浓度不同，被病毒侵染的植株越靠近根尖和芽尖的分生组织病毒浓度越小。1952 年，莫勒尔根据病毒在寄主植物体内分布不均匀的特点，建立了茎尖培养脱毒方法。产生这种不均匀现象的原因可能是以下几点。

（一）分生组织分裂速度快

马铃薯茎尖组织细胞分裂速度快，而病毒在植物细胞内繁殖速度相对较慢，即马铃薯茎尖分生组织的分裂速度和生长速度远远超过了病毒的增殖速度，这种生长的时间差形成了茎尖的无病毒区。

（二）分生组织缺乏真正的维管组织

茎尖、根尖分生组织不含病毒粒子或病毒粒子浓度很低，是因为病毒在寄主植物体内通过维管系统进行移动，但在分生组织中，维管系统还不健全或不存在，从而抑制了病毒向分生组织的转移。曾普遍认为在分生组织细胞间，病毒也可通过胞间连丝扩散转移，但是茎尖分生组织细胞的生长速度远远超过病毒在胞间连丝之间的转移速度。

（三）高浓度的生长素

在茎尖分生组织中，生长素和细胞分裂素浓度很高，阻碍了病毒入侵或者抑制病毒合成。

四、马铃薯脱毒方法

当前，脱除马铃薯病毒的方法有五种：茎尖组织培养脱毒法、热处理脱毒法、茎尖组织培养结合热处理脱毒法、化学处理脱毒法、茎尖超低温处理脱毒法。利用茎尖分生组织培养可以成功地脱除大部分马铃薯病毒，但是，对感染 PVX、PVS 和 PSTVd 的材料，其脱毒率通常很低。在实际操作过程中，要结合一些必要的辅助性措施提高脱毒效果。其中，在马铃薯脱毒技术上应用最广泛的是茎尖培养脱毒与热处理相结合的方法，而超低温结合茎尖培养是最新研究的脱毒方法之一。

（一）茎尖组织培养脱毒法

以茎尖为外植体，通过组织培养获得无毒植株。从试验效果看，茎尖大小会影响茎尖培养的脱毒率，茎尖越小，所取外植体含病毒越少，意味着脱毒效果越好，但其不易成苗。马铃薯茎尖培养基的成分影响茎尖培养的成苗率，适当提高钾盐和铵盐的浓度，对茎尖生长和发育有重要作用。

（二）热处理脱毒法

热处理可以使病毒部分或完全被钝化，原理是病毒受热力处理后，衣壳蛋白变性，病毒活性丧失，其中，不同病毒对高温预处理的反应不同。

最早证明热处理使病毒失活的人是卡萨尼斯（Kassanis），他在 1957 年发现马铃薯经过 37.5 ℃高温处理 20 d 后，有些块茎中的马铃薯卷叶病毒就消失了，获得了无卷叶症状的植株。国内的研究者也发现，对马铃薯进行热处理，温度 38 ℃、时间 24 d 与温度 40 ℃、时间 22 d 时，马铃薯卷叶病毒被脱除，但温度控制在 40 ℃、时间 22 d 时，出苗会受到影响。

（三）茎尖组织培养结合热处理脱毒法

不同病毒对高温预处理的反应不同。由于病毒种类不同，茎尖组织培养脱毒的难易有很大差别。茎尖培养结合热处理，可显著提高 PVX 和 PVS 的脱毒率。

Mellr 和 Stace - Smith 研究热处理结合茎尖脱毒对脱毒马铃薯 PVX 和 PVS 的影响，结果表明，利用茎尖培养和高温热处理对汰除一些病毒效果尤为明显，可显著提高 PVX 和 PVS 的脱毒率。对马铃薯试管苗先经过热处理后再进行茎尖剥离，发现可以完全脱除 PLRV，用变温培养处理，PVX 脱毒率为 96.2%，比恒温热处理的 PVX 脱毒率高。研究表明，高温预处理结合茎尖剥离可以显著提高对 PVS 的脱除率。在 38 ℃、8 h 和 20 ℃、16 h，光照 12 h/d，光照度 2 000 lx 的条件下进行热处理，钝化 6 周，结合茎尖剥离，可消除马铃薯块茎内的 PVS（表 2 - 1）。热处理结合茎尖剥离的脱毒效果均较对照处理好，荷兰 15、尤金热处理后的脱毒率分别比对照高 23 个和 10 个百分点。由此说明，选用发芽块茎经高温预处理后再进行茎尖培养与直接茎尖培养相比可明显提高脱毒率。

表 2 - 1 热处理对茎尖分化及脱毒效果的影响

品种（系）	38 ℃和 20 ℃热处理				对照（不经热处理）			
	接种数/个	成活率/%	成苗率/%	脱毒率/%	接种数/个	成活率/%	成苗率/%	脱毒率/%
尤金	40	85	75	58	40	88	78	35
荷兰 15	40	90	85	75	40	93	87	65

（四）化学处理脱毒法

化学药剂钝化病毒的原理是使病毒蛋白质沉淀变性，直接抑制和灭活病毒，也可能改变作物细胞外环境，使病毒颗粒不能与敏感细胞接触，阻碍病毒吸附和穿入。研究表明，病毒抑制剂加入培养基内，可提高茎尖培养的脱毒效果。在马铃薯茎尖脱毒培养基中用硫脲嘧啶、2，4-滴等可以抑制马铃薯病毒，添加适量的 TS 制剂（一种病毒钝化剂）虽稍微抑制了茎尖的发育，但可以提高脱毒率。在培养基中加入 20 mg/L 利巴韦林处理 3～4 mm 长的马铃薯茎尖 20 周，能脱除马铃薯 86％PVY 和 93％PVS 病毒。另外，咪唑氧化物是近年报道的活性较好的一类化合物，可抑制马铃薯 X 病毒。三嗪类衍生物 1，3，5-三嗪-2，4-二酮（DHT）是 20 世纪 70 年代筛选的较好的植物病毒抑制剂，对多种植物病毒具有抑制作用。

（五）茎尖超低温处理脱毒法

超低温疗法是指将感染植物病原体的材料经短暂的液氮处理，脱除植物病原体的一种生物技术，自首次报道超低温疗法脱除李痘病毒以来，应用超低温疗法已成功地脱除了 14 种病毒，包括马铃薯 Y 病毒、马铃薯卷叶病毒和马铃薯 X 病毒等。

用茎尖组织培养结合低温预处理，即在 6～8 ℃处理 3 个月，可脱去 PSTVd 的百分率为 53％，而在 8 ℃下处理 3 个月，脱毒率为 30％。Wang 等研究了超低温处理对于脱除马铃薯 Y 病毒及马铃薯卷叶病毒的效果，超低温处理对马铃薯卷叶病毒和马铃薯 Y 病毒的脱除率分别为 86％、95％，显著高于茎尖分生组织培养的病毒脱除率（56％和 62％），另外，与对照相比，超低温处理再生后植株在形态学上与对照没有差异。

针对马铃薯茎尖玻璃化超低温影响成活和再生几个关键因素的研究，通过对预培养、茎尖大小、玻璃化液、处理时间、恢复培养基等影响因素的分析，构建马铃薯茎尖玻璃化法超低温保存体系，即 1.0 mm 左右的茎尖在含有 0.3 mol/L 蔗糖液体 MS 培养基中预培养 24 h 后，用植物玻璃化溶液 2（PVS2）于 0 ℃下处理 30 min，然后液氮保存至少 1 d，在室温下，用 1.2 mol/L 蔗糖的 MS 培养液化冻并洗涤 30 min，最后转入 MS＋6-苄基腺嘌呤（6-BA）0.1 mg/L＋赤霉酸（GA₃）0.1 mg/L＋萘乙酸（NAA）0.05 mg/L＋泛酸钙 0.5 mg/L 培养基上再培养。

马铃薯茎尖超低温脱毒效果显著高于茎尖培养，脱毒率不依赖于茎尖大小，所需时间并不长于传统方法。近年来，茎尖超低温脱毒被认为是脱除植物病毒最有效的方法，为脱毒苗生产开辟了一条崭新的途径。

五、马铃薯茎尖脱毒技术要点

马铃薯茎尖脱毒技术就是根据马铃薯植株靠近新组织的部位（如根尖和茎顶端生长点、新生芽的生长锥等处）没有病毒或病毒少的情况，在无菌的操作环境下，切取很少的茎尖组织，放置在特定的培养基上，经过培养使之长成幼苗。

（一）材料选择

待脱毒材料感染病毒的有无、轻重，对脱毒效果有很大影响。所以，在选择脱毒材料时，应选取病症最轻的植株或健康植株。对马铃薯品种或品系进行田间株选和薯块选择，应选取具有该品种典型特性的单株（或无性系），包括良好的株型、叶型、花色等植物学性状及成熟期等农艺性状，植株生长健壮，无明显的病毒性、真菌性、细菌性病害症状，要结合产量情况及病毒检测，选择高产、大薯率高、无病斑的块茎作为茎尖脱毒的基础材料，以提高脱毒效果。

（二）芽的选择

可以直接切取植株上的分枝或腋芽进行茎尖剥离培养，也可以取这些植株的块茎，待块茎发芽后剥去芽（根尖和茎尖）的生长点，马铃薯块茎的顶芽和腋芽均适于茎尖脱毒。

首先，把入选的马铃薯块茎进行打破休眠和催芽处理，当薯块顶芽生长至 2～3 cm 时进行剥离处理。对大多数植物而言，应在其芽生长旺盛期取芽，这时材料内源激素含量高，容易分化，不仅成活率高，而且生长速度快，增殖率高。不宜选择过长的芽，否则生长点易分化成花芽，影响剥离；且为了提高离体茎尖培养的成活率，应选择壮芽（芽的叶片未充分展开时）。芽太老则生殖能力差，组织不易分化和再生，而太嫩则培养周期长。研究表明，如果把薯块放在较低温度（18～20 ℃）、散射光光照下进行萌发，并取其壮芽，就能获得较大离体茎尖，越靠近顶芽其分生组织培养成芽率越高，距离顶芽越远，成活率就越低。

从总的脱毒情况和植株形成的效果看，顶芽的生长力比侧芽旺盛。块茎顶部的壮芽和植株主茎的生长点培养脱毒的效果较其他部位好。

（三）茎尖大小

茎尖的大小是影响脱毒率和成苗率的一个关键因素。用于脱毒的茎尖外植体可以是带 1～2 个叶原基的顶端分生组织，即生长点（图 2-1）。

茎尖外植体的大小与脱毒效果成反比，即外植体越大，产生再生组织的机会也越多，但是清除病毒的效果越差。

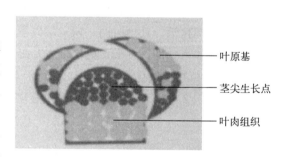

叶原基

茎尖生长点

叶肉组织

图 2-1　茎尖结构

外植体越小，清除病毒效果愈好，但再生植株的形成较难，有些研究者做了这方面的试验。

研究发现，对于马铃薯 X 病毒和马铃薯 S 病毒，切取的茎尖越小，脱毒率越高，这两种病毒靠近生长点，比较难脱除。一般取不带叶原基的生长点培养脱毒效果最好，带 1～2 个叶原基的茎尖培养可获得 40％脱毒苗。但是不带叶原基的过小外植体离体培养存活困难，生长缓慢，操作难度大。因为茎尖分生组织不能合成自身所需的生长素，而分生组织以下的 1～2 个幼叶原基可合成并供给分生组织所需的生长素、细胞分裂素，因而带叶原基的茎尖生长较快，成苗率高。但茎尖外植体越大，脱毒效果越差，含有 2 个叶原基以上的茎尖脱毒率低。通常以带 1～2 个幼叶原基的茎尖（0.1～0.3 mm）作为外植体比较合适。总之，切取的茎尖在 0.1～0.3 mm 范围内，含有 1～2 个叶原基的脱毒效果最好。关于马铃薯茎尖脱毒的大量资料表明，较易脱去的病毒是马铃薯卷叶病毒，较难脱掉的是马铃薯 S 病毒。对不同病毒进行脱毒适宜的茎尖大小分别是：马铃薯卷叶病毒，茎尖大小 1.0～3.0 mm；马铃薯 Y 病毒，茎尖大小 1.0～3.0 mm；马铃薯 X 病毒，茎尖大小 0.2～0.5 mm；马铃薯 S 病毒，茎尖大小 0.2 mm 以下。

由于不同病毒在茎尖分布不同，脱毒的效果也与病毒种类有关。各种病毒的脱除从易到难顺序如下：PLRV、PVA、PVY、PVM、PVX、PXS 和 PSTVd。但此顺序也不是绝对的，会因品种、培养条件、病毒株系不同而有所变化。

（四）接种

剥离茎尖需在无菌室内超净工作台上进行。为了防止杂菌污染，应对无菌室消毒。一般用 75％的酒精全面喷雾，并用紫外灯照射室内和超净工作台 30 min 以上，关闭紫外灯。灭菌后，将超净工作台风机打开，吹风 30 min 后，工作人员进入无菌室，应用 75％的酒精擦拭手和工作台上的各种用具，开始工作，在无菌室的超净工作台上，将消毒过的薯芽置于 30～40 倍的解剖镜下，一只手用一把眼科镊子将芽固定于视野中，另一只手用灭过菌的解剖针将顶芽的叶片一层一层仔细剥掉，直至露出圆亮的生长点，用锋利的无菌解剖针或解剖刀小心切取 0.2～0.3 mm 的带 1～2 个叶原基的生长点。

接种使用的解剖针和解剖刀均要严格消毒，首先在超净工作台上用 75％的酒精浸泡，再将解剖针和解剖刀在酒精灯上灼烧，冷却后使用。要防止待剥离的茎尖变干，可放于铺有滤纸的培养皿中。在剥离茎尖的操作过程中，为防茎尖变干，应尽快接种，茎尖暴露的时间越短越好，接种到经过高压灭菌的茎尖培养基上，茎尖要向上。每管接种 1～2 个茎尖，接种完成后做好标记，注明材料名称和剥离日期，以便成苗后扩繁和跟踪检查。

（五）培养基成分

培养基是植物组织和细胞等离体材料赖以生长和发育的基础。培养基的成分是根据植物生长发育所需的营养而设计的，它既有植物所需的氮、磷、钾及铁、锰、铜、锌等元素，同时也包含了对生长发育起促进和调节作用的有机物质及植物生长调节剂等。对于茎尖生长培养基可适当加入一些必需的生长调节剂，基本培养基是 MS 培养基，生长调节剂可以调节培养基的理化环境，促进马铃薯茎尖生长点（图 2-2）生长，其中细胞分裂素、生长素、赤霉素对调节马铃薯茎尖分生组织在培养基中生长的作用尤为明显。细胞分裂素以 6-BA 为主，是诱导茎尖产生丛生芽的主要物质，生长素以 NAA、吲哚乙酸（IAA）为主，用来控制茎尖成活和苗分化，NAA 比 IAA 的效果更好，GA_3 也是诱导茎尖生长的物质。研究表明，MS+6-BA 0.1 mg/L+GA_3 0.1 mg/L+NAA 0.05 mg/L+泛酸钙 0.5 mg/L 茎尖培养基的效果最佳，茎尖诱导成活率在 95％，且愈伤组织量越少，激素对茎尖的伤害就越小（表 2-2，图 2-3）。并用 0.1 mol/L 的氢氧化钠溶液或 0.1 mol/L 的盐酸调节 pH 为 5.6～5.8。

表 2-2　不同激素组合对茎尖愈伤组织诱导的影响

处理	NAA/ (mg/L)	GA₃/ (mg/L)	6-BA/ (mg/L)	泛酸钙/ (mg/L)	接种数/ 个	诱导成活率/ %	愈伤量
1	0.1	0.5	0.5	0	40	85.4	++
2	0.05	0.1	0.1	0.5	40	95	+
3	0.05	0.2	2.5	0.5	40	93.8	+++

注：+表示愈伤组织小，+++表示愈伤组织大。

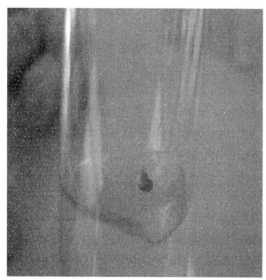

图 2-2　茎尖生长点　　　　　　　　图 2-3　茎尖苗

（六）培养条件

经过多年研究，茎尖培养初始的最适光照度是 1 000 lx，这样有利于茎尖的成活，2周后再恢复光照度为 2 000～3 000 lx。培养室温度保持在 20～23 ℃，光照时间 16 h/d。随着培养时间的增加，培养瓶内茎尖生长点明显变大变绿，经 30～40 d 茎尖颜色发绿，茎明显伸长，叶原基长成小叶。3 个月后可转入无激素的 MS 培养基中，小苗继续生长，并形成根系，发育成有 7～8 个叶片的小植株，将其按单节切段，进行扩繁成苗后，用于病毒检测（图 2-4、图 2-5）。

（七）病毒检测

病毒检测分为茎尖剥离前检测和剥离培养成苗后检测。茎尖剥离前对块茎病害进行筛查。不论取材健康程度如何，都应在取材前进行 PSTVd 等各种病毒的检测，以便决定取舍及对病毒全面掌握。因为 PSTVd 不能用茎尖组织培养的方法脱除掉，所以在剥离前应把感染 PSTVd 的块茎汰除掉。对剥离前检测有病毒的材料，进行病毒种类登记。茎尖剥离后对核心种苗病害进行检测，检测马铃薯病毒情况，确定病毒是否脱除。

图 2-4　脱毒苗培养　　　　　　　　　　图 2-5　组培室

种苗的检测按照国家标准（GB 18133—2012《马铃薯种薯》）进行，其中包括核心种苗的全部检测和扩繁生产过程中的定量抽检。

（1）基础核心种苗检测。茎尖剥离的核心种苗扩繁苗数达到 50～100 株时为基础苗，100% 检测，检测 PVX、PVY、PVS、PVM、PLRV、PVA 和 PSTVd。取样部位为植株的中下部茎段，上部茎段用于扩繁生产。

（2）扩繁期间种苗检测。扩繁生产苗是从核心种苗扩繁到最终目标生产量，扩繁期间检测 1 次，抽检样品量为 0.3%，检测 PVX、PVY、PVS、PVM、PLRV、PVA 和 PSTVd。例如，1 株苗扩繁到 100 万株，需扩繁 13 代，那么在第六代或第七代即为扩繁中期，所测结果不带上述病原，证明剥离的种苗脱毒成功，可大量扩繁。常用的病毒检测方法有指示植物检测法、抗血清法即酶联免疫吸附法（ELISA）、免疫吸附电子显微镜检测和现代分子生物学技术检测如逆转录聚合酶链式反应（RT-PCR）等方法。通过鉴定把带有病毒的植株淘汰掉，不带病毒的植株可进行扩繁。

六、影响马铃薯茎尖脱毒效果的因素

能否通过茎尖培养产生无病毒植株主要取决于两个方面，首先是离体茎尖能否成活，其次是成活的茎尖是否带有病毒。影响茎尖成活的因子很多，主要包括以下几个方面。

（一）茎尖大小的选择

剥离的茎尖大小是影响脱毒率和成苗率的一个关键因子，一般来说离体茎尖越大，越易成活，但病毒越难去除。茎尖越小，脱除病毒效果愈好，但再生植株的形成较难，由于对大多数植物来讲，叶原基是茎尖成活的必要条件，因此，在培养中以保留 1～2 个叶原基的茎尖作外植体比较合适，同时，生长点附近的组织要尽量少，这样的茎尖大小约 0.1～0.3 mm，既保证了一定的成活率，又能脱除大多数病毒。研究也表明，切取的茎尖大小对茎尖的成活率和脱毒率关系重大，茎尖越小，成活率越低，脱毒率越高；反之，茎尖越大，成活率越高，脱毒率越低，一般茎尖大小以 0.2 mm 以下为宜。齐恩芳等（2007）研究茎尖大小对马铃薯茎尖培养脱毒效果的影响，结果表明，叶原基数为 2 的茎尖脱毒效果最好。

（二）芽的选择

芽的选择也直接影响离体茎尖的成活率。通常种薯的顶芽和侧芽适于茎尖培养脱毒，但为了提高离体茎尖培养的成活率应选择壮芽。有研究结果显示，从脱毒效果和植株整体生长势看，选取块茎顶部萌发芽的生长点茎尖离体培养，其成苗率、生长势比侧芽和其他部位高。

（三）病毒种类

不同种类的病毒去除的难易程度也不同，茎尖组织培养脱毒的难易程度有很大差别，多数研究者的试验结果表明，脱除病毒的难易程度序依次为 PSTVd、PVS、PVX、PVM、PAMV、PVY、PVA 和 PLRV，排列越前的脱毒越难脱除，其中 PSTVd 最难脱除，PVX 和 PVY 较难脱除。但难易顺序并非绝对，也会因品种、培养条件、病毒株系不同等而有所变化。

由多种病毒复合感染后，脱毒更困难。如结合热处理，可显著提高 PVX 和 PVS 的脱毒率，热处理 42 株茎尖苗，小苗如果只感染了 PVX，脱毒率达到 80%，如同时感染了 PVX、PVM、PVS、PVY，PVX 的脱毒率在 5.8%，因此可以说明 PVX 脱除困难是由于 4 种病毒复合感染的原因。即当 PVX 单独存在时，茎尖组织培养获得无 PVX 的试管苗的成功率远高于 PVX 与其他病毒复合侵染时的成功率。

（四）物理方法

利用一些物理方法如 X 射线、紫外线、高温和低温等处理种薯，可使病毒钝化，达到脱除病毒，获得脱毒种薯的目的。其中以热处理钝化病毒的方法较多，用高温处理感染病毒的马铃植株或块茎幼芽后，再进行茎尖培养，则脱毒率比较高。热处理可以脱除那些单靠组织培养难以清除的病毒，如卷叶病毒经过热处理后，即使是较大的茎尖也有可能脱去病毒。1949 年克莎尼斯用 37.5 ℃高温处理患卷叶病的块茎 25 d，种植后没有出现卷叶病的植株。1978 年潘纳齐奥报道，将有 PVX 病毒的马铃薯植株于 30 ℃下处理 28 d，脱毒率 41.7%，处理 41 d，脱毒率为 72.9%，未处理的脱毒率为 18.8%，证明高温处理 PVX 病毒的植株时间愈长，脱毒率愈高。

茎尖经冷热不同处理后可提高脱毒效果。研究结果表明，6～8 ℃低温有利于钝化类病毒，37 ℃热处理有利于钝化 PVX 和 PVS，在不影响成苗率的情况下提高了脱毒率。

（五）药剂处理

药剂可以抑制病毒繁殖，有助于提高茎尖脱毒率。嘌呤和嘧啶的一些衍生物能和病毒粒子结合，使一些病毒不能复制。如用 2，4 -滴和硫脲嘧啶加入培养基中进行茎尖培养可除去病毒。1961 年欧希玛等用 2～15 mg/kg 的孔雀石绿加入培养基中培养马铃薯茎尖，脱除掉 PVX 病毒。1982 年克林等报道，在培养基中加 10 mg/L 利巴韦林培养马铃薯茎尖时，脱除掉 80% 的 PVX 病毒。也有研究发现，用 20 mg/L 利巴韦林处理 3～4 mm 马铃薯茎尖于培养基中培养 20 周，可脱掉 PVY 病毒 85%，脱去 PVS 病毒 90% 以上。

（六）培养基成分和培养条件

培养基的成分对茎尖培养的成苗率有较大的影响，而且起关键作用。对茎尖起作用的培养因子主要有营养成分、生长调节物质和物理状态等。研究表明，MS 基本培养基在成苗率和脱毒率上都是最好的，因为马铃薯茎尖培养需要较多的 NO_3^- 和 NH_4^+ 营养，而MS 培养基中的硝酸盐含量较其他培养基含量高，能为马铃薯提供充足的氮源。一定浓度的外源激素处理可用来控制茎尖成活、苗的分化和调节生长，在培养过程中，根据不同的马铃薯茎尖组织生长发育类型结合适宜的培养条件才能提高茎尖成活率。培养基的 GA_3，能促进茎尖生长。加入 GA_3 后生长加快，但是当长到 4～5 mm 后生长便停止了，除非有高浓度的钾和铵。少量的细胞分裂素有利于茎尖成活，常用的细胞分裂素类物质为 6 - BA，浓度为 0.5 mg/L 左右。常用的生长素为 NAA，可促进根的形成，浓度范围为0.1～1.0 mg/L。由于不同的品种对生长调节剂的反应不同，所以应结合培养条件进行具体的操作。含有 NAA 的 MS 培养基愈伤组织出愈速度快且大、成苗慢、成苗率低，但是苗较壮。含有 IAA 的 MS 培养基多数不形成或形成很小的愈伤组织，成苗快、成苗率较高，但苗较弱。

培养基硬度也很重要，因为琼脂不同，用量也有差异，培养基的硬度不同。培养基较软有利于茎尖成活。用廉价的卡拉胶培养出的组培苗不仅生长速度快于琼脂培养基的组培苗，而且降低了成本。茎尖对培养基的液固物理状态的反应方面研究较少，为了得到良好的根系，也有人建议用液体培养基，用滤纸桥做支持物，效果较好，但比较费时，在这方面也应多加研究。

七、马铃薯茎尖脱毒的注意事项

① 生长点生长正常的情况下，接种茎尖颜色逐渐变绿，生长点伸长，有时基本无愈伤组织或只有少量愈伤组织形成，基部逐渐增大，茎尖逐渐伸长，大约 30 d，即可看到明显伸长的小茎，叶原基形成可见的小叶，再转入 MS 培养基中，并将室温降到 18～20 ℃，茎尖继续伸长，并能形成根系，最后发育成完整小植株。

② 若剥取的茎尖接种后生长点不生长或生长点变褐色死亡，可能是剥离茎尖时生长点受伤，接种后不能恢复活性而造成的。所以，剥离茎尖一定要细心，解剖针和解剖刀不能伤及生长点。

③ 若在培养过程中，茎尖生长非常缓慢，不见明显增大，但颜色逐渐变绿，最后形成绿色小点，主要是因为激素浓度不够或温度过低，应转入高浓度激素的培养基，一般在NAA 量加至 0.1 mg/L 以上的培养基上培养，并把培养室的温度提高至 25 ℃ 左右，以促

进茎尖生长。

④ 在培养过程中，茎尖生长过速，生长点不伸长或略伸长，大量松散愈伤组织形成，必须转入无激素培养基或采取降低培养温度的措施。

⑤ 剥离茎尖分化成苗的时间大约 3 个月，但因品种不同而有很大差异，还有的需要经过 7~8 个月成苗。但是形成愈伤组织后分化出的苗，常常会发生遗传变异，这种茎尖苗应通过品种遗传稳定性（真实性）比对，证明无发生变异时才能按原品种应用。

八、马铃薯茎尖脱毒苗的保存技术

种质资源收集和保存是资源研究的基础，使个体中所含有的遗传物质保存其完整性，有很高的活力，能通过繁殖将其遗传特性传递下去。植物组织培养技术的出现、发展和不断完善为植物种质资源的立体保存提供了可能性。通过各种不同脱毒方法所获得的脱毒植株，一般情况下，经病毒检测获得不带病毒的试管苗，首先进行试管内扩繁，达到一定数量以后，将其中一部分进行微型薯生产，另一部分试管苗将继续保存，继续保留的这部分试管苗就是种质资源。种质资源的保存是采取技术措施使试管苗缓慢生长，以减少继代扩繁次数，确保基础苗的质量。

现有马铃薯种质资源的保存方法有田间保存、试管苗保存、微型薯保存和超低温保存。田间保存的主要缺点是：占地面积大，需要大量的人力、物力和财力，受人为因素的影响，最终可能造成资源混杂甚至丧失。试管苗保存的主要缺点是：保存的材料容易受到污染，随继代次数的增加材料容易发生变异，导致种性的改变，造成种质资源丢失。保存的方法有以下几种。

（一）加入生长调节剂

以 MS 培养基为基本培养基，在培养基中加入植物生长调节剂比久（B_9）或者矮壮素（CCC）10~20 mg/L，放于光照度 1 000 lx 和温度控制在 15~18 ℃的条件下，一般每隔 3~4 个月或者更长时间再继代和扩繁。

（二）4 ℃保存

以 MS 培养基为基本培养基，接种试管苗后，待植株长至 2 cm 左右，即置于4 ℃、低光照的培养箱中保存。保存时间可达 1 年。如果保存 10 个月左右，植株黄化，并生成试管薯，可将试管薯保存起来，能够保存 6~12 个月，再根据需要重新繁殖。

（三）超低温保存

超低温保存也叫冷冻保存，是把马铃薯材料在液氮（－196 ℃）中进行冷冻后保存，致使细胞的代谢和生长停滞在完全不活动的状态，以达到长期保存的目的。

对活细胞进行冷冻保存的步骤：冷冻、保存、解冻、重新培养。在冷冻保存中主要问题是如何保护细胞不受冷害。细胞冷害有两个主要原因：一是在细胞内形成大的冰晶，导致细胞器和细胞本身破裂；二是细胞内溶质浓度增加到毒性水平。在冷冻过程中，细胞还可能由于渗漏作用而丧失某些重要的溶质。除了冷冻和解冻过程之外，当冷至冻结温度时，影响细胞生活力的因素还有冷冻材料的性质、预处理和冷冻防护等。

　　茎尖超低温保存是近几年我国在保存马铃薯种质资源方面的一整套生物学新技术。马铃薯茎尖在液氮（－196 ℃）中保存，可以大幅减缓甚至终止材料的细胞分裂和生理代谢，使生物材料的稳定性得以保存，同时又可最大限度地抑制生理代谢强度，减少遗传变异的发生，但不会改变形态发生的潜能。超低温保存具有设备简单、不需要昂贵仪器、材料处理方便等优点，克服了传统保存方法的不足，是目前唯一不需要继代且能够长期稳定保存植物种质资源的方式。

第三节　马铃薯脱毒苗快繁技术

一、马铃薯脱毒苗快繁的概述

　　脱毒试管苗的快繁技术是脱毒苗在无菌条件下，将无病毒小植株切成每个节一个腋芽的茎段，按照形态学上端向上的方向将带腋芽的茎段插于人工配制的 MS 培养基上，并给予适宜的培养条件，温度在 22～25 ℃，光照度在 2 000～3 000 lx，光照时间 16 h/d，2～3 天长出新根，接着从叶腋内长出新芽，20～25 d 长成带有 7～8 片叶的小植株，以达到脱毒苗增殖的目的。

二、马铃薯脱毒苗快繁技术

　　随着脱毒技术的推广应用，马铃薯的脱毒组培生产正以前所未有的速度迅猛发展。目前，快繁技术环节是马铃薯脱毒苗高效、低成本的工厂化生产的关键环节，使马铃薯组培技术向简单化、大众化的方向发展，为马铃薯组培产业化发展开辟一条新路，从而加快我国组织培养产业发展步伐。下面阐述马铃薯组培快繁技术体系的几个方面：培养基的成分、培养基种类和配制方法、接种方式、培养方式、培养条件等。

（一）培养基的成分

　　培养基是植物组织培养中的血液，植物组织培养所需的各种营养物质都从培养基中获取，其主要成分包括无机营养成分、有机营养成分、植物生长调节物质和其他添加物。

　　1. 无机营养成分　无机营养成分是马铃薯生长发育所必需的化学元素。根据植物对无机营养成分需求量的多少，分为大量元素、微量元素和铁盐。

　　大量元素是指植物正常生长发育需要量或含量较大的必需营养元素，主要包括氮（N）、磷（P）、钾（K）、钙（Ca）、镁（Mg）、硫（S）等。其中，N 是植物矿质营养中最重要的元素，N 常以硝态氮（NO_3^-）和铵态氮（NH_4^+）或两者相互配合的形式存在。当作为唯一的氮源时，硝态氮的作用效果明显好于铵态氮。P 决定植物细胞的生长和分裂速度，常以 $NaH_2PO_4 \cdot H_2O$，KH_2PO_4 或 $NH_4H_2PO_4$ 的形式存在。K 常以 KCl、KNO_3 或 KH_2PO_4 形式存在。Ca、Mg、S 等元素能影响植物细胞代谢中酶活性。

　　微量元素是指植物生长发育过程中需要量虽然少，但对植物来说必不可少的营养元素，主要有铁（Fe）、锰（Mn）、铜（Cu）、钼（Mo）、锌（Zn）、硼（B）等。微量元素对生命活动的某个过程、对蛋白质或酶的生物活性都有重要作用，而且参与某些生物过程的调节。

Fe 作为重要微量组成成分和合成叶绿素所必需，对叶绿素的合成和生长等发挥重要作用，由于 Fe 元素不易被植物直接吸收，并且容易沉淀，通常在培养基中由 $FeSO_4 \cdot 7H_2O$ 与 Na_2 - EDTA 配成螯合剂，溶液更稳定和利于植物吸收。

Mn 是三羧酸循环中某些酶和硝酸还原酶的活化剂，对糖酵解中的某些酶有活化作用。B 能促进糖的过膜运输，影响植物的有性生殖，还具有抑制有毒酚类化合物形成的作用，改善某些植物组织的培养状况。Zn 是吲哚乙酸生物合成必需的。Mo 是硝酸还原酶和钼铁蛋白的金属成分。氯（Cl）在光合作用的水光解过程中起活化剂的作用。Cu 是细胞色素氧化酶、多酚氧化酶等氧化酶的成分，可影响氧化还原过程。

2. 有机营养成分　有机营养成分包括维生素，氨基酸或某些有机混合物。

维生素有维生素 B_1 和维生素 B_6。维生素 B_1 是所有植物都需要的一种维生素，常以盐酸盐的形式即盐酸硫胺素的形式加入培养基中。维生素 B_6（VB_6）和烟酸可能有刺激生长的作用。肌醇和甘氨酸也是一些培养基的添加成分。肌醇能够促进糖类物质的相互转化，更好发挥活性物质的作用，促进愈伤组织的生长和芽的形成，对组织和细胞的繁殖、分化有促进作用。肌醇使用浓度一般为 100 mg/L，用量过多，则会加速外植体的褐化。氨基酸是良好的有机氮源，在培养基中含有无机氮的情况下更能发挥作用，可直接被细胞吸收利用。

3. 植物激素　植物激素是培养基内添加的关键性物质，对植物组组培养起着关键性作用。

生长素类：常用的生长素类激素有 IAA、IBA、NAA、2，4 -滴，其活性强弱为2，4 -滴＞NAA＞IBA＞IAA。生长素主要用于诱导愈伤组织形成，促进根的生长。此外，与细胞分裂素协同促进细胞分裂和生长。除了 IAA 见光受热易分解外，其他生长素对热和光均稳定。生长素类溶于酒精、丙酮等有机溶剂。在配母液时多用 95％酒精或稀NaOH 溶液助溶。

细胞分裂素类：是一类腺嘌呤的衍生物，常见的有 6 - BA、KT（激动素）、ZT（玉米素）等。细胞分类素的主要作用是抑制顶端优势，促进侧芽的生长，刺激细胞分裂，诱导芽的分化，促进叶片扩大和茎长高，抑制根的生长。当组织内细胞分裂素/生长素的比值高时，有利于诱导愈伤组织或器官分化出不定芽；促进细胞分裂与扩大，延缓衰老；抑制根的分化。因此，细胞分裂素多用于诱导不定芽分化和茎、苗的增殖，所以是植物组织和细胞培养中不可缺少的化合物。

赤霉素类：常见的是 GA_3，赤霉素具有催芽作用，它可以打破植物体休眠和防止器官脱落，还可以促进麦芽糖的转化和营养细胞的生长，同时由于赤霉素可以提高植物体内生长素的含量，而生长素直接调节细胞的伸长，所以赤霉素可以加速细胞的伸长，对细胞的分裂也有促进作用，可以促进细胞的扩大。但浸种时间不能太长，实际应用时，以浓度为 1 000 mg/L 左右的赤霉素浸种为宜。

4. 其他添加物　琼脂和卡拉胶是固体培养基的支持物或凝固剂。用卡拉胶配制的固体培养基清晰透明，便于观察菌丝的形态，对绝大部分植物都是有利的。使用浓度取决于培养目的，一般浓度为 0.4％～1％。

活性炭作为培养基中的添加物，主要是利用其吸附性，从培养基中吸附有机物和无机物分子,消除对培养物有不良或毒副作用的物质,减轻组织的褐化。

滤纸桥作为替代琼脂的一种支持物,是将滤纸折叠成 M 形,放入液体培养基中,这样组培苗可通过滤纸的虹吸作用不断从液体培养基中吸收营养和水分。

(二) 培养基的分类

培养基的分类方法有多种,根据态相不同,培养基分为固体培养基与液体培养基。固体培养基与液体培养基的主要区别在于培养基中是否添加了凝固剂。根据培养阶段不同,分为初代培养基、继代培养基和生根培养基。根据培养进程和培养基的作用不同,分为诱导培养基、增殖培养基及壮苗生根培养基。根据其营养水平不同,分为基本培养基和完全培养基。基本培养基即平常所说的培养基。如 MS 培养基、White 培养基等。完全培养基由基本培养基和添加适宜的激素和有机附加物组成。

(三) 培养基的配制

在植物组织培养工作中,通常先将各种药品配制成一定倍数的母液,用时再按比例稀释,保证各物质成分的准确性及配制培养基时的快速移取,便于低温保存。母液保存的时间不宜过长,尤其是有机母液应在 1 个月之内用完,若发现有沉淀或霉菌,不能使用。

一般母液浓度比所需浓度高 10~500 倍。分别配成大量元素、微量元素、铁盐、有机物和钙盐、激素类等母液。配制时注意一些离子之间易发生沉淀,如 Ca^{2+}、SO_4^{2-}、Mg^{2+} 和 PO_4^{3-} 一起溶解后,会产生沉淀,一定要充分溶解再放入母液中。

(四) 接种

接种是组织培养最常规和关键技术环节,是把经过消毒后的植物材料在无菌环境中切割或分离成一定大小的茎段,再转入到无菌培养基上的过程。

1. 接种室消毒 气体熏蒸:先将甲醛溶液与高锰酸钾按照 3∶1 混合,用产生的烟雾密闭熏蒸接种室 1~2 d,然后开启房门,排除甲醛气体,2 个月熏蒸一次。药剂喷洒:用 75%酒精喷洒接种室空间,要求喷洒全面、均匀。紫外线照射:接种前 20~30 min 打开紫外灯,每次接种前进行。

2. 超净工作台消毒 超净工作台紫外线照射 20~30 min,超净工作台面及培养瓶可用 75%酒精浸泡过的酒精棉球擦拭。

(五) 培养条件

培养条件影响组织培养育苗的生长和发育。一般而言,组培环境包括温度、湿度、光照、培养基组成、pH、渗透压等各种环境条件。

1. 温度 温度是植物组织培养的重要因素,所以植物组织培养在最适宜的温度下生长分化才能表现良好,大多数植物组织培养都是在 (23±2)℃之间。低于 15 ℃时培养,植物组织会表现生长缓慢,高于 35 ℃时对植物生长不利。

2. 光照 光照度对外植体细胞的增殖和器官分化有明显影响。一般来说,光照较强,幼苗生长粗壮,而光照较弱,幼苗容易徒长。光质对愈伤组织诱导、培养组织的增殖以及器官的分化都有明显影响。关于不同光质对不同植物组培苗增殖和分化的影响不一致现象可能与植物组织中的色素有关，光周期可以在一定程度上影响组培苗的增殖与分化。因此，培养时要选用一定的光周期来进行组织培养，最常用的周期是 16 h 光照，8 h 黑暗。

3. pH 不同的植物对 pH 要求也不同。通常培养基的 pH 在 5.6～6.0，马铃薯培养基要求 pH5.8。如果 pH 不适则直接影响外植体对营养物质的吸收，进而影响器官的形成。

4. 湿度 培养室内湿度和培养容器内湿度都很重要。培养室内相对湿度可以影响培养基的水分蒸发，湿度过低会使培养基丧失大量水分，导致培养基各种成分浓度的改变和渗透压的升高，进而影响组织培养的正常进行。湿度过高时，易造成杂菌滋生，造成污染。一般培养室内相对湿度保持在 70%～80%。

容器内湿度主要受培养基水分含量、封口材料等因素的影响，尽量减少琼脂用量，使培养基松软但不散，利于马铃薯茎段与培养基的接触，利于吸收营养。封口材料也影响容器内湿度情况，封口材料密闭透气性受阻，导致植物生长发育受影响，应选用透气封口材料，透气性最好的是棉塞，但棉塞易使培养基干燥，夏季易引起污染。

三、马铃薯脱毒苗快繁简化技术

（一）碳源

作为碳源的供体最常用的是蔗糖。随着碳源浓度的增加，试管苗扩繁性状明显增强，但同浓度的食用白糖与试剂蔗糖效果差异不大，但从降低成本的角度分析，食用白糖更廉价。因此，完全可以用食用白糖代替试剂蔗糖作为培养基的碳源。

（二）水源

水源是培养基的主要溶剂。在马铃薯脱毒试管苗扩繁期间，只要 pH 调到 5.8 左右，自来水代替蒸馏水或自来水代替去离子水对幼苗生长无影响。研究证实，雨水配制的培养基更有利于试管苗快繁。在生产中常用自来水作为培养基的水源。

（三）固定物

马铃薯组培苗培养中，培养基的凝固剂多用琼脂粉和卡拉胶，在我们的生产中以低廉的卡拉胶培养基培育的试管苗健壮、生长快、成本低。卡拉胶和琼脂对组培苗株高、茎粗、根长等影响差异不明显。目前，每升培养基使用 6 g 卡拉胶，比使用琼脂粉更能节约成本。另外，卡拉胶较琼脂透明性好，易于观察试管苗的根系发育和污染状况。因此，可选择卡拉胶替代琼脂进行快繁。

（四）培养基营养成分

马铃薯脱毒苗生产以 MS 为基本培养基，在生产中以 MS、MS-有机成分、MS-微量元素、1/2MS、1/2MS-有机成分五种不同的培养基培养，五种培养基中脱毒苗的叶片数、株高和茎粗都无显著差异。MS 培养基中除去有机成分对马铃薯脱毒苗影响不大（即继代培养结果相同），说明马铃薯脱毒试管苗生长对有机营养的需要不完全来自培养基，试管苗可合成自身生长所需要部分有机营养。由此，为降低成本可用1/2MS-有机成分培养基。

（五）培养条件

光周期影响马铃薯脱毒苗的生长，试管苗放在日光培养室内或者散射自然光照下培养，其生长情况明显优于人工光照。同时在光照培养后期采用自然光代替日光灯的培养方式，对试管苗的生长有一定的促进作用，并使叶色变浓绿、叶片数增加，提高了试管苗繁殖系数，达到既壮苗又降低生产成本的效果。

（六）接种方式

试管苗的茎段接种有扦插与平铺两种。研究数据表明，扦插苗的株高、成株率和月增殖倍数都高于平铺苗，这说明扦插的马铃薯继代苗由于茎段切口处和培养基中的营养物质直接接触，利于营养物质的吸收，而平铺的继代苗则是切口处部分接触，不利于继代苗对营养物质的吸收，所以平铺的马铃薯继代苗的生长速率小于扦插的马铃薯继代苗的生长速率。但是由于平铺的继代苗减少了苗与器具的直接接触，所以污染率大大降低，并且由于减少扦插苗的程序，加快了接种速度。

（七）培养方式

培养方式有固体培养、液体浅层静置和液体滤纸桥。液体培养基由于改善了营养吸收环境，使之更有利于根系发育和营养快速吸收，且液体培养由于省去昂贵的琼脂，每瓶液体培养基用量约为固体培养基的1/3~1/2，在液体培养基里生长的脱毒苗移栽时不用洗根，操作简单，节约用工，降低了生产成本，但液体培养基污染率高。另一方面，液体培养基具有较强的流动性，能把营养物质很快的传输给植株。以滤纸桥作为支持物有利于试管苗和根系呼吸作用的进行，根系伏在滤纸上生长，未被淹没在液体培养基中，对营养的吸收也有一定的促进作用，而且成本比对照降低。

（八）留茬繁殖

在试管苗长至7~11片叶时，剪取上部6~10节茎段（每段带1片叶）接入增殖培养基中，瓶内基部留1~2节茎段连同根一起于原培养基中继续培养，留茬培养可以连续三茬，株高、叶片数等各指标与原一茬苗均无显著差异。因此，在留茬培养中保证壮苗的最佳世代数为前三代。

第四节　马铃薯脱毒苗快繁过程中污染和异常症状及防控

一、脱毒苗污染症状及防控措施

（一）污染症状及原因

马铃薯脱毒苗快繁过程中经常出现不同程度污染，造成严重经济损失，且还有可能导致组织培养工作中断。因此，控制污染是组织培养过程中重要环节。从污染产生的菌源看，主要有真菌和细菌两类。

1. 细菌 细菌污染在接种 1～2 d 即可出现，常表现为在培养基或材料表面出现液状物体、菌落或浑浊水迹状。该污染的发生主要是由于接种材料带菌，培养基或接种器皿、器具消毒不彻底，也可能由于操作不当引起。

2. 真菌 真菌污染症状出现缓慢，一般在接种 5～10 d 时才有所表现，真菌污染在初期为如针状的雾斑，后期长出菌丝，继而很快出现青、黑、黄、白等孢子。

（二）脱毒苗快繁过程中污染防控措施

1. 污染菌源控制 定期用高锰酸钾和甲醛按 1∶3 熏蒸 24 h，杀灭空气中的污染菌。在每次接种前，接种室和超净工作台用紫外线灯光照射，杀菌 30～35 min，用 75%酒精做降尘处理（喷雾），接种时瓶口靠近酒精灯火焰，每接种一瓶所用工具消毒一次。

2. 真细菌污染的防控措施

（1）细菌。内生细菌由于它潜伏得较深，随着继代次数的增加，菌量慢慢累积，并逐渐在培养基上显现出来。可通过在培养基中添加抑菌剂或抗生素来防止和减少细菌等内生菌的污染。试验证明，可通过在培养基中添加抗生素类来防止细菌等内生菌，卡那霉素、青霉素和链霉素不同浓度均 100%抑制培养基的细菌。其中青霉素浓度 100 mg/L 对试管苗生长的促进作用增强，抗生素时效 20 d 左右。

（2）真菌。真菌里又以青霉菌污染最多，五氯硝基苯和多菌灵均能有效控制真菌，其中五氯硝基苯浓度 0.6～1 g/L 对马铃薯组织培养过程中真菌污染有防治效果，其抑菌率达到了 70%～80%，对马铃薯试管苗的生长没有阻碍作用。

二、脱毒苗异常症状及防控措施

（一）玻璃化苗症状及防控

1. 玻璃化苗症状及原因 玻璃化苗又称水肿苗，是马铃薯试管苗在生长发育的芽分化启动过程中由糖类、氮代谢和水分状态等发生生理异常所引起的。培养基中一次加入的细胞分裂素过多，生长素与细胞分裂素的比例失调，培养基中的琼脂和蔗糖含量低，温度过高或者忽高忽低，封口过严、气体交换不畅而造成瓶内水分过多等原因都易导致玻璃化苗的出现。主要症状是试管苗的叶片变成水渍状，呈半透明状态，导致试管苗的生长和繁殖速度下降，最后死亡。

2. 玻璃化症状防控措施 增加琼脂的浓度、降低培养基的水势。提高蔗糖含量或加入渗透剂，降低培养基中的渗透势，减少植物可获得的水分，造成水分胁迫。降低细胞分裂素和赤霉素浓度，适当增加无机盐的含量。使用透气性好的材料（如牛皮纸、棉塞、滤纸）等。延长光照时间，增加自然光照，提高光照度。控制温度，避免过高的培养温度。在培养基中适当加入活性炭等措施都可有效地控制。

（二）白化苗症状及防治措施

1. 白化苗症状及原因 白化苗是指在组织培养过程中，由于组织细胞生理代谢发生改变所导致不能合成叶绿素，不能进行正常的光合作用，从而导致叶片、茎秆或整个植株变浅黄或变白。主要是由于培养基的某些成分缺乏造成的缺素症状，有毒物质的危害，培养基量过少，营养不足等。

2. 白化症状防控措施 试管苗在脱毒快繁中，培养基的量平均每管不少于 10 mL，否则增加白化苗的概率，MS 培养基中的大量元素和微量元素是不可缺少的。培养的光照度在 2 000 lx 以上，促进光合作用，利于进行二氧化碳的吸收和有毒物质的分解，保证植物的生理代谢正常运行。

(三) 褐变症状及防治措施

1. 褐变症状及原因 培养基的成分中无机盐浓度过高可引起酚类物质的大量产生导致褐变。培养条件不良，如温度过高或光照过强，均可提高多酚氧化酶活性，从而加速外植体的褐变。外植体的大小不合适，一般来说材料太小容易褐变。培养过程中材料长期不转移，可导致培养材料褐变，以致材料死亡。

2. 褐变防控措施 降低无机盐浓度和细胞分裂素浓度。增加抗氧化剂和吸附剂，如活性炭。对于容易发生褐变材料进行及时转接。

(四) 气生根苗症状及防控措施

1. 气生根形成原因 气生根是在马铃薯试管苗中下部叶腋处长出的许多细长须根。气生根的形成与外界环境条件有关，培养瓶的封口透气性差。激素浓度过高。转接不及时，继代次数增加，导致气生根发生。

2. 气生根防控措施 适当降低激素浓度。及时将把气生根苗转接到其他培养瓶中。降低继代次数，一般不要超过 5 次。培养瓶的封口选用透气性好的材料，如棉塞、透气封口膜、牛皮纸、滤纸等，可防止气生根苗的产生。

第三章 | *Chapter 3*
马铃薯脱毒种薯繁育

第一节 马铃薯原原种基质栽培技术

马铃薯品种在生产中长期无性繁殖，造成病毒侵染和积累，种性退化，产量降低，品质变劣、降低或失去种用价值。为解决这一问题，生产中常用的方法是定期以脱毒种薯更新退化的大田用种。一般来讲，种植脱毒种薯可使产量提高 30%～50%。利用茎尖脱毒和组织培养技术生产脱毒试管苗，利用无土栽培技术生产脱毒马铃薯原原种，再利用原原种生产原种和一级种的良种繁育体系，是世界马铃薯种薯生产的主要途径。马铃薯原原种的生产是生产脱毒种薯的关键，原原种的产量和质量制约着大田生产用种的产量和质量。

为了能够高产、高效、低耗地生产出大量的质量合格的原原种，多年来，世界各国从事马铃薯种薯研究的科研单位和生产经营企业围绕着马铃薯原原种生产技术模式进行了相应的探索研究，并探索出各种成功的模式。目前，主要有网棚起垄技术、网棚基质生产技术、温室水培气雾生产技术和温室基质生产技术等四种原原种生产方法。其中，网棚起垄技术生产成本低，但存在退化快、病害多和不易轮作等诸多缺点。网棚基质生产技术虽然克服自然土传病害多的缺点，但生产基质成本较高、原原种退化速度快。温室水培气雾生产技术虽然克服种薯退化快的缺点，并具有单株结薯率高的优点，但其存在种薯气孔外翻而不易储藏的缺陷。马铃薯原原种温室基质高产优质高效生产技术具有病害少和退化慢的优点，具有产量高、成本低和经济效益好的优势，与常规生产技术相比单产能够增加24.6%。目前，该技术已经在我国马铃薯原原种生产中得到大面积推广应用。

一、马铃薯原原种等级标准及质量要求

(一)原原种薯型

原原种按形状可以分为圆形薯、近圆形薯、长形薯。圆形薯为薯块纵向直径是横向直径的 1.5 倍以下的原原种；近圆形薯为薯块纵向直径大于横向直径的 1.5 倍但小于 2.0 倍的原原种；长形薯为薯块纵向直径是横向直径 2.0 倍以上的原原种。

(二)原原种薯型规格和等级

原原种等级分为特等、一等、二等，按规格分为一级、二级、三级、四级、五级（表 3-1）。

表 3-1 原原种的规格和等级要求

规格	横向直径/mm	等级	病薯率/%
一级	≥25	特等	0
		一等	≤1.0
		二等	>1.0～2.0
二级	20～<25	特等	0
		一等	≤1.0
		二等	>1.0～2.0
三级	17.5～<20	特等	0
		一等	≤1.0
		二等	>1.0～2.0
四级	15～<17.5	特等	0
		一等	≤1.0
		二等	>1.0～2.0
五级	12.5～<15	特等	0
		一等	≤1.0
		二等	>1.0～2.0

注：1. 圆形、近圆形的马铃薯品种不同规格原原种的允许误差范围如下：
（1）一级允许含有 3% 的产品不符合该等级的要求，但应符合二级的要求；
（2）二级允许含有 3% 的产品不符合该等级的要求，但应符合三级的要求；
（3）三级允许含有 3% 的产品不符合该等级的要求，但应符合四级的要求；
（4）四级允许含有 3% 的产品不符合该等级的要求，但应符合五级的要求。
2. 长形的马铃薯品种不同规格原原种的允许误差范围如下：
（1）一级允许含有 10% 的产品不符合该等级的要求，但应符合二级的要求；
（2）二级允许含有 10% 的产品不符合该等级的要求，但应符合三级的要求；
（3）三级允许含有 10% 的产品不符合该等级的要求，但应符合四级的要求；
（4）四级允许含有 10% 的产品不符合该等级的要求，但应符合五级的要求。

（三）原原种质量检测项目标准

原原种是指用育种家种子、脱毒组培苗或试管薯在防虫网、温室等隔离条件下生产，经质量检测达到国家标准要求，用于原种生产的种薯。原原种非检疫性限定有害生物和其他检测项目的标准如下（表 3-2、表 3-3、表 3-4）。

表 3-2 田间植株检查质量要求

检测项目		允许率/%
	混杂	0
病毒	重花叶	0
	卷叶	0
	总病毒病（所有有病毒症状的植株）	0
	青枯病	0
	黑胫病	0

表 3-3 原原种收获后检查质量要求

检测项目	允许率/%
总病毒病（PVY 和 PLRV）	0
青枯病	0

表 3-4 原原种库房检查块茎质量要求

检测项目	允许率/%
混杂	0
湿腐病	0
干腐病	0
软腐病	0
晚疫病	0
普通疮痂病	2
黑痣病	0
马铃薯块茎蛾	0
外部缺陷	1
冻伤	0

（四）原原种种薯检验流程

1. 原原种生产过程检测 温室或网棚中，组培苗扦插结束或试管薯出苗后 30～40 d，同一生产环境条件下，全部植株目测检查一次，目测不能确诊的非正常植株或器官组织应马上采集样本进行实验室检验。

2. 收获后检测 原原种每个品种每 100 万粒检测 200 粒（每增加 100 万粒增加 40 粒，不足 100 万粒的按 100 万粒计算）。

块茎处理：块茎打破休眠栽植，苗高 15 cm 左右开始检测，病毒检测采用酶联免疫吸附测定（ELISA）或反转录-聚合酶链式反应（RT-PCR）方法，类病毒检测采用往返聚丙烯酰胺凝胶电泳（R‐PAGE）、RT‐PCR或核酸斑点杂交（NASH）方法，细菌采用 ELISA或聚合酶链式反应（PCR）方法。以上各病害检测也可以采用灵敏度高于推荐方法的检测技术。

3. 库房检查　原原种出库前应进行库房检查，根据每批次数量确定扦样点数（表 3‐5），随机扦样，每点取块茎 500 粒。

表 3‐5　原原种块茎扦样量

每批次总产量/万粒	块茎扦样点数/个	检验样品量/粒
≤50	5	2 500
>50～500	5～20（每增加 30 万粒增加 1 个扦样点）	2 500～10 000
>500	≥20（每增加 100 万粒增加 2 个扦样点）	≥10 000

4. 检测结果　检验参数任何一项达不到原原种种薯质量要求的，会降级到与检测结果相对应的质量指标的种薯级别，达不到最低一级别种薯质量指标的原原种不能用作种薯。

二、马铃薯原原种基质生产栽培技术

采用无土基质栽培方法生产原原种，具有有效避免蚜虫传播病毒、避免土传病害和土壤连作障碍等优点，可以为植物提供稳定的水、气、肥等环境因子。基质栽培生产出的原原种整齐度好、种薯品质高、无污染、病害少。

基质不但起到支持、固定植株的作用，还可以充当养分和水分的载体，为植物提供养分和水分，使植株根系可从中按需要进行选择性吸收，并且使作物根系处在最适宜的微环境条件中，从而充分发挥作物的增长潜力，使生物量和植物生长量得到大幅度的提高。

（一）原原种生产棚室设施选择和环境条件控制

1. 基础设施要求　温室、网室要具有良好的控温、控湿、通风、光照条件，有防雨和防虫设施；温室、网室的门窗和通风口要装孔径 0.247 mm（60 目）的防虫网纱；温室和网室进门处修建一个缓冲间，应随时消毒灭菌；缓冲间应设置消毒设施，可用生石灰或其他消毒剂消毒。

2. 环境要求　进行原原种生产的温室或网室应建设在气候冷凉、天然隔离条件好的区域，周围无污染源，没有其他茄科植物或易引诱蚜虫的黄花作物，所处地势有利于灌溉和排水，土壤质量符合要求，水源能满足生产灌溉要求。

3. 消毒灭菌　温室及其内部设施应定期消毒，可用硫黄熏蒸、用 50%多菌灵可湿性粉剂 800 倍液喷洒或用 0.1%高锰酸钾溶液消毒。防虫网室可用 50%多菌灵可湿性粉剂 800 倍液喷洒。对所用工具（剪刀、刀片、培养皿等）高温灭菌或用 0.5%高锰酸钾溶液浸泡。工作人员应穿洁净的工作服，用肥皂洗手，工作场所禁止吸烟。

（二）原原种生产棚室设施种类及特点

1. 网棚　用钢筋和混凝土等材料的框架做支撑，覆盖孔径小于 0.247 mm 的防虫尼龙网，天热时，需要遮盖遮阴帘（图3-1）。

优点：设施投入、维修和动力成本低。

缺点：没有取暖设施，生产受到外界温度的限制，不能提早种植，不能很晚收获；没有水帘和风机，温湿度不易控制，种薯退化快；隔离条件差，各种土传病害和晚疫病不容易控制，生产的种薯质量较差。

图3-1　网棚种植

2. 普通温室　普通温室如图3-2所示。

优点：设施投入成本较低，隔离条件好，可有效控制各种土传病害和晚疫病。

缺点：无水帘和风机等，温湿度不能控制在适宜的范围内，生产的种薯质量一般。

图3-2　普通温室种植

3. 智能温室　智能温室如图3-3所示。

优点：具有水帘、天窗、风机、环流、保温帘和遮阴帘，能够实现温湿度的自动控制；能够及早种植和很晚收获；隔离条件好，各种土传病害和晚疫病容易控制，生产的种薯质量好。

缺点：设施投入、维修、电费和取暖费等成本太高。

图 3-3 智能温室种植

（三）原原种生产环境因素控制

1. 温度控制 温室最低温度不得低于 10 ℃，最高温度不得超过 26 ℃，每天保证温度控制在 18～25 ℃之间。当温度低于 10 ℃时，应该采取保暖措施。对于智能温室，要及时打开保温帘；对于普通温室和网棚，要及时盖上棉被。当温度高于 26 ℃时，应采取降温措施，对于智能温室，要关闭天窗、打开风机、环流和水帘；对于普通温室，要及时进行通风和采取遮阴处理；对于网棚，要盖上遮阴网。

2. 湿度控制 空气湿度要控制在适宜的范围内，不宜太大，相对湿度要小于 90%。当相对湿度高于 90% 时，要及时打开天窗等设施进行通风排潮。

3. 光照控制 必须保持 14 h 光照，自然光不足情况下应补充光照，每隔 10 m² 加一盏汞灯进行补光。

4. 人员操作控制

① 使用温室工具作业时，必须先用 75% 酒精消毒。

② 任何人员进入温室之前，脚须先用石灰消毒。

③ 未经管理人员允许，任何人不得接触脱毒苗。

④ 接触植株前，必须用肥皂洗手和酒精消毒。

⑤ 非温室管理人员，不经允许不得入内。

⑥ 每间温室准备一个温湿度记录仪，及时了解温室内温湿度变化，以便有异常情况能够及时采取措施。

⑦ 温室内一切器具不得带出。

⑧ 温室内禁止吸烟。

（四）原原种生产基质筛选

原原种生产基质选择的原则是疏松透气，具有一定的保水、保肥能力，容易灭菌处理，不利于杂菌滋生。移栽马铃薯组培苗常用的基质有珍珠岩、蛭石、河沙、过筛的腐殖土等，其中珍珠岩和蛭石通透性好，保水保肥，无菌，结薯率高；河沙通透性、保水性好，易于消毒，对匍匐茎有较好的压实覆盖作用，有利于结薯。腐殖土较难灭菌，易滋生杂菌。原原种生产既要考虑产量、质量，更要考虑成本。为了节约成本，原原种生产基质的选择和组配非常关键。目前，生产上一般选择无土基质方式，选择蛭石、草炭、河沙和珍珠岩等中的一种或几种组配在一起作为原原种的生产基质。

1. 几种栽培基质介绍

（1）河沙＋羊粪组合。 沙子与羊粪（3∶1）处理，容重降低，孔隙度适中，增加了水分和空气的含量并且生产成本不高。结合了无土基质和有机基质的优点，来源容易，价格低廉，马铃薯原原种薯块色泽好，数量多，在综合性状上表现较好。

（2）蛭石＋珍珠岩＋河沙。 蛭石、珍珠岩以及河沙之间的最适配比为1∶1∶2。蛭石和珍珠岩的等量配比能够将两者各自的优势有机结合，在保证良好的保水保肥能力的同时增强透气性，疏松透气的基质结构有利于块茎的形成，促进原原种增产。

（3）棉籽皮＋蛭石。 棉籽皮与蛭石的比例2∶1时，马铃薯原原种成活率、各生物性状及经济性状、综合产量性状最优，棉籽皮与蛭石的比为2∶1、1∶1、1∶2时产量性状均高于全蛭石，而且棉籽皮作为生物废弃物的廉价及可连续使用的特性决定了棉籽皮与蛭石混合栽培基质具有更高的使用价值。

2. 苗床准备和基质灭菌

（1）苗床准备。 具备温室条件的地方，一般在2月15日至3月1日进行苗床准备。按配方混配各种基质成分，注意混配均匀。并将基质铺在苗床上，厚度为10 cm左右（图3-4）。

（2）基质灭菌。 一般在3月2至4日进行。如果是新配制的基质，可以用40%辛硫磷乳油1 500倍液和40%五氯硝基苯可湿性粉剂500倍液配成的药液对基质进行杀虫灭菌处理。如果是旧基质，为了有效地控制疮痂

图3-4 苗床准备

病，最好采用40%辛硫磷乳油1 500倍液＋50%福美双可湿性粉剂1 250倍液＋50%多菌灵可湿性粉剂1 250倍液配成的药液杀虫灭菌。注意必须将苗床上的基质灭透，然后用塑料薄膜覆盖苗床，保证基质的灭菌杀虫效果。

（五）组培苗炼苗及移栽

1. 组培苗炼苗 决定移栽成活率的关键因素首先是组培苗本身的质量，如果培养瓶中苗龄过短，则苗细弱矮小，不易移栽。反之，苗龄过长，则苗长移栽时易折断，且根系过长，变褐老化，不利于长新根。因此，培育壮苗是提高移栽成活率的主要措施之一。用于移栽的组培苗采用壮苗培养基 MS＋0.5 mg/L B_9，培养瓶中生长20 d左右，苗长约5～6 cm，叶片5～6片，根系发达，此时移栽后最易成活。

栽苗日期确定以后，炼苗时间就相应确定。一般，试管苗需在温室炼苗5～7 d以上。

炼苗标准：待试管苗顶端小叶充分变绿和充分展开时，就可移栽种植。

注意事项：①炼苗区应选择在光照较好的地块；②炼苗时不要打开瓶盖，防止污染；③炼苗时准确把握各品种在炼苗区的位置，防止混杂。

2. 脱毒苗类型的选择　选用不同类型的脱毒苗（图3-5）生产原原种获得的产量和质量是不一样的。应选择根粗、叶大且平展、整体更加健壮的试管苗。

3. 组培苗移栽　在组培苗出瓶时，要仔细洗去附在其上的培养基残渣，否则残留的培养基残渣会导致霉菌污染，同时注意不要损伤根系和茎叶，避免病菌感染致死。然后要将试管苗用生根剂（50 mg/L萘乙酸溶液）浸泡0.5 h进行生根处理，提高试管苗的移栽成活率；其次，需用75%的酒精将手以及镊子、剪刀等器具进行消毒处理。

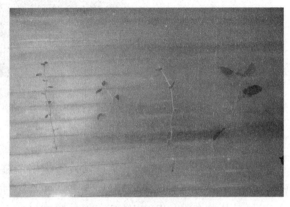

图3-5　四种类型的脱毒苗

栽苗时，首先要选择健壮、无菌、带顶端生长点的脱毒苗，淘汰那些被污染的、黄化的弱苗进行移栽，确保苗齐、苗全、苗壮；其次，左手拿苗，右手用镊子掐住试管苗的基部，将其扦插于苗床基质中，脱毒苗露出顶端生长点即可（图3-6）。栽完苗后，及时浇一遍水，并用竹坯子做拱，最后覆盖塑料薄膜（遮阳网），保持温湿度，提高成活率。

图3-6　移栽育苗

4. 种植密度　种植密度减小，株行距扩大，有利于脱毒苗间的通风透气，减少病害发生，提高脱毒苗成活率；但与此同时，种植密度的减小也导致相同面积上苗数相应减少，叶面积指数降低，群体效应减弱，影响群体有效薯块数，不利于增产。因此，在一定范围内适当增加种植密度是保障原原种总产量和商品薯产量的一个重要栽培措施。

5. 查苗、补苗和定苗　覆膜一周后，大部分脱毒试管苗叶片展开并生根成活；但还有少部分弱苗不能成活。这时要及时做好补苗工作（栽苗时可按品种集中育少部分苗用于补苗），确保苗全和苗齐（图3-7）。

图 3-7 查苗和补苗

(六) 水分管理

保持水分平衡和控制好湿度是马铃薯组培苗移栽管理技术的核心。空气湿度低，则组培苗容易萎蔫；而基质水分又不宜太多，如果基质水分太多，不仅透气不良，影响生根，且容易导致烂根死苗。因此在保证空气湿度足够大的同时，应尽量确保移栽基质良好的透气状况。可采用微喷技术控制空气湿度或采用塑料小拱棚的方法来提高空气湿度。具体做法是移栽后浇透水，以后每天根据苗的实际情况定浇水的次数和量，原则是空气湿度足够大，而基质水分不能太多，小苗叶片始终保持挺拔的姿态。

要根据适宜的土壤含水量以及当前的水分状况决定什么时候浇水浇多少水。浇水方式可以采用滴灌和微喷的方式，灌溉时要防止将苗浇倒。

(1) 栽苗期。 基质水分要控制在最大田间持水量的 $75\%\sim80\%$。

(2) 苗期。 基质水分要控制在最大田间持水量的 $60\%\sim65\%$。

(3) 中后期。 基质水分要控制在最大田间持水量的 $75\%\sim80\%$。

(4) 成熟期。 基质水分要控制在最大田间持水量的 $60\%\sim65\%$。

(七) 肥料管理

要根据基质的养分和马铃薯原原种的需肥规律进行施肥。经空白试验，人工复配的基质其矿质养分是不足的，需要适时施足 N、P、K、Ca、Mg、S 等矿质营养。建议采用平衡施肥和分期施肥方式，整个生育期间需喷施 8 次营养液。栽苗后喷施第一次营养液，前 2 次要用 1 号营养液，后 6 次要用 2 号营养液，每次喷施间隔时间为 $7\sim10$ d（营养液的配方见表 3-6）。

(八) 覆土管理

当脱毒苗定苗（株高 15 cm）后，要及时覆上 5 cm 厚的珍珠岩（图 3-8），提高单株结薯率，防止由于土浅造成匍匐茎出现串剑现象。株高 25 cm 时，再覆上 5 cm 厚的珍珠岩，使基质厚度达到 20 cm 以上，增加原原种生产空间，创造多结薯、结大薯的条件。

表 3-6　各生育时期喷施的营养液配方

肥料种类	兑水 250 L 对应用量/g	
	1号营养液	2号营养液
Ca（NO$_3$）$_2$·7H$_2$O	95	190
MgSO$_4$·7H$_2$O	42	84
KNO$_3$	70	140
NH$_4$H$_2$PO$_4$	17	34
K$_2$SO$_4$	30	60
KH$_2$PO$_4$	14	28
总计	268	536

图 3-8　覆土管理

（九）原原种生产病害的综合防治

温室里经常发生的真菌性病害主要有丝核菌病和晚疫病，经常发生的细菌性病害有黑胫病、软腐病和疮痂病等。以防为主，防治结合。

1. 丝核菌立枯病的症状及防治

（1）丝核菌立枯病的症状。马铃薯幼苗在温室里扦插到基质中后，新生出根部或匍匐茎顶部出现褐色病斑，生长点坏死，不再继续生长，也有的从下部节上再长出一个芽条，往往造成枯萎现象（图 3-9）。

（2）丝核菌立枯病的防治。一是换土倒茬或者每年更换蛭石等基质材料；二是苗期喷施 25% 嘧菌酯悬浮液（每亩 40 mL）。

2. 镰刀菌枯萎病的症状及防治

（1）镰刀菌枯萎病的症状。马铃薯镰刀菌枯萎病是一种真菌性病害，发病后地上部表现为植株萎蔫枯死。发病初期，下部叶片表现为垂萎，特别是中午或强光下更为明显，而

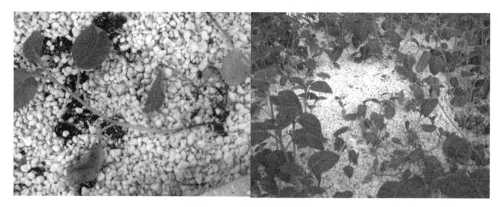

图 3-9　丝核菌立枯病

清晨和傍晚可恢复正常；随着病情的发展，叶片由下而上逐渐萎蔫枯死，剖开根和茎可见维管束变褐色或黑褐色；切开染病的块茎可见维管束呈虚线状褐变，湿度大时，病部常产生白色至粉红色菌丝。田间一般在马铃薯花期开始表现症状（图 3-10）。

图 3-10　镰刀菌枯萎病

（2）镰刀菌枯萎病的防治。一是换土倒茬或者每年更换蛭石等基质材料；二是苗期喷施 80％福美双水分散粒剂（每亩 80 g）。

3. 早疫病的症状及防治

（1）早疫病的症状。此病主要危害叶片，发生重时亦危害薯块。多从植株下部老叶开始。初在叶面出现水渍状小点，以后发展成近圆形、具同心轮纹的褐色坏死斑，与健康组织界限明显，病斑外围有一窄的褪绿圈环（图 3-11）。湿度大时病斑上产生黑色霉层，即病菌分生孢子梗和分生孢子。多个病斑相互连接形成不规则形斑，终致病叶干枯死亡。块茎染病，多产生暗褐色圆形至近圆形凹陷斑，边缘明显，使块茎皮下组织呈浅褐色海绵状干腐。

（2）早疫病的防治。在发病前期或初期喷施 10％苯醚甲环唑水分散粒剂（每亩 40 g）。

4. 晚疫病的症状及防治

（1）晚疫病的症状。晚疫病是导致马铃薯茎叶死亡和块茎腐烂的一种毁灭性真菌性病害，主要危害叶、茎和块茎。发病后叶部病斑面积和数量增长迅速，以致全田马铃薯成片

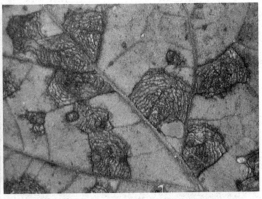

图 3-11　早疫病

早期死亡，并引起块茎腐烂，严重影响产量；叶上病斑灰褐色，边缘不整齐，周围有一褪绿圈；块茎上的病斑褐色，形状不规则，微下陷，不变软，严重影响马铃薯的商品价值（图 3-12）。

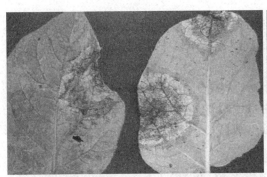
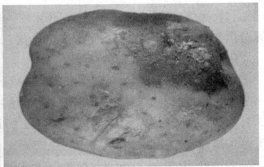

图 3-12　晚疫病

（2）晚疫病的防治。生育前期，先喷施代森锰锌等保护性药剂；生育中期，喷施 72%霜脲•锰锌可湿性粉剂（每亩 100 g）、64%噁霜•锰锌可湿性粉剂（每亩 120 g）、25%双炔酰菌胺乳油（每亩 40 mL）、68.75%氟菌•霜霉威悬浮剂（每亩 80~100 mL）等内吸性系统治疗剂；生育后期，喷施 10%氰霜唑悬浮剂（每亩 60 mL）和 50%氟啶胺悬浮剂（每亩 30 mL）等保护块茎的杀菌剂。

5. 黑胫病和软腐病的症状及防治

（1）黑胫病和软腐病的症状。植株和块茎均可感染黑胫病。病株生长缓慢，矮小直立，茎叶逐渐变黄，顶部叶片向中脉卷曲，有时萎蔫。靠近地面的茎基部变黑腐烂，有黏液和臭味，很容易从土壤中拔出。发病晚的植株能结染病程度不同的块茎，横断面切开，可以看到维管束已变为黑色，并从脐部开始腐烂。感病重的块茎，在田间就已经腐烂，发出难闻的气味，甚至烂成空腔；感病轻者只是脐部变色，甚至看不出症状。

软腐病一般发生在生长后期收获之前的块茎上及储藏的块茎上。被侵染的块茎，气孔轻微凹陷，棕色或褐色，周围呈水浸状。在干燥条件下，病斑变硬、变干，坏死组织凹陷。发展到腐烂时，软腐组织呈奶油色或棕褐色，其上有软的颗粒状物。被侵染组织和健康组织界限明显，病斑边缘有褐色或黑色的色素。腐烂早期无气味，二次侵染后有臭气、黏液、黏稠物质（图3-13）。

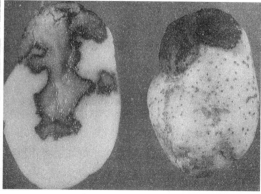

图3-13 黑胫病和软腐病

（2）黑胫病和软腐病的防治。 使用72％农用链霉素（每亩15～20 g）或80％福美双水分散粒剂（每亩80 g）叶面喷施2～3次，间隔为7～10 d。

6. 疮痂病的症状及防治

（1）疮痂病的症状。 马铃薯疮痂病由疮痂病链霉菌引起。这种病菌已潜伏在大多数马铃薯生长的土壤里。最初症状是块茎表面发生褐色模糊的大如针尖的凸起，进一步发展增大，淡褐色消失，患病组织硬结。病斑之下栓皮细胞大量产生，最后产生圆形或不规则形的疮痂状硬斑。（图3-14）

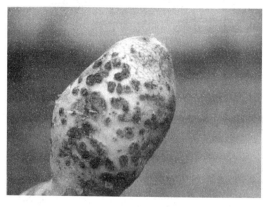

图3-14 疮痂病

（2）疮痂病害的防治。 一是换土倒茬；二是选用酸性肥料，土壤pH维持在5～5.2；三是"酸性疮痂"可通过使用药剂进行防治，即在发病初期使用65％代森锰锌可湿性粉剂1 000倍液或使用72％农用链霉素可溶性粉剂4 000倍液（每亩15～20 g）喷施2～3次，间隔为7～10 d。有条件的地方可用土壤熏蒸剂进行土壤消毒。

（十）原原种生产虫害的综合防治

由于温室内的湿度较大，经常发生潜叶蝇、白粉虱、蓟马和蚜虫等虫害。

1. 潜叶蝇的危害状和防治

（1）潜叶蝇危害的症状。 潜叶蝇成虫将卵产于马铃薯叶片的叶肉中，使叶片表面形成白色的圆点，卵孵化后变成幼虫，幼虫钻进叶片啃食叶肉。形成曲折迂回的隧道，没有一定的方向，在叶上形成花纹形灰白色条纹，俗称"鬼画符"。老熟幼虫在隧道末端化蛹，并在化蛹处穿破叶表皮而羽化，被危害的马铃薯叶片严重时失去光合作用的功能（图3-15）。

图3-15　潜叶蝇及其危害状

（2）潜叶蝇的防治。 一是用黏性的黄板诱捕成虫（图3-16）；二是使用对成虫或幼虫特效的药剂如20％阿维菌素乳油（1 000～2 000倍液或每亩25～40 mL）；施药时间最好在清晨或傍晚，忌在晴天中午施药；施药间隔5～7 d，连续用药3～5次，即可消除潜叶蝇的危害。

图3-16　黄板防虫

2. 蓟马的危害状和防治

（1）蓟马危害的症状。 该虫一般存活于叶片的背面，吸食叶片皮层细胞，使叶面上产生许多银白色的凹陷斑点，危害严重时可使叶片干枯，破坏叶片的光合作用，降低植株生长势，甚至引起植株枯萎，影响产量（图3-17）。

（2）蓟马的防治。 干旱条件有利于蓟马的繁殖，适时灌溉是一种有效的防治方法；也可用40％辛硫磷乳油1 500倍液进行叶面喷施。

图 3-17　蓟马及其危害状

3. 蚜虫虫害的症状和防治

（1）蚜虫危害的症状。蚜虫亦称腻虫，常群集在嫩叶的背面吸取汁液，严重时叶片卷曲皱缩变形，甚至干枯，严重影响顶部幼芽正常生长。花蕾和花也是蚜虫密集的部位。桃蚜还可以传播病毒（图 3-18）。

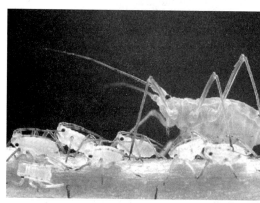

图 3-18　蚜虫及其危害状

（2）蚜虫的症状和防治。可以选用触杀、熏蒸、胃毒等击倒力强的速效杀虫剂如用 2.5% 溴氰菊酯乳油（每亩 35～50 mL）或用 2.5% 氯氟氰菊酯乳油（每亩 25～50 mL）进行叶面喷施；还可选用内吸性的杀虫剂如 25% 噻虫嗪水分散粒剂（每亩 6～10 g）或 10% 吡虫啉可湿性粉剂（每亩 10 g）进行叶面喷施。

4. 白粉虱的危害状和防治

（1）白粉虱危害的症状。白粉虱成虫和若虫吸食马铃薯汁液，被害叶片褪绿、变黄、萎蔫，甚至全株死亡。白粉虱排泄很多蜜液，严重污染叶片和果实，并引起煤污病。白粉虱亦可传播病毒病（图 3-19）。

（2）白粉虱的防治。使用 10% 噻嗪酮乳油 1 000 倍液、2.5% 灭螨猛乳油 1 000 倍液、21% 增效氰·马乳油 4 000 倍液、2.5% 联苯菊酯乳油 4 000 倍液、2.5% 氯氟氰菊酯乳油 5 000倍液以及 20% 甲氰菊酯乳油 200 倍液等药剂，它们均可有效地防治白粉虱。

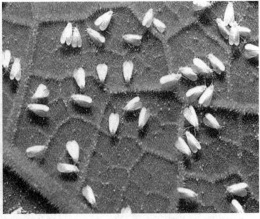

图 3-19　白粉虱及其危害状

（十一）原原种的收获和大小分级

脱毒苗植株 50% 以上的叶面发黄时，意味着原原种已经成熟。收获时，需要将枯枝败叶拔掉，收起表土上的珍珠岩，按品种收获床土中的原原种，防止品种混杂（图 3-20）。

图 3-20　原原种的收获

新收获的微型薯应在散射光下摊晾，至薯皮干燥、木栓化后分装（图 3-21）。分装时应注意将缺陷薯及植株残根、败叶等杂质剔除。将摊晾后的原原种按大小规格分别装入尼龙袋、布袋及其他透气容器中。单薯重按 1 g 以下、1~2 g、2~5 g、5~10 g、10~20 g、20 g 以上分装，内外分别拴挂或加贴标签。标签标明原原品种名称、规格、粒数、收获日期等，最后封箱入库保存。

（十二）原原种的科学储藏方法

原原种储藏时要"既防冻又防热，既防干又防湿"，定期检查，发现问题及时处理。

图 3-21　原原种的分装

刚收获的放入储藏箱的原原种不能直接进入低温库保存，应先在通风阴凉处储藏 10～15 d 进行愈伤、干燥和后熟处理，然后再转入恒温库保存（图 3-22）。如果刚刚收获的马铃薯直接入冷库，库温刚开始要维持在 14～15 ℃，然后逐渐降低温度，7 d 以后，将窖温控制在 3 ℃左右为宜。

图 3-22　原原种的库房存储

第二节　马铃薯原原种营养液栽培技术

一、营养液栽培技术简介

国际无土栽培学会（International Society of Soilless Culture，ISOSC）将无土栽培（soilless culture）定义为不用天然土壤，而用营养液或固体培养基加营养液栽培作物的方法。

无土栽培有 2 种类型。

一类是固体基质栽培，采用固形物质固定作物的根系，这些固形物质孔隙较大，透气性好，有稳定的化学和物理性质（如酸碱度、导电度等），不含有毒物质，能吸附营养液，满足作物根系所需要的营养与氧气。在无土栽培中应用的基质可分为无机基质和有机基质。无机基质主要有：岩棉、石砾、砂、火山岩、蛭石、珍珠岩、膨胀陶粒、膨胀片岩等。有机基质常用的有：树皮、软木、锯末、炭化稻糠等。

另一类则是营养液栽培。营养液栽培，是一种新型的室内植物无土栽培方式，其核心是将植物根茎固定于定植设施内（例如培养箱、水槽、花瓶等），并使根系连续或断续地浸在营养液中，或者间断地向根系喷营养液雾，这种营养液能代替自然土壤向植物体提供水分、养分、温度等生长因素，使植物能够正常生长并完成其整个生命周期。

营养液栽培主要包括气雾技术（Aeroponic）和水培技术（Hydroponic）。气雾技术主要用于蔬菜和粮食作物的大规模生产；水培技术的形式多种多样，包括：深液流式（Deep Flow Technique，DFT）、浸泡式、动态浮根系统、浮板毛管栽培系统（Floating Capillary Hydroponics，FCH）、营养液膜技术（Nutrient Film Technigue，NFT）等。深液流式主要应用于作物的大规模生产，浸泡式主要应用于家庭观赏性花卉的种植，营养液膜技术等其他技术主要用于蔬菜的大规模生产。

营养液栽培应用领域十分广泛，可以用于反季节和高档园艺产品的生产，在沙漠、荒滩、盐碱地等进行作物生产，在家庭中应用，在太空农业中利用和在设施园艺中应用。营养液栽培技术的出现，使得农业生产有可能彻底摆脱自然条件的制约，完全按照人的愿望，向着自动化、机械化和工厂化的生产方式发展，从而使农作物的产量得以几倍、几十倍甚至成百倍地增长。

（一）营养液栽培技术的发展史

最早描述无土栽培技术的著作是 1927 年 F. Bacon 所著的 *Sylva Sylvarum*；1929 年，美国加州大学的 W. F. Gericke 开始公开提倡将溶液培养用于作物生产；1938 年 Hoagland 和 Daniel 写了一篇经典的农业公告 "The Water Culture Method for Growing Plants Without Soil"，并形成了经典的霍格兰德营养液配方；20 世纪 40 年代 Robert 和 Alice 用碎石作为支撑物进行营养液栽培技术研究，这种方法后来被称为石子水培法；1942 年，W. Carter 首次研究了气雾栽培技术；1952 年，G. F. Trowel 利用气雾技术种植了苹果树；1957 年，F. W. Went 将气雾技术命名为"Aeroponic"，并利用气雾技术种植了咖啡树和番茄；20 世纪 60 年代，英国的 A. Cooper 发明了营养液膜技术；自 20 世纪 90 年代开始，营养液栽培技术开始被关注，直至今日，这种技术日趋成熟，被世界各国广泛应用。

（二）营养液栽培技术在农业、园艺上的应用

目前，在农业、园艺等领域都开展了营养液栽培技术的研究和应用。在农业生产方面，马铃薯、黄瓜、番茄、卷心菜、莴苣等粮食和经济作物都可以采用营养液栽培技术进行生产（图 3-23）；在园艺方面，营养液栽培技术也被广泛地应用于观赏性花卉、树苗的繁育，例如，番红花、蝴蝶兰、迎春花、常春藤、风信子、松果菊等。

随着无土栽培技术的发展，气雾培养技术逐渐成熟。由于其易于自动化控制，又可进行立体栽培，在资源利用、空间整合方面具有突出的优势。因此，一些国家针对花卉、蔬菜及其他农作物的栽培，开展了气雾技术的研究。美国致力于探索在太空中进行作物无土

栽培，意大利的气雾栽培系统已经发展到大规模的立体式空间多层栽培；以色列发明了成套气雾培养设备，已投放国际市场；在日本，气雾法栽培已成为植物工厂建设中的主导发展方向；英、法、俄等国家也在针对各自国情开展气雾栽培技术的研究。

图 3-23　马铃薯营养液栽培技术生产

（三）营养液栽培技术在马铃薯生产中的应用

马铃薯营养液栽培主要包括气雾法和隔层水培法：马铃薯气雾法栽培技术是指将马铃薯的根系悬挂生长在封闭、不透光的培养箱内，营养液经由高压设备将其雾化，间歇性喷到根系上，以提供马铃薯生长所需要的水分和养分的一种无土栽培技术，是所有无土栽培技术中解决根系水气矛盾最好的一种形式。目前，很多国家对气雾法栽培技术都有研究和应用：在马铃薯栽培方面，1995 年 Lemmen 进行了气雾技术生产马铃薯实验，其认为雾化栽培特别适用于以地下块茎为产品器官的马铃薯生产；韩国在 1996 年率先在气雾法栽培技术生产马铃薯方面获得成功；1997 年，黑龙江省农业科学院与韩国农学家进行学术交流与合作后，从韩国将马铃薯气雾法生产技术引入我国，随后对该技术开展了深入研究，使马铃薯气雾法栽培技术日趋成熟。近些年，利用营养液栽培技术繁育马铃薯种薯的模式逐渐成熟，也受到了业界的认可。每年有越来越多的种植者选择应用营养液栽培技术繁育马铃薯原原种，尤其是在我国部分耕地稀少、贫瘠的地区。目前，在我国已经有包括黑龙江、四川、河北、内蒙古、陕西、甘肃、云南等在内的多个省份开展了气雾法生产马铃薯原原种的研究和应用。

水培法是指马铃薯根系生长在营养液流动层中，匍匐茎及块茎生长在基质层中或暴露在空气中的栽培技术。水培法的原型为国际马铃薯中心研制的石子水培法。由于石子水培法的结薯空间湿度较大，其中生长的马铃薯会出现气孔扩大、外翻的情况，会导致马铃薯原原种极易受到环境中真菌、细菌的侵染，从而降低了马铃薯原原种的品质。针对这一问题，对石子水培法进行了设备和技术改良，通过多年研究试验，最终形成了隔层水培法栽培技术，该技术通过人为地将营养液层与马铃薯结薯层分离，有效的控制了结薯层的环境湿度，解决了气孔扩大的问题，有效地提高了水培法生产的马铃薯原原种的品质以及降低了其储存难度。

(四) 马铃薯营养液栽培技术的优势

马铃薯营养液栽培技术和其他种植技术相比，其优势在于生产环境可控制，易于管理，节约劳力，增产潜力大。具体体现在以下几点。

第一，它可以按照人们的意愿使马铃薯植株在相对较适宜的环境下生长，马铃薯植株生长所需的光照、温度、湿度、水分都是可以人工调控的，解决了根系养分、水分、空气供应的矛盾，使马铃薯植株能在最适宜的环境中生长，发挥了马铃薯的增产潜力，单株结薯数量可以达到几十粒甚至上百粒。

第二，通过对营养元素的调配，使各品种对不同营养元素的需求得到最大程度的满足，对于同一品种马铃薯不同生长阶段营养液也可进行调整，有效地提高了肥料的利用效率。

第三，利用营养液栽培技术生产马铃薯，在马铃薯种苗的根系生长发育、匍匐茎形成、结薯数量与马铃薯品质等方面较常规栽培技术都有较强的优势，可以显著提高马铃薯的质量与产量。

第四，与土壤栽培相比，水耕栽培技术能够避免水分大量渗透和流失，克服土壤连作障碍，对节约用水、缓解耕地紧张等问题上优势突出，且具有自动化水平高等特点，能使农民免去耕地、除草、翻地等大量重体力劳动，减轻了农民负担，符合现代人追求高品质、高产值的现实需要。

二、马铃薯原原种营养液栽培设备

马铃薯原原种营养液栽培设备主要分为气雾生产设备和隔层水培生产设备。

(一) 马铃薯原原种气雾栽培设备

马铃薯原原种气雾生产设备，主要包括电控系统、营养液循环系统、培养箱、温度调控系统 (图 3 - 24)。

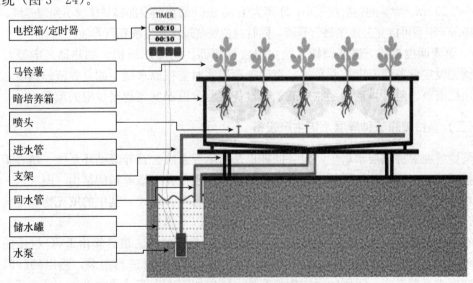

图 3 - 24　气雾法生产设备简图

1. 电控系统　电控系统由定时装置、电控开关、线路及水泵等电子元件构成。通过定时开关控制水泵的运、停，从而调节营养液的供应时间及频率。

2. 营养液循环系统　营养液循环系统由储水罐、水泵、上行水管、终端喷头、培养箱、下行水管构成一个闭合的水循环系统，为植物提供营养物质。

3. 培养箱　培养箱由金属骨架、挤塑板及塑料布构成。首先建造一个长方体的金属骨架，用挤塑板将金属框架的四周及底面封闭成一个黑暗、保温的箱体，挤塑板厚度约5 cm。在培养箱的内壁上粘贴一层塑料布（不包括顶面），形成一个封闭的隔水层，防止营养液的流失。培养箱的顶盖用泡沫板或挤塑板制成（由于挤塑板的硬度要高于泡沫板，推荐使用挤塑板），在顶盖的外侧需要加盖一层塑料布，塑料布要大于顶盖，以保证可以有效地遮光。

由于东北气温较低，挤塑板可以达到很好的保温效果，我国其他区域可以根据当地气候特点进行调节，部分地区可以用黑色塑料布代替挤塑板。

培养箱内部粘贴的塑料布最好是黑色的，这样有利于遮光，因为马铃薯块茎的膨大需要一个黑暗的环境。顶盖上的塑料布则最好采用黑白双色，白色面向外，这样可以有效地反射太阳光，从而降低培养箱内的温度。

培养箱的长宽可以根据实际情况进行调整，挤塑板材质的培养箱适宜高度为40～60 cm；塑料布材质的培养箱适宜高度为60～100 cm。培养箱体整体与下部支架成形成一定的坡度（大于或等于7°），这样有利于营养液的回流。

根据不同材质的箱体可以使用不同的采收方式。用挤塑板制作的培养箱可以采用顶部采收方式，也就是掀开盖板进行采收。采用这种采收方式，盖板的单块面积不宜过大，盖板过大会增加操作难度。这种采收方式的优势是操作员可以站立采收，易于操作。另一种采收方式是侧面采收，这种采收方式主要适用于塑料布材质的培养箱，这种采收方式的优势在于在采收过程中不会影响到上部植株。

带有雾化喷头的供水管放置在培养箱下半部，培养箱内喷头的最佳位置为顶盖下35 cm处。距离小于35 cm，喷雾的辐射面较小；距离大于35 cm，幼苗期根部容易接触不到营养液。这样的优势在于根系可以充分地接触营养液，同时避免块茎过多地接触到营养液。

4. 温度调控系统　温度调控系统由温度探测器、制冷压缩机、加热器、电控开关构成。预先设定营养液温度控制范围，温度探测器实时监视储水罐中的营养液的温度，当温度超出控温范围时，自动启动制冷或加热设备将营养液温度调控至设定的范围内。

（二）马铃薯原原种隔层水培生产设备

马铃薯原原种隔层水培生产设备同样也是由电控系统、营养液循环系统、培养箱、温度调控系统等组成，与气雾技术生产设备相比，差别仅在于培养箱的结构（图3-25）。

培养箱：马铃薯原原种水培设备的培养箱可以有多种形式，其中的填充物也是多种多样的，例如蛭石、珍珠岩、石子等惰性物质，也可以不填充。

本书中主要介绍我们所使用培养箱的类型及填充物种类。培养箱由PVC材质的联排U型槽以及塑料材质的隔层构成。U型槽可以通过购买型材进行组装，隔层的材料可采用塑料板或者塑料布。隔层的上方为填充物，隔层的下方为流动的营养液，马铃薯假植苗

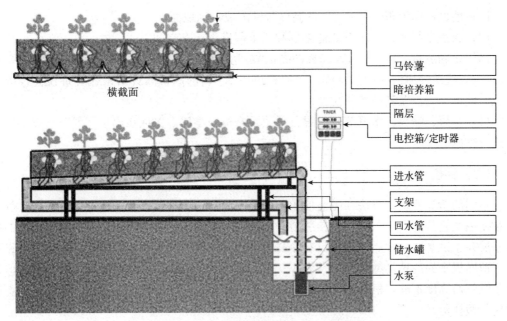

横截面

图 3-25 隔层水培法生产设备简图

定植时，将根系穿过隔层，深入到营养液流动层中。

填充物的厚度要在 15 cm 以上，这样马铃薯块茎才有足够的生长空间。填充物可以采用珍珠岩、蛭石等矿物质材料，同样也可以根据各地的实际情况选择填充材料，选择填充物的原则为：①中性或偏酸性物质；②填充密度大，保证马铃薯块茎生长所需的黑暗环境；③具有较好的隔热性；④不易腐烂，不易滋生真菌、细菌。

三、马铃薯原原种营养液栽培技术实施方案

马铃薯原原种营养液栽培技术实施方案主要包括种植前的准备工作，定植马铃薯种苗，定植后的日常管理以及马铃薯原原种收获。

（一）种植前准备工作

1. 营养液循环系统调试 检查整个营养液循环管路和培养箱的密封情况，及时修复漏水点及透光点。气雾技术需调试喷头的雾化效果。雾化效果以水雾充满培养箱、无水流或大颗粒水珠为宜。水培技术需检查供水口是否发生堵塞，及时疏通。

2. 电路调试

（1）**电路检验。**确保电路完好，电子元件可以正常运转。

（2）**定时装置校验。**设定水泵运行的时间及频率。试运行设备，确定定时装置可以正确运转。

3. 设备清洗、消毒

（1）**设备清洗。**清除培养箱内残存的根系、叶片、马铃薯等杂物，用水将培养箱刷洗干净。

（2）地面墙面消毒。用 0.5% 的高锰酸钾溶液喷洒地面。

（3）温室空间消毒。用百菌清烟剂和杀虫剂熏蒸所有空间。

（4）设施消毒。定植板用 0.5% 的高锰酸钾溶液浸泡、刷洗；培养箱及黑膜反光幕用 0.5% 的高锰酸钾溶液喷洒、刷洗；水池管道用 0.5% 的高锰酸钾溶液循环冲洗。设备要清洗、消毒彻底，尤其是非首次使用时。

（5）水泵、喷头、水管等硬件设备需要配备备用零件。保证在出现问题时可以第一时间进行维修。

（二）种植

不同的营养液栽培方法，需要使用不同类型的马铃薯种苗。我们通过研究发现：气雾法在使用试管苗或假植苗时，马铃薯植株的匍匐茎数量较多，产量较高，但是假植苗的成活率要高于试管苗。扦插苗虽然具有较高的成活率，但是匍匐茎、单株及平均结薯数量要低于前面提到的两种类型的种苗（表 3-7、图 3-26）。隔层水培法也是同样效果，但是由于试管苗高度不够，根系不发达，在定植至水培设备时不易操作，因此，水培设备更适合使用假植苗。

表 3-7　各种种苗类型移栽 1 周后的成活率

种苗类型	栽种总数量/株	成活数量/株	成活率/%
假植苗	1 000	985	98.5
扦插苗	1 000	998	99.8
试管苗	1 000	894	89.4

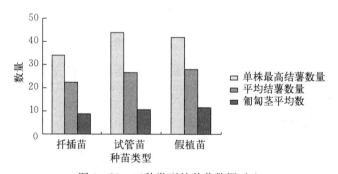

图 3-26　三种类型的种苗数据对比

1. 气雾法　将试管苗假植在育苗床中进行育苗，7 d 后移栽至气雾培养板，板上留有 2~3 片叶，板下要有腋芽。移栽后的前 2 d 要用清水喷雾，2~15 d 使用 1/2 浓度的营养液喷雾。假植苗定植后 1 周为缓苗阶段，这一阶段要进行遮光处理，环境湿度以 80%~90% 为宜。

2. 隔层水培法　将试管苗假植在育苗床中进行育苗，待马铃薯试管苗生长至高约 20 cm 后（约为 20 d），假植苗移栽至水培培养箱。移栽时，用镊子把苗须根部分插入隔层下方，将根茎接合部分留在隔层上方。隔层下为营养液流动层，隔层上为结薯层。在结薯层中添加填充物。填充物之上留有 2~3 片叶。移栽后的前 2 d 要用清水循环供水，2~15 d 使用

1/2 浓度的营养液循环供应营养物质。假植苗定植后 1 周为缓苗阶段，这一阶段要进行遮光处理，环境湿度以 80%～90% 为宜。

3. 注意事项

① 移入前需要将试管苗根部清洗干净，清洗后用 1 mg/L NAA 浸泡 10 min。

② 定植时间最好在阴天或每天下午 3 时以后。定植后，要注意遮光，避免阳光直接照射试管苗。定植 3 d 后，可以适当增加光照度。

③ 用海绵包裹马铃薯种苗插入种植孔内，既可以固定种苗，又可以起到遮光的作用，要确保培养箱内无光透入，如果有光透入会影响块茎的膨大。

④ 匍匐茎形成时期把植株下部 3～4 片叶摘掉，下移至培养箱内 3～4 节。

⑤ 水培法同样适用以上几点。

（三）影响马铃薯生长的关键因素及种植后管理

1. 营养液 营养液是营养液栽培的核心，而营养液合理与否的一个重要衡量指标为产量，即植株只有处在比较适宜的营养液条件下才能获得较高的产量和质量，营养液中适宜的矿质营养比例和离子浓度是营养液栽培的关键技术。关于马铃薯营养液配方的研究很多，大都是以 MS 为基础，而改变其中的 N 与 K 的比例，其他元素含量则与 MS 相同或相近。

马铃薯的正常生长不可缺少氮元素，它对植物生长发育有直接影响，植物缺少氮元素不能进行光合作用，而蛋白质的合成也会受到抑制，因此会导致植株矮小，生长缓慢，抗逆性差，影响其生长发育，导致最终产量降低。氮元素过量会造成植物徒长，植物叶色深绿，植株纤细，抗倒伏能力差，在后期氮素过量能延迟块茎的形成。

磷元素对氮素的吸收量有促进作用，提高马铃薯的光合生长率和产量。磷元素能够增强植物的抗寒、抗旱能力，促进根的生长发育，提高淀粉含量、块茎产量等。缺磷时叶片呈现暗红或者紫色，植株矮小、纤细，抑制侧芽的生长及叶片的伸展，直接影响到马铃薯的产量。严重时顶端停止生长，叶片、叶柄及小叶边缘有些皱缩，下部叶片向上卷曲，叶缘焦枯，老叶提前脱落，块茎有时候产生一些锈色的斑点。磷过量时叶片会产生小的焦斑。马铃薯整个生育过程中，都有对磷的吸收，但在不同生育时期需求量有些差异，生长初期一般需求量比较小，块茎膨大期需求量最大。

钾元素在马铃薯生长过程中起着重要的作用，是多种酶的活化剂。光合作用、呼吸作用、脂质的合成、蛋白质的合成等代谢过程都离不开钾元素的作用。钾肥能够提高植物的抗病性、抗寒能力、光合能力等，最终提高作物产量。

微量元素中铁元素和锰元素对马铃薯的影响最大，缺铁时马铃薯幼苗及叶脉黄化，苗细弱，铁过量时叶片表现为暗绿色，有的叶片会出现失绿斑。缺锰时马铃薯叶片小并且卷曲。缺铜、锌、钼时马铃薯无明显症状，锌过量马铃薯根系不发达。铜过量，马铃薯出现下部叶片发黄、叶片伸展不开等症状。

适宜的营养液在马铃薯原原种营养液栽培中至关重要。营养液可根据马铃薯植株生长发育的不同时期以及不同品种的营养需求进行更换（图 3-27），使养分供应充足。

国际上许多科研机构都开展了针对马铃薯所需的营养物质的配比研究，研制出多种营养液配方。我们在本书中提供了四种应用于马铃薯原原种营养液栽培的配方（表 3-8）。

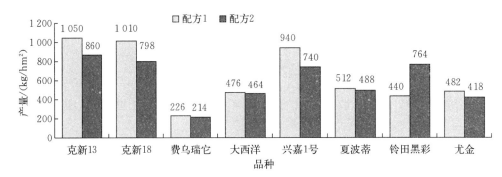

图 3-27 不同马铃薯品种使用相同营养液配方的产量差异

表 3-8 马铃薯原原种水耕栽培营养液配方（mg/L）

营养物质类型	营养物质	A		B	C	D
		生长期	结薯期			
大量元素	KNO_3	915	622	506	395	810
	$NH_4H_2PO_3$	0	0	0	0	155
	$Ca(NO_3)_2 \cdot 4H_2O$	832	826	945	1 216	950
	$MgSO_4 \cdot 7H_2O$	493	493	493	466	500
	KH_2PO_3	340	386	136	208	0
	NH_4NO_3	223	253	80	42	0
微量元素	Na-Fe-EDTA	7				
	$CuSO_4 \cdot 5H_2O$	0.1				
	H_3BO_3	0.8				
	$ZnSO_4 \cdot 7H_2O$	0.07				
	$NaB_4O_7 \cdot 10H_2O$	0.04				
	$MnCl_2 \cdot 4H_2O$	0.25				
有机物	甘氨酸	2				
	维生素 B_1	0.4				
	烟酸	0.5				
	维生素 B_6	0.5				
	肌醇	100				

注：A 为吉林大学配方；B 为霍格兰改良版配方；C 为荷兰温室园艺研究所营养液配方；D 为日本园艺配方均衡营养液配方；微量元素配方为 MS 通用配方，B、C、D 及微量元素配方均来源于黑龙江省农业科学院。

注意事项：

① 每次更换营养液需要调 pH，pH 5.8～6.0，用浓硫酸或者氢氧化钠（1 mol/L）调节。

② 定植后的 2～15 d 内，每吨水中的营养液物质的使用量为上表中使用量的 1/2。15 d 后，按上表的用量使用。

③ 营养液的 EC 值范围 1 500～2 400 $\mu S/cm$，低于该范围需要更换营养液。水溶液在 25 ℃时，1 $\mu S/cm$ 大致相当于 0.55～0.75 mg/L 的含盐量。

④ 喷雾时间管理：气雾法，定植后 1～15 d，营养液供应 30 s，间隔 3 min；15 d 之后，营养液供应 15 s；间隔 6 min。水培法，营养液供应 2 min，间隔 15 min，基质也要保持相应的湿度，判定方法，用手捏可塑型，无水渗出，脱手即散。

2. 温度管理　当营养液的温度在 10～20 ℃的范围内时，利于马铃薯块茎的膨大，当营养温度高于 20 ℃或低于 10 ℃时，会降低马铃薯块茎的膨大速率，甚至是停止生长。当营养液的温度高于 25 ℃时，根系会由白色变为黄褐色，最终腐烂死亡。

表 3-9　马铃薯原原种水耕栽培技术温度控制范围

控制对象	生长期适宜温度/℃		结薯期适宜温度/℃	
	白天	夜间	白天	夜间
环境	18～30	15～20	18～30	12～18
营养液	10～20		10～20	

3. 防病、防虫管理　马铃薯原原种营养液栽培的主要病害为晚疫病，杂菌引起的根茎腐烂；主要虫害为潜叶蝇、蚜虫、蓟马、叶螨、白粉虱（图 3-28）。防治病、虫害的方法如下：

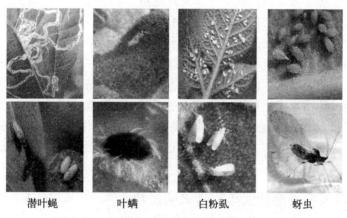

潜叶蝇　　　　叶螨　　　　白粉虱　　　　蚜虫

图 3-28　马铃薯原原种营养液栽培的主要虫害

① 针对蚜虫、蓟马、叶螨、白粉虱等害虫以及晚疫病等可通过叶面喷施农药进行防治。定植后，每周喷施一次（杀虫剂、杀菌剂，药剂种类参照马铃薯原原种基质栽培技术）。

② 针对杂菌引起的根茎腐烂，可在营养液中加入链霉素进行防治，每次更换营养液后，在营养液中加入链霉素（用量参照药品说明书）；或者在营养液储存罐中安装紫外线消毒灯对营养液进行灭菌。

③ 针对潜叶蝇，可在培养床上方悬挂黄色粘虫板或灭蝇灯进行防治。

（四）收获及储藏

气雾法可以采用分期采收的方式收获原原种。原原种膨大至 5 g 左右（直径约为 2 cm）时进行采收，采收时要轻摘轻放，以免拉断匍匐茎，这种采收方法所生产的微型薯大小一致，且产量可达每株 50 粒以上。隔层水培法由于分期采收操作困难，一般进行一次性采收，由于营养供应充分，一般单株平均结薯数量也可以达到 30 粒左右。

由于马铃薯在培养箱内的环境相对潮湿，气孔开放，离体后很容易散失水分并且容易感染杂菌，因此收获后的马铃薯原原种应及时进行处理。

① 马铃薯原原种从匍匐茎上摘下后，先要用清水进行冲洗，轻轻洗去薯表面附着的根系和残余营养液。

② 清洗后需进行表面干燥处理。将收获后的原原种包埋在添加了杀菌剂的蛭石中（可用其他吸水物质替代）处理 1 周；或用广谱杀菌剂的水溶液浸泡 10 min，清水冲洗后，置于散射光下晾干。

③ 隔层水培法生产的原原种由于湿度较低，可以不用进行杀菌剂处理，采收后直接散射光下晾干。

④ 经过处理后的原原种，储藏于 2～4 ℃、相对湿度为 80％的冷库中，可存放 6 个月。

第三节　马铃薯原原种潮汐式生产技术

潮汐式灌溉系统起源于设施栽培技术发达的荷兰，在生产中已得到广泛应用。美国、日本和英国等国家也拥有同类产品。营养液配比多由计算机完成，灌溉用水严格按指标和肥料混合，混合成的液体会在同一时间像海水涨潮一样涌出栽培床面，使放在上面栽培容器里的基质在同一时间，通过网状的容器底部吸入肥料，并且施肥相当精确。国内潮汐灌溉技术尚处于起步阶段，在生产中应用的多为地面潮汐灌溉系统或简易的设施设备，此种灌溉方法与设施发达国家广泛使用的整体注塑式潮汐灌溉栽培床差距较大，实际使用效果不甚理想，尚不能称为严格意义上的潮汐灌溉。目前国内潮汐灌溉系统缺乏自动化程度高的营养液监测调控设备，大多仍停留在灌溉混肥量及频率是以手动或定时器控制的水平。

一、马铃薯原原种潮汐式生产技术的优势

马铃薯种薯潮汐式生产灌溉技术与传统生产技术相比，提高单位面积产量，降低土传病害发生概率。减少用水量 33％，提高水分利用率 40％。由于潮汐灌溉没有淋溶作用，减少氮素使用量达 30％～35％，大大提高氮素的利用效率。本技术的智能监控系统具有友好的用户界面，数据采集、记录、处理功能强大，并具有报警功能，确保正常使用和适时为用户提供各类生产信息。用户可通过控制器键盘直接监控或编程，也可通过外接中心控制计算机进行远程控制。因此，本技术非常适合集约化、工厂化和智能化的现代农业产业，是解决目前水资源短缺、肥料渗漏污染严重、土传病害突出等问题，实现马铃薯种薯产业绿色健康发展，保证农业现代化和生态环境建设和谐共赢的先进生产灌溉技术。

二、马铃薯原原种潮汐式生产技术构成

潮汐式生产技术是针对盆栽植物底部给水的先进的生产方式。该方式利用落差原理，实现定时给水与施肥。其主要工作原理：运行时灌溉液经出水口流入灌溉生产区域，待基质持水量饱和后，灌溉液由回水口经过滤、消毒杀菌回到储液罐（图 3-29），整个过程历经涨潮（灌溉）、落潮（回水）两个阶段，形似潮水涨落，故名潮汐式生产技术。本潮

汐式生产系统由动力系统、施肥系统、灌溉系统、储存系统、过滤消毒系统和智能监控系统六部分组成（图3-30）。

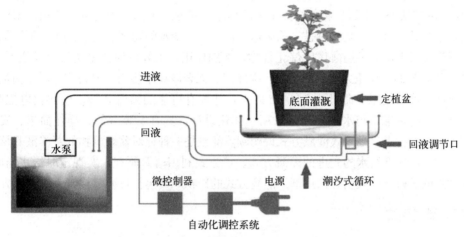

图3-29　潮汐式生产技术原理

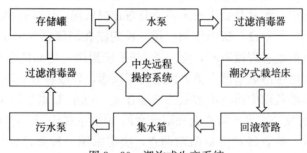

图3-30　潮汐式生产系统

（一）操作控制系统

操作控制系统由软件程序来控制水流和各阀的营养配比。整套系统是由软件、硬件、传输设备、传感器、环境控制系统、灌溉控制系统及营养控制系统组成。

该系统通过PLC可编程控制器精确控制水和肥液的比例，以实现精确控制营养液浓度的目的。其工作原理是：控制器通过采集电子水表信号计算出水流量，通过程序判断实际的水流是否达到设定量，当灌溉水量达到设定值时就自动切断电磁阀，从而实现自动控制灌溉水量。营养液池安装有液位传感器，通过测量水位电阻的变化来自动检测水位。当营养液用尽时，电阻值就会很大，传感器检测到阻值变化信号后传送给控制器，控制器驱动报警器发出报警声音，并切断进水口的电磁阀，自动停止工作。

为了能检测pH和EC值，系统设计的传感器接口可以采集传感器模拟量，并将数值显示在液晶屏上，通过人机交互界面，可以随时查看系统工作时的pH和EC值，并且数据可以自动保存，可以查看历史数据文档。外接的光照传感器和水分传感器信号采集到控制器中，可以作为施肥灌溉程序的参考值。

（二）消毒系统

营养液循环再利用系统核心装置首段为砂率段，可减轻后级处理负荷，中段利用波长为 225～275 nm 的紫外线对微生物的强烈杀灭的作用，对原水中的微生物进行杀灭；末段导入羟自由基进行最终杀菌。其特点是：杀菌速度快，不改变水的物理、化学性质，不增加水的嗅味，不产生对人体有害的卤代甲烷化合物，无副作用；水处理筒体采用进口优质不锈钢，可满足 1.2 MPa 的工作压力，具有防锈、强度高、无金属离子污染、设备表面易于清洁等优点；耗能低，连续使用寿命可达 3 000 h 以上，并配有可靠的镇流装备；模块化电控装置，功能齐全，定时标准，与水处理筒体采用一体化设计，具有安装方便、操作简单、安全可靠、便于维护的特点。潮汐式灌溉方式说明潮汐灌溉是一种针对盆栽植物的营养液栽培和容器育苗所设计的底部给水的先进的灌溉方式。该方式利用落差原理，实现定时给水与施肥。国内外大量的试验研究表明，采用潮汐灌溉方式的作物，其生长量明显优于人工浇灌方式。

（三）增氧系统

充足的氧气供给是维持植物根系正常生长和生理功能的重要条件。营养液栽培的作物根系有一部分暴露在潮湿的空气中，形成气生根，直接从空气中吸氧。然而水培作物大部分根系主要在营养液中，尤其是新生根系主要分布在根底部，仍处在供氧困难状态，长期供氧不足，导致根系生长不良，影响作物产量，长期浸在缺氧营养液中的根也容易腐烂。各种作物对根系缺氧的敏感程度不同，但要求 NFT 能提供充足氧的营养液是一致的。为此，笔者对提高营养液中溶氧量的有关方面进行了探索，以改善营养液栽培的条件。

一般地，在营养液栽培中维持溶解氧的浓度在 4～5 mg/L 水平以上（相当于在 15～27 ℃时营养液中溶解氧的浓度维持在饱和溶解度的 50% 左右），大多数的植物都能够正常生长。根据以上要求，笔者经过大量前期调查，决定采用一种先进的微纳米气泡发生装置。该装置位于地上母液罐旁边，其管路通到地下营养液池中。一般情况下，气泡越小溶氧性越强，而气泡小到 50 μm 以下其物理、化学性质都将发生根本性变化。微纳米气泡发生装置与其他方法比较的优势在于：

① 气泡小、溶氧率高、上升速度慢、水中停留时间长（3～5 h）、泵内加压。

② 设备体积小，仅为原系统的 1/10；成本低，主要有发生装置、陆用自吸式水泵、空气调节器。

③ 迅速达到氧饱和溶氧状态时间短，节约能耗；材质优良，抗酸碱及海水腐蚀；曝气管路可移动，效率高、噪声小。

④ 结构简单，部件少，坚固耐用，拆装简便，易于维修。

⑤ 气泡发生时产生直径在 50 μm 和数十纳米之间的微小气泡，目前世界上用于曝气的气泡 99% 大于 80 μm，气泡小到 50 μm 以下，其会逐渐变小，在 1 m³ 水体内可保持 4～5 h 不消失。

三、潮汐式灌溉系统的特点

潮汐灌溉专用栽培床形成系列化，可替代进口产品用于潮汐灌溉系统的建设，保证了潮汐灌溉效果的发挥。床面骨架材料有良好的强度和耐酸碱性，具有 8～10 年的使用寿命。

潮汐灌溉营养液智能监测调控系统具有友好的用户界面，数据采集、记录、处理功能强大，并具有报警功能，确保正常使用和适时为用户提供各类生产信息。用户可通过控制器键盘直接监控或编程，也可通过外接中心控制计算机进行远程控制。

潮汐灌溉营养液循环利用装备采用多段处理技术，前级砂滤去除营养液中的组织老化残留物、浮游物，提高营养液的透明度，后级采用 UV - OH 技术进行最终处理，利用两种不同波长的高能级紫外线相互协同作用，产生高级氧化物羟自由基，实现快速、高效、广谱灭菌及净化一切有机、无机污染物。

营养液循环再利用系统应用了微纳米气泡发生装置，此装置可以产生直径在 $50\,\mu m$ 至数十微米之间的微小气泡，在 $1\,m^3$ 水体内可保持 4～5 h 不消失。微纳米气泡发生装置有效地解决了水培植物根系缺氧的问题。

四、潮汐灌溉在马铃薯种薯生产上的应用

装满基质的穴盘置于潮汐式栽培床上，根据马铃薯不同生长时期，设置计算机程序，自动打开供液支管道中部的电磁阀，为植株供液，控制供液的时间。在苗床上开有排液孔用来排液，由于苗床潮汐式灌溉系统是智能化计算机控制，且排液孔是处于常开状态，在设计时必须保证供液量是排液量的 2 倍。完成一次灌溉大约需要 15 min，上水时间为 10 min，然后关上电磁阀，5 min 内将水排净。上液的高度为 8 mm。如果栽培床内有排不净的液体，则流到玻璃钢的水沟内。排出的液体通过排水槽流入回流罐，并经过沉淀、过滤、消毒后，待需液时再将营养液送出（图 3 - 31 至图 3 - 33）。

图 3 - 31　潮汐式灌溉苗床

图 3 - 32　潮汐式灌溉

图 3-33　潮汐式灌溉供液系统

第四节　马铃薯大田种薯生产技术

通过茎尖脱毒苗快繁获得的原原种数量有限，一般需要经过原种、一级种和二级种的扩繁，才能满足商品薯和原料薯生产的需要。原种是指在适宜的环境条件下开放种植原原种繁殖获得的达到原种质量标准的种薯。原种生产一般是在病毒传播介体很少的高纬度或高海拔的条件下进行。除了正常的防病和防病毒感染措施外，环境条件的适合与否是决定原种生产能否顺利进行的首要条件。一级种是指在适宜的环境条件下开放种植原种繁殖获得的达到一级种质量标准的种薯。二级种是指在适宜的环境条件下开放种植一级种薯繁殖获得的达到二级种质量标准的种薯。马铃薯大田脱毒种薯繁育技术主要包括种薯繁育基地的选择和马铃薯种薯的田间繁育技术两个关键环节。

一、马铃薯种薯繁育基地的选择

种薯繁殖基地的选择与建设，对种薯生产来说，是非常重要的，直接关系到扩繁种薯的质量。

（一）选择气候冷凉和风速大的地区

传播马铃薯病毒的主要介体是桃蚜，23～25 ℃是其最适的取食活动气温，亦是传播 PVY 效率最高的温度，15 ℃以下的气温则使其起飞困难。因此，冷凉条件不适于蚜虫繁殖、取食活动以及迁飞和传毒，但极适合马铃薯生长和块茎膨大。同时，还要选择风速大的空旷地，风速大能阻碍蚜虫降落聚集。因而，气候冷凉和风速大是种薯生产基地的重要条件。我国有许多省份和地区具备气候冷凉的条件，如黑龙江齐齐哈尔、黑河、大庆、绥化、鸡东、北安，辽宁本溪，河北张北，甘肃榆中，湖北恩施等。我国也有许多地区具备风速大的条件，如内蒙古的乌兰察布、包头、赤峰、锡林郭勒等地区。

（二）选择隔离条件较好的地区

当种薯生产基地据毒源区 10 km 以上，带有非持久病毒的蚜虫迁飞到达基地时，喙针上的非持久性病毒失活，失去传毒能力。因此，在至少 10 km 范围内没有马铃薯或其他茄科植物的地区是适合繁殖种薯的。如大兴安岭地区山林隔离，林地交错形成天然屏障，无污染，毒源和传毒介体少，十分适合马铃薯种薯生产。黑龙江省的嫩江县和内蒙古扎兰屯，周围几十公里全是次生林带以及大片小麦和大豆田，有很好的隔离条件。

二、马铃薯种薯的田间繁育技术

即使选择和确定了良好的种薯生产基地，病毒的侵染也还是不可避免，只能最大限度地降低感病率。因此，还需要配合其他防止病毒再侵染的措施，以保证原种、一级种和二级种薯的质量。

（一）选地

1. 前茬作物　马铃薯是忌连作的作物，连作将会加重马铃薯种薯的土传病害，降低马铃薯种薯的产量及品质。上茬不宜选用马铃薯和其他茄科作物（番茄、辣椒和茄子等）等茬口，更不宜选择甜菜、瓜类、白菜、萝卜等茬口。由于除草剂残留的影响，玉米茬和大豆茬也不太适合繁殖马铃薯种薯。繁殖马铃薯种薯以禾谷类（麦类、粟、黍）和麻类（汉麻和亚麻等）茬口为宜。

2. 土壤线虫情况　不同类型的线虫都危害马铃薯种薯生产，它们在田间表现为块茎侵害，通过对马铃薯块茎外观地损伤鉴定可以很直观地判断出是哪种线虫造成的危害。毛刺线虫属（*Trichodorus*）造成的危害一般表现为木栓化圆形斑点，哥伦比亚线虫（*Meloidogyne chitmoodi*）和伪哥伦比亚线虫（*Meloidogyne fallax*）往往导致马铃薯块茎表面粗糙不平。种薯生产必须选择无线虫感染的地块。如果在地块的土壤中检测出线虫，至少 12 年不能种植马铃薯。

3. 前茬除草剂的使用情况　马铃薯是对除草剂比较敏感的作物。对于大豆茬，必须没有施用过咪唑乙烟酸、氯嘧磺隆、氟磺胺草醚等长残留除草剂。对于玉米田茬，必须没有施用莠去津、烟嘧磺隆等长残留除草剂。对于水稻茬，必须没有施用二氯喹啉酸等长残留除草剂。对于小麦茬，必须没有施用甲磺隆、氯磺隆等长残留除草剂。

4. 地势　繁殖马铃薯种薯要选择岗地（应有一点坡度，坡度低于 5°）和平地（排水比较容易，内部不许有低洼水线）。每个地块要求为面积在 20 hm² 的方形或 25～30 hm² 的长方形，且长宽不低于 460 m，田间不能有任何影响喷灌的障碍物（树、电线杆、坟、板房）。

5. 土壤成分调查　土壤成分对马铃薯种薯的产量和品质影响都比较大，最适合马铃薯生长的土壤是沙质壤土（马铃薯生长的几种土壤分析见表 3-10）。马铃薯最适宜在微酸性和中性的土壤中生长，最适合的土壤 pH 为 5.5～6.5，如果土壤偏碱性，种植马铃薯容易发生放线菌造成的疮痂病，影响马铃薯种薯的块茎品质。

表 3-10　几种土壤比较分析

土壤类型	优点	缺点	等级
沙质壤土	土质暄松、肥沃、透气性好；薯形好、表皮光滑、淀粉含量高	无	好
黏重土壤	保肥保水、产量高	容易板结，透气性差，湿度大容易烂薯	一般
沙性土壤	表皮光滑、薯形好、易收获	漏水漏肥，管理难度加大	差

（二）整地

整地是改善土壤条件最有效的措施，以秋季整地为好，有利于土壤熟化和晒垡，可以利用冬春雨雪，有利于保墒，并能冻死害虫。秋翻整地，边翻边耙压，做到地平、土细、地暄、上实下虚。春季整地在土壤化冻 40～50 cm 时进行，用马铃薯深松机进行对角深松（第一遍 35 cm，第二遍 45 cm），然后用耙（轻耙、重耙、动力耙）将地耙平达到播种状态。

（三）种薯处理

1. 选择适宜的马铃薯品种　品种选择的主要原则在于是否具有稳定的市场需求，这取决于你种植的马铃薯是用于鲜食、种薯、炸条、炸片还是淀粉加工。针对不同的市场多元化种植可以减少风险，避免某些品种因市场销量不好或者价格过低造成损失。

2. 种薯催芽　播种前要对马铃薯的种薯进行催芽处理，淘汰病薯和烂薯，减少播种后田间病株率，有利于全苗壮苗，促进早熟，提高产量。带芽种薯较不带芽种薯存在 7～10 d 的优势，特别是微型薯要尽量带芽播种，最终的产量和质量都比较好。

（1）早熟品种。催芽前先检查顶芽，如果顶芽已经萌发（说明品种顶端优势明显），要先进行抹芽处理。如果顶芽没有萌发，要对种薯进行热处理促进发芽。将其放置在黑暗房间内，保持 15～20 ℃ 的室温，几天后就可以打破休眠进入萌芽状态。当芽长至 0.5 cm 左右时，将其转入自然光照射或者人工光照射条件下，室内外均可，保持室温。经过上述预处理，种薯将形成 1 cm 左右的短而壮的芽。需要注意的是，提前发芽非常耗时，它主要用于早熟马铃薯的种植，此外，在种薯生产上也有一定的应用，特别是在品质材料和基础种薯生产方面。

（2）晚熟品种。对于休眠期短的品种，播种前 1～2 周，将种薯从低温储藏库中取出放置于室温条件下，有利于种薯萌发。在播种时，薯块已经"苏醒"开始发芽，芽眼部位可以看到白点，即可播种。对于休眠期长的品种，需要提前 3～4 周将种薯从 3～4 ℃ 低温储藏库中取出放置于室温条件下，种薯才会萌发。

（四）大田播种

1. 株行距与产量及块茎大小的关系　马铃薯田间种植的最佳间距取决于以下因素：品种、土壤类型、生长期长度、种薯价格及不同大小的薯块价格。只有当叶片尽快达到最大田间覆盖率才有希望获得高产。如果株、行距过大，达到最大田间覆盖率需要更长的时间，进而会影响单产水平。收获的块茎大小在很大程度上也是由株、行距决定的，一般来说，株距越小，块茎越小，主茎在田间分布越均匀，块茎大小也越均匀。种薯生产的目标是获得足够多的中等大小的薯块，而且中等大小薯块比大薯块在种薯市场价格更高，提高单位面积的主茎数将有可能获得更多的块茎，并且块茎大小也更趋于中等。生产种薯，每平方米的主茎数一般为 25～45 个。

在西欧国家，不论生产种薯还是商品薯，行距大多为 75 cm。在我国，通常使用 90 cm 行距，其优势是方便使用大轮距的拖拉机和拖车在田间操作，垄容量比 75 cm 行距的要大，薯块不容易长出垄外形成绿皮薯，绿薯率比 75 cm 行距的要小。90 cm 行距种植马铃薯会造成种薯减产 10% 左右，商品薯减产 3%～5% 左右。

2. 种薯大小和数量　种薯大小对作物发育有显著影响，和小种薯相比，大种薯会为主茎生长提供更多的养分，植株生长会更快。但是，当单位面积的主茎数一致时，最终的产量不会有显著差异。和大种薯相比，同样重量的小种薯会长出更多的主茎，有些品种甚至会多出 40% 的主茎（表 3-11）。

表 3-11　不同大小种薯在每平方米 30 个主茎条件下所需要的种薯数量

块茎直径/mm	单株主茎数	每公顷所需要的种薯量/kg			每公顷所需要的
		圆形	椭圆形	长椭圆形	种薯个数
28～35	3.5	1 950	2 150	2 350	86 000
35～45	5	2 700	3 150	3 600	60 000
45～55	6	3 500	3 850	4 250	50 000

播种株距计算：假设每公顷播种 35 000 株，每株所占面积为 10 000 m^2 ÷ 35 000 ＝ 0.286 m^2，假设行距为 75 cm，则株距为 2 680 cm^2 ÷ 75 cm ＝ 38 cm。

3. 种薯包衣　用于种薯生产的种薯不要切块。如果种薯是健康的，马铃薯病害传播的风险很低，如果在一批种薯中发现有镰刀菌感染造成的干腐病，整批种薯都不能切块（表 3-12）。

表 3-12　不同药剂对马铃薯立枯丝核菌的抑菌效果

药剂	嘧菌酯	咯菌腈	甲基硫菌灵	多菌灵	霜脲·锰锌	代森锰锌
抑菌率/%	87	65.5	65	21	18	5.2

4. 播种质量控制　当土壤 15 cm 深度持续 7 d 地温保持在 6 ℃ 以上，就可以播种。播种密度应该根据品种、种薯大小、级别和用途等因素来确定。一般早熟品种适宜密植，晚

熟品种适宜稀植。播种深度为从芽块上表面到地平面 6～8 cm，覆土厚度在 14 cm 左右（从芽块顶部到起垄后的垄背顶部）。播种质量标准：株距的变化幅度不要超过 2 cm，标准株距达 80％以上，漏播率低于 5％。

（五）田间管理

1. 田间杂草控制　杂草在田间与马铃薯争夺阳光、养分、水分和空间，降低马铃薯的品质和产量，妨碍收获。杂草也是传播病虫害的中间寄主，危害较大。

多年生杂草如茅草、蓟和奶蓟草等最好在马铃薯种植前进行防治；一年生杂草主要采取苗前封闭除草和苗后除草两种方法（表 3 - 13）。苗前封闭除草剂可以选择的种类比较多，出苗后使用的除草剂可以选择的类型较少，要根据杂草的类型合理选择除草剂。马铃薯不同品种对除草剂的敏感性表现不同，如果选用某种除草剂，首先要确认种植的马铃薯品种对该药剂是否有过敏性。

表 3 - 13　马铃薯除草方法对比

除草时期	药剂	剂量	作用
苗前封闭除草	精异丙甲草胺 嗪草酮	1 650 mL/hm² 750 mL/hm²	防除一年生禾本科杂草和阔叶杂草
苗后除草	精吡氟禾草灵 嗪草酮	900 mL/hm² 525 mL/hm²	防除一年生禾本科杂草和阔叶杂草

除草剂使用注意事项：土壤处理剂在起垄后使用；选择低风速条件，均匀喷洒除草剂；使用土壤处理剂时，保持土壤表层湿润，可以使防控效果更好；苗后除草剂在杂草 2～4 叶期喷施防治效果好。

2. 中耕培土　中耕培土是田间管理的一项重要内容，可以使土暄、地热和透气，增强微生物活动，加速肥料分解，满足植株生长的营养需要，创造结薯多且大的条件，还起到灭草的作用。90 cm 大垄中耕后，形成垄侧长 40 cm、垄顶宽 30 cm 的梯形垄，地下茎到垄表面的距离为 15～20 cm。播种后 20 d 左右，马铃薯即将出苗，进行中耕，覆土后种子上表面距离垄面 18～20 cm。

（六）病虫害防治

以防为主，防大于治，田间喷施化学药剂防治马铃薯晚疫病和蚜虫等病虫害。依据马铃薯晚疫病监测预警系统指导何时喷药。在马铃薯晚疫病发生前，应轮换使用代森锰锌、双炔酰菌胺、氰霜唑和氟啶胺等保护性杀菌剂；在马铃薯晚疫病发生时，应轮换使用噁酮·霜脲氰、霜脲·锰锌、噁霜·锰锌、氟菌·霜霉威等系统性治疗的杀菌剂。

（七）营养供给

以土壤测试和肥料的田间试验为基础，根据作物需肥规律、土壤供肥性能和肥料效应，在合理施用有机肥料的基础上，提出氮、磷、钾及中、微量元素等肥料的施用数量、施肥时期和施用方法。

正确施肥不仅对产量至关重要，还会影响产品的质量。根据马铃薯对营养物质的实际需求计算出每公顷马铃薯产量和矿物质吸收的比例关系（表3-14）。

表3-14　马铃薯产量与营养元素吸收的关系

产量/(t/hm²)	营养元素吸收量/kg		
	N	P_2O_5	K_2O
1	3.0	1.1	5.1
20	60	22	102
30	90	33	153
40	120	44	204
60	180	66	306

（八）水分管理

马铃薯是需水较多的作物，块茎含水量80%左右。水分供应对于高产形成至关重要，从薯块形成开始，马铃薯大概需要250 mm的降水，意味着，如果每公顷产量为60 t（荷兰），每毫米的降水会产生大约250 kg的产量；如果每公顷产量为30 t（黑龙江），每毫米的降水会产生大约125 kg的产量。如果降水强度过大，平均每毫米降水产生的产量效应就会减少，这是由于一次降水过多，导致土壤孔隙被封锁，反而会降低作物的生产能力，此外，还会造成土壤缺氧，使得根区的氮素减少，这种反硝化作用会造成作物提前成熟，产量降低。干旱会造成产量的大量损失，并影响块茎品质，发生疮痂病、薯块畸形等，干旱还会造成单株结薯数量减少，造成薯块过大，这对于种薯生产来说是不利的。

（九）及时拔除病株

拔除病株是消灭原种和一级种薯田的病毒侵染源和防止病毒扩大蔓延的一项重要举措。拔除病株应在出苗后、传毒媒介蚜虫发生以前开始，以后每隔7～10 d进行一次。栽培人员应具备有识别病害症状的能力，并对种薯田全面认真检查，发现病株及时拔除，包括清除地上部植株和地下部母薯和新生块茎，小心装入密闭的袋中，防止病株上的蚜虫抖落或迁飞，应及时在周围植株上喷药，以防其继续传播病毒。据试验，早期拔除少量病株造成的缺苗，可由临株补偿，对产量影响不大。在田间操作的工作人员应有专用工作服和鞋袜，以及使用甲醛等消毒过的专用农具等，禁止闲杂人员进田。

（十）杀秧

建立蚜虫检测系统，及时检测有翅蚜虫的最大迁飞期。在有翅蚜虫的最大迁飞期来临后的7～10 d后，喷施敌草快等杀秧剂进行化学杀秧。

（十一）收获

杀秧后15 d左右，马铃薯地下块茎薯皮已经老化，与匍匐茎很容易分离时，使用马铃薯收获机进行收获。在收获的过程中，尽量避免块茎损伤，减少块茎上的泥土、残枝等杂物，防止受到雨淋和霜冻伤害。收获时，薯皮完全成熟。土壤湿度合适。土壤过分干燥，干土中的土块会对薯块造成伤害；土壤太湿润会带有太多的泥土；土壤温度要求高于10℃，以避免收获损伤块茎。避免收获过程中薯块的遗漏，薯块遗漏在田地里会造成很大的损失，在未来几年里会成为留生薯，留生薯会加重马铃薯孢囊线虫、根结线虫、根腐线虫等虫害的发生，还成为晚疫病的主要侵染源。

三、马铃薯种薯的养分管理

（一）马铃薯种薯养分管理现状

植物生长必需的 17 种营养元素中，除碳、氢、氧可通过叶片从大气和水中得来以外，其他矿质营养元素主要是通过根系从土壤中获得。与玉米等大田作物相比，马铃薯属于典型的浅根系作物（图 3 - 34）。通过对马铃薯、小麦、玉米、水稻、大豆和甜菜的比较研究表明，马铃薯不仅单根长度远低于其他 5 种作物，且根系主要分布在浅层土壤。此外，马铃薯在土壤中的根系密度也远低于其他作物，单位体积土壤内马铃薯的根系长度不及小麦的 1/4。根系是植物吸收土壤养分的主要器官，由于根系浅且密度低，导致马铃薯的根系吸收养分能力

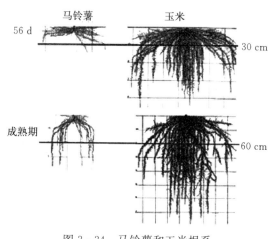

图 3 - 34　马铃薯和玉米根系

较弱。因此就要通过提高养分供应量来满足马铃薯对养分的需求。植物生长必需的矿质营养元素虽然在植株的干物质中所占比例很小，但它们在参与和促进光合产物的代谢及植物的生理功能等过程中具有不可替代的作用。在马铃薯的生长发育过程中，任何一种元素的不足，都会导致植物体生长代谢的失调，最终导致产量和品质的降低。土壤是马铃薯需求养分的主要供应者，马铃薯通过根系和块茎从土壤中以不同的比例吸收土壤中的各种养分，随着产品的收获，土壤中的养分也被带走，连年种植必将导致土壤中的养分储备量逐渐减少。因此，为了保证土壤生产力的可持续性，就要根据马铃薯从土壤中带走的养分量进行理性归还。由于氮、磷、钾是马铃薯生长过程中需求量最多的元素，因此土壤中带走的氮、磷、钾也远高于其他营养元素，所以在每季种植马铃薯时，必须要进行氮、磷、钾的补充，才能满足马铃薯的需求。马铃薯植株必需元素有 17 种之多，为什么在实际生产中，种植者通常仅施用氮肥、磷肥、钾肥呢？这是因为植株对中微量元素的需求量远低于对氮磷钾的需求，而土壤本身含有一定量的中微量元素，通常情况下，土壤中含有的这些中微量元素足以维持作物的产量；当植株将土壤中有效养分吸收后，土壤中部分缓效养分可以逐渐释放出来，供应下一季作物的吸收；另外，在施用氮、磷、钾肥

料的时候，部分中微量元素以"杂质"的身份被施入土壤，虽然这部分量很少，但是对于植物的需求已经足够了。但是近年来随着作物产量水平和商品化程度的提高，作物对土壤中中微量元素的需求以及从土壤中带走的中微量元素都在增加，而有机肥用量的减少和高浓度复合肥料的广泛应用，使"杂质"越来越少，因此中微量元素的缺乏越来越普遍。

在马铃薯生产过程中，种植者对大量元素通常较为重视，对中微量元素的重视程度明显不足。然而，植株对中微量元素的需求量虽然较低，但是中微量元素在植株体内广泛参与多种酶的组成、活化及功能的调节，以及植物体内的氧化还原过程，这些功能是大量元素无法完成的。由于细胞结构的原因，马铃薯对钙的需求量要高于水稻、玉米等单子叶植物。植株对钙的吸收首先取决于植株的蒸腾作用，尽管植株顶端的蒸腾作用远低于下部老叶片，但是钙离子通常优先向地上部的顶端输送，而马铃薯的收获器官在地下，因此，块茎中的钙不能依靠植株的中蒸腾作用获得，只能依靠块茎从土壤中直接吸收，所以土壤中有效钙的含量将直接影响块茎中钙的含量。而种薯中钙的含量直接关系到出苗的质量，因为在细胞分裂的过程中，钙能够影响细胞和纺锤丝的形成，钙不足将导致细胞分裂不能正常进行，从而导致种薯不能正常出苗或者出苗后不能正常生长。马铃薯缺钙可导致块茎小或形成畸形的成串小块茎，块茎的髓中有坏死斑点。自然土壤通常不易缺钙，但马铃薯作为较喜酸作物，且通常种植于沙壤土，而在酸性沙质土中，缺钙是比较常见的问题。当土壤交换性钙含量低于 10 $\mu mol/kg$ 时，作物易缺钙，而施用石灰不但能补充钙营养，同时还有改良土壤的作用。此外镁不但影响植株的光合作用，同时还直接影响糖、脂肪和蛋白质的代谢以及能量转化等许多重要过程。缺镁会导致叶绿体内大淀粉粒积累，降低光合产物从源到库的运输，使同化产物分配紊乱，导致马铃薯块茎的淀粉含量下降。马铃薯对镁的需求量相对较高，土壤有效镁含量达到 25 mg/kg 时，可以满足大多数作物对镁的需求，但土壤中有效镁含量为 40～70 mg/kg 时才能满足马铃薯对镁的需求。另外马铃薯对硼缺乏也非常敏感，缺硼会使植株体内因氧化还原系统失调而导致块茎软化甚至腐烂。因此，适量补充中微量元素应当成为现代农业生产必须重视的问题。

因为植株对不同养分的需求量不同，且对不同养分的需求量通常保持一个相对稳定的比例，所以过量施用任何一种养分，都会破坏植物生长介质中的养分平衡，由于养分拮抗或者发生化学反应而降低土壤养分的有效性。马铃薯种薯生产者为了增加单株块茎数量和块茎中干物质含量，减少块茎含水量，防止种薯在储藏期间腐烂，在种薯生产中通常采用低氮高磷钾处理，不合理的肥料偏施导致土壤中氮与磷的比降低，当植物体内氮/磷含量比下降到 1∶0.3 以下时，氮、磷比例的失调将导致植物体内的碳氮代谢失调，使生长中心转移推迟，块茎形成晚且增长速度慢，致使产量显著降低。此外，生长介质中的养分失衡极易造成块茎中养分不平衡甚至出现某种养分的缺乏，例如过量施用磷肥，可导致生成磷酸钙盐而造成植株缺钙。马铃薯是典型的喜钾作物，钾过量虽然很少对植株产生直接的毒害作用，但是会间接的抑制植株对其他阳离子的吸收，例如，当土壤中 K/Mg＞8 时，植株对 Mg 的吸收就会受到过量钾的拮抗。

施入土壤中的肥料，一部分被植物吸收，一部分留在土壤中，还有一部分会通过多种途径而损失掉。要提高肥料的利用率，既要提高作物的吸收，又要减少养分的损失，因为留在土壤中的养分会逐渐被作物吸收，也就是说，土壤对养分的保持能力也会影响到肥料的利用率。而土壤的保肥能力与土壤质地具有密切的关系，黏粒和有机质含量比较高的土壤因为阳离子代换量高而有较强的保肥能力，施入土壤中的养分不易流失；而沙质或有机质含量较少的土壤因阳离子代换量低而保肥能力通常较差，施入土壤中的养分如果不能及时被作物吸收，一旦进行灌溉或发生降雨，极易发生淋洗损失。虽然马铃薯最适宜种植于养分水分充足的土壤上，但是因为与其他作物相比，马铃薯耐旱和耐贫瘠能力较强，所以我国的马铃薯普遍种植于土壤质量较差的地区和地块。另外，因为收获器官在地下，为了减小块茎膨大阻力，马铃薯通常种植于在沙土或沙壤土上，这也是马铃薯的肥料利用率远低于小麦、玉米等作物的原因之一，所以马铃薯的养分管理应当采用少量多次、分期调控的原则。通常情况下，保肥能力差的土壤保水能力也较差，而施入土壤中的肥料要发挥肥效，必须要有水的参加，因为施入土壤中的养分只有溶解到土壤溶液中，才能够被植物吸收，所以养分管理需与水分管理紧密配合，既要避免干旱造成的肥料不能发挥肥效，又要防止过量灌溉而加剧的养分淋洗损失。另外，不同质地的土壤还会影响块茎的发育，例如在同样的株行距条件下，种植于黏性土壤的马铃薯通常单株结薯数较少，但是单个块茎较大；土壤条件还会影响块茎的发育，例如在块茎形成期，在潮湿土壤中的马铃薯单株结薯数会比较多。

马铃薯之所以抗旱和抗贫瘠能力较强，是因为马铃薯以块茎作为繁殖器官，在植株生长初期块茎中储存的养分和水分能为马铃薯出苗和早期生长提供水分和养分，因此，营养状况好的种薯可为健康植株打下良好的基础。

（二）马铃薯种薯养分管理特点

与商品薯生产的需求不同，种薯生产的目标是获得足够多的中等大小的薯块，种薯大小对作物发育有显著影响，相对于小种薯而言，大种薯可为主茎生长提供更多的养分和水分，植株生长会更快。但是，当单位面积主茎数一样时，最终的产量不会因此有显著的差异，同样重量的小种薯相对大种薯而言会长出更多的主茎，有些品种甚至会多出 40％的主茎。大薯块作为种薯不可避免要进行切块播种，在切块过程中，多种病害可借切刀传播，而切割的薯块由于创伤面多，播种后也容易感染病害，且薯块内的养分水分极易流失，远不如整薯播种的抗旱能力和保苗率高。

马铃薯施肥方案要根据目标产量和土壤养分状况确定总施肥量，同时根据马铃薯的养分吸收特征确定合理的施肥时间，根据土壤状况确定肥料品种。一般情况下，根据马铃薯的生育时期可将马铃薯的生长周期划分为：芽条生长期、苗期、块茎形成期、块茎膨大期和淀粉积累期（成熟期）。在整个生育期，马铃薯植株对土壤养分都有吸收，但是在不同生育时期对养分的吸收量和吸收速率并不相同，在芽条生长期，由于根系尚未形成，植株生长所需养分主要来源于种薯，此时只需要土壤的温度湿度适宜即可；在块茎形成期植株对养分的吸收速率和吸收总量都明显增加，到块茎形成期结束，全株吸收的养分约占全生育期养分吸收总量的 40％左右；块茎膨大期是马铃薯生长最快的时期，因而对养分的需求量也最多，到块茎膨大期结束，全株吸收的养分约占全生育期养分吸收总量的 70％～

85%；淀粉积累期植株对养分的需求逐渐减少，但该期吸收的养分仍可占总养分量的15%~30%，因此马铃薯生育后期的养分供应对马铃薯的优质高产仍十分重要。水肥一体化施肥体系之所以能够获得高产，其中一个很重要的原因就是可以在全生育期为植株提供养分和水分，水肥一体化的肥料利用率高，也主要是因为养分投入采取少量多次，且肥水同期。所以马铃薯种薯生产体系中，块茎形成期通过养分和土壤条件的调控可促进形成较多的块茎，同时在块茎膨大期要保证养分供应的充足，这样既有利于已形成的块茎成为有效块茎而不发生退化，同时也有利于块茎的均匀膨大。

（三）马铃薯种薯肥料品种的选择

铵态氮和硝态氮虽然同样可以为植株提供氮素营养，但是由于铵态氮进入植物体内后可直接可以参与氨基酸的合成，因此对块茎膨大具有一定的优势，而硝态氮可以促进匍匐茎的发育，有利于形成较多的块茎，因此在马铃薯种薯生产中，除了目前广泛应用的尿素外，可以适量配合施用铵态氮和硝态氮。磷能促进块茎的形成，因此在种薯生产中，可以适当地增加磷肥的施用量，以促进块茎数量的增加。钾有利于光合产物向储藏器官的转运，同时提高植株抗病虫害及逆境的能力，因此，充足的钾营养有利于提高种薯的质量。与大量元素不同，微量元素不足和过量之间的范围非常窄，所以是否需要补充中微量元素，则应根据土壤测试结果，参考不同元素的临界值确定是否需要施用以及安全施用量，即微量元素的补充应采取"因缺补缺"的原则，仅在微量元素缺乏的区域进行微量元素的补充，否则，极易导致微量元素过量中毒的问题。

马铃薯是耐酸植物，但这并不意味着马铃薯一定要在酸性条件下生长，许多试验表明，在 pH 为 7 甚至更高的土壤上，马铃薯同样可以获得高产，这说明适宜马铃薯生长发育的土壤 pH 范围相对较宽，因此，种植马铃薯不需要刻意降低土壤的 pH。因为土壤酸碱性还将直接影响土壤养分的有效性以及土壤微生物的分布，例如，当土壤 pH 在 6.0 以下时，土壤中的氮、磷、钾、钙、镁、硫、钼等植物必需营养元素的有效性都开始大幅度降低，同时由于 H^+ 的拮抗作用而使植株对阳离子的吸收受到抑制。在酸性条件下，土壤中的微生物群落较少，微生物量较低，且细菌、放线菌数量减少，真菌数量增加，这些变化都不利于马铃薯的生长。因此在 pH<6.0 的土壤上应当选择碱性肥料，如碳酸氢铵、钙镁磷肥等；而在碱性条件下，铜锌铁锰的有效性会显著降低，因此在 pH>7.0 的土壤上可选择过磷酸钙、重过磷酸钙等酸性肥料或硫酸铵等生理酸性肥料。根据土壤条件选择适宜的肥料品种，不仅有利于作物对养分的吸收，同时可以逐步改善土壤理化性质，为马铃薯生长提供适宜的生长环境。

在马铃薯种薯生产中，还应注意有机肥的施用，有机肥不但能够为马铃薯提供一定量的中微量元素，更重要的是有机肥中的有机物料可以为微生物提供碳源和能源，促进微生物的生长和繁殖，而丰富的微生物有利于土壤养分的转化，增加土壤有机质的含量，为土壤团聚体的形成提供胶结物质，促进土壤形成疏松多孔的结构，有利于土壤养分和水分以及土壤空气的保持，为块茎的生长和膨大提供良好的环境。但在施用有机肥时应注意监控重金属、抗生素等物质的含量。

（四）马铃薯种薯施肥技术

马铃薯种薯生产田的播种密度通常大于商品薯生产田，由于密度的增加，极易造成植株徒长，因此前期要控制好氮肥的用量，避免氮肥用量过多而加剧植株徒长。但是氮素营养不足也会减缓功能叶片的发育速度。因此在中等肥力的壤土上，氮的用量可控制在 $150\sim180$ kg/hm²，尿素的用量在 $330\sim390$ kg/hm²，在无灌溉的壤土上，可将氮肥总量的 $1/3\sim1/2$ 作底肥使用，注意要种肥分离，防止烧苗，在齐苗至现蕾期可结合中耕将余下的氮肥进行侧深施，施肥后务必要覆土，以减少氮肥的挥发损失，追肥时，可将部分尿素用硫酸铵代替。因为适当增加磷肥有利于促进块茎的形成，所以中等肥力的壤土上，P_2O_5 的用量可控制在 $80\sim100$ kg/hm²，磷酸二铵用量在 $170\sim220$ kg/hm²，或者 $440\sim550$ kg/hm² 的过磷酸钙或者钙镁磷肥。因为磷酸二铵中含有一定量的氮，如果选择用磷酸二铵作为磷肥，应适量减少尿素的用量。由于磷在土壤中不易损失，所以磷肥可在播种时一次性施用。施用氯化钾可在一定程度上降低块茎中的淀粉含量，马铃薯生产中的钾肥通常以硫酸钾为主，但是如果在雨季追肥，且氯化钾用量不超过全钾量的 50%，通常不会显著降低块茎中的淀粉含量，此外，适量施用氯化钾，还可以在一定程度上起到杀菌消毒作用，减轻马铃薯黑心病等病害。在中等肥力的壤土上，K_2O 的用量可控制在 $150\sim200$ kg/hm²，硫酸钾的用量在 $300\sim400$ kg/hm²，如果土壤有机质含量高，钾肥可以在播种时一次施用，也可以将一半钾肥在播种时施用，另一半钾肥在追施氮肥时一起追施。

如果是在有灌溉条件的沙土种植马铃薯，因为肥料损失量增加，因此需要适当增加肥料用量，如果是采用水肥一体化技术，由于可以实现多次追肥，可以适量减少肥料的用量，但是采用水肥一体化技术应注意防止次生盐渍化的发生，以及管道压力不均导致的肥料施用不均问题。

第五节　马铃薯种薯储藏技术

马铃薯种薯储藏的目的是最大限度地维持种薯生活力，保持品种的生产潜力。衡量种薯生活力一般采用种薯生理年龄，马铃薯生理年龄是一个给定的综合定义，一般分为幼龄、少龄、壮龄和老龄。研究认为，处于壮龄期的种薯才能最大限度发挥品种生产潜力，种薯生理年龄过小和过大，均会对产量和品质造成影响。刚收获的马铃薯块茎，作为一个独立的生命个体存在，如果没有特殊化学处理，即便给予合适的发芽条件也不会发芽，必须经过一段时间的储藏后才能萌芽生长，这一时期称为马铃薯块茎的休眠期。在休眠到发芽的储藏期间马铃薯块茎内部进行着一系列极为复杂的生理生化过程。种薯储藏的另一个目的就是要减少种薯损失，保持种薯的健康状态。储藏过程中，品种的遗传背景不仅直接影响其休眠和发芽特性，而且影响耐贮性，同时，种薯储藏条件也是主要的影响因素。

一、马铃薯种薯储藏

马铃薯种薯一般需要储藏 $6\sim7$ 个月，入库时需挑出病薯、烂薯，确保种薯健康。储藏的机制取决于品种（不同的品种对储藏的要求也不一样），以及种薯的使用时间和方式，应根据马铃薯不同品种的休眠期和各地不同的储藏方式，通过科学管理控制马铃薯发芽。好的储存环境可以使马铃薯保鲜和保品质；而较差的储藏条件可能会导致马铃薯皱皮、发芽、染病、黑心、腐烂及严重失重，降低种薯生活力。马铃薯在休眠期过后应保持库温在$1\sim4$ ℃，相对湿度在$85\%\sim90\%$，这样块茎既不会发芽又能保持旺盛生命力。

（一）影响马铃薯储藏的主要因素

1. 温度　温度是马铃薯种薯储藏最主要的影响因素，温度随着储藏时间的延长呈先下降后逐渐回升的趋势。温度还决定着马铃薯老化程度，温度越高，种薯老化越快。如果温度过低，会破坏块茎的细胞，甚至导致细胞间结冰，造成冻害，极大地降低种薯品质；如果温度过高，马铃薯会过早度过休眠期，导致块茎发芽早，消耗大量养分，影响种薯出苗，降低出苗率，若播种时地温太低，易形成闷生薯，降低产量。

较高的储藏温度会在一定条件下缩短种薯的休眠期，特别是在储藏期末期，当种薯处于适合发芽和生长的条件下，较高温度储藏的种薯会更早发芽，但活力较低。适合的低温储藏可加快马铃薯种薯生理活动周期，延长其休眠期，适宜的储藏温度为$1\sim4$ ℃，如图3-35所示，两种不同的品种在4 ℃储藏较在12 ℃储藏具有更高和更稳定的生理活力，这也意味着高产，且有利于马铃薯还原糖和可溶性糖的积累。不同的品种对储藏温度的需求有所不同，如有些品种对低温敏感，在2 ℃储藏时会降低其发芽能力。

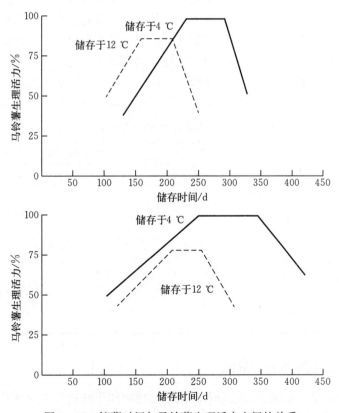

图3-35　储藏时间与马铃薯生理活力之间的关系

2. 湿度 湿度也是影响马铃薯储藏的重要因子，在储藏期间应尽量保持种薯表面干燥，特别是储藏初期有利于种薯周皮形成和伤口愈合，且能减少因失水而导致的重量损失，有利于块茎保持新鲜度，一般安全范围为 80%～93%。湿度太低会造成块茎失水过快，致使块茎变软、萎缩，影响了种薯生理活动，抑制愈合，降低种薯品质和质量；而湿度太高会导致腐烂、发霉，特别是受机械损伤和带病的种薯，易造成种薯提前发芽。因此必须选择一个适当的湿度，避免由于湿度过低造成水分大量损失或湿度过高造成病害传播。微型薯和原种需要储藏在高湿度的条件下，主要是由于他们的表皮较薄以及表面积与体积的比值较大。

湿度在一定程度上还能影响休眠期的长短。在发芽时，一个相对高的湿度会缩短休眠期，在相对高的储藏温度下，促进十字芽的生长，但与其他因素的相比，影响效果较小。为保证块茎的新鲜度和品质，要尽量维持稳定的温湿度，且温湿度的调控要同步进行。

3. 二氧化碳浓度 在储藏期间，马铃薯由于呼吸作用会消耗氧气，释放二氧化碳和热量。如果没有适当通风，氧气含量会逐渐下降，当下降到一定范围时会导致发芽增强。如果 CO_2 浓度过高，并缺乏新鲜空气交换，会影响马铃薯的生理活动，易造成薯块染病，甚至黑心、腐烂。可通过控制通风频率和温度来调节 CO_2 浓度，适度 CO_2 可延长块茎的休眠，利于马铃薯的储藏，延长马铃薯的保鲜期。

4. 光照 马铃薯要在黑暗条件下储藏，种薯可适当增加散射光照，因为光会通过降低芽延伸率，促进萌发短壮芽，有利于提高产量，避免幼芽过于纤细。光还会降低芽和块茎老龄化的速度，有利于在较高的温度下储藏种薯，尤其是只有简易库房的地区。因为光可延长块茎不同的萌芽阶段，催生较好的幼芽，但块茎本身仍然快速老化。由表 3-15 可知，散射光条件下，温度越高，储藏期限越短，而当温度一定时，散射光与黑暗条件相比会延长储藏期限。对于储藏期较长的品种，可利用赤霉素＋散射光照的方式处理收获后的种薯，既可有效缩短休眠期，又能增强发芽质量和提高下代种薯的产量和质量。

表 3-15 不同储藏温度和光照条件下种薯的储藏期限

平均储藏温度/℃	储藏期限/月	
	黑暗条件	散射光条件
4	10	11
10	6	9
15	5	8
20	4	6
25	3	5
30	2	3
35	1	2

（二）马铃薯在储藏过程的变化

块茎在刚入库时，表皮尚未完全木栓化，且呼吸作用旺盛和水分蒸发增多，导致块茎明显失重，若储藏温度较高，块茎容易腐烂，尤其是带伤种薯。20～35 d 后，表皮充分木栓化,随着蒸发强度和呼吸强度逐渐减弱,块茎进入休眠状态。储藏中期,块茎呼吸逐渐减慢,消耗养分降到最低。在储藏末期,块茎度过休眠期,呼吸作用又增强,且释放大量热量,致使储藏温度上升,导致块茎萌发。

马铃薯的一些营养成分如淀粉、还原糖、维生素 C 等,在储藏期间会发生变化,从而影响马铃薯的质量和品质。在储藏过程中会出现低温糖化现象,即淀粉随着储藏时间延长不断降解,转化为还原糖和其他非还原糖类,导致还原糖含量快速上升。这可能是由于淀粉降解生成磷酸己糖,而磷酸己糖被转运到细胞质转化为蔗糖,蔗糖在液泡中进一步分解成还原糖。还原糖积累也可能由于糖酵解作用的减弱,低温条件下糖酵解受到抑制,导致磷酸己糖从呼吸作用途径进入蔗糖合成途径。通过导入抑制磷酸果糖激酶的 $Lbpfk$ 基因,可发现转基因株系中还原糖含量明显降低。低温糖化会严重影响马铃薯加工产品的色泽和品质,但对种薯品质影响较小,因此建议种薯在 5 ℃条件下储藏,营养成分损失较少。

维生素 C 在储藏过程中呈下降趋势,在储藏初期至休眠期下降较快,随后逐渐减缓,但萌芽期维生素 C 在芽部表层的含量明显高于其整体的平均水平,这是由于在萌芽生长时,还原型维生素 C 与生长素可共同促进芽的生长,激活不活跃的生长素,促进芽生长点的细胞分裂。

(三)马铃薯储藏库的类型

储藏设施是确保马铃薯种薯储藏质量的基础。马铃薯储藏库主要有以下几种类型。

1. 地窖储藏 地窖是一种简单储藏方式,主要分为棚窖、井窖和窑窖等多种形式,多为农户使用,具有结构简单,成本低的优势,但只能通过外界温湿度变化来调节储藏温度和湿度。若通风不畅,易导致地窖内湿度过大,造成烂薯,严重影响储藏种薯质量,且储藏量小。可通过对地窖简单改造,如增加通风口、通风管道等方式,改善地窖内通风性,降低烂薯率。

2. 通风库储藏 大型马铃薯种薯公司通常使用通风库来储藏马铃薯种薯,多为半地下结构。根据马铃薯种薯储藏需求设计合理的通风系统,一般采用自然风、机械通风、机械制冷的方式使流通空气在库内均匀分布,有效降低储藏库内温度和湿度,且具有储藏量大、节能减排的特点。目前现代化的通风库一般配有温湿度监测预警及自动控制系统,采用单片机控制、工业计算机控制、PLC(可编程逻辑控制器)控制、DCS 控制(集散型控制系统)和 FCS(现场总线控制系统)控制等多种方式,实现自动化控制通风设施,根据种薯的不同时期储藏需求调节库内温湿度,降低马铃薯的储藏损失,确保马铃薯种薯的活力。

3. 气调库储藏 气调库是目前国内最先进的储藏库,库内配有较为完整的机械设施,能对马铃薯进行机械清选、分级和入库、出库。可通过传感器采集环境信息,利用信息化处理集成技术,根据马铃薯在不同储藏阶段对环境的要求(图 3 - 36),建立了温度、湿度、二氧化碳自动化调控系统,可有效改善马铃薯储藏质量,延长储藏时间,提高马铃薯出库时产品品质,实现马铃薯储藏库的智能化管理,但建造成本过高,目前国内只有少量大型种薯公司拥有。

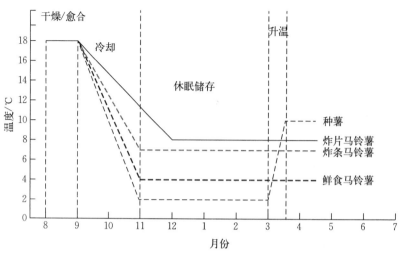

图 3-36　马铃薯储藏的不同阶段

（四）储藏前的准备工作

1. 预处理　刚收获的块茎不能立刻入库储藏，应在田间堆成小堆晾晒 5～7 d，促进薯皮木栓化，以增加种薯的耐储性。若遇到雨天或早霜，可在薯堆上加盖草帘、塑料布等。薯块在早晚温度低时入库较好，避免高温下入库。

2. 挑薯　薯块入库前的质量至关重要，应严格挑选。将烂薯、畸形薯、染病薯及严重损伤的薯块全部剔除，把健康无伤的种薯放入库中，要尽量避免种薯的机械损伤和运输过程人为造成的碰撞。

3. 消毒　在新薯入库前 2 周，要将储藏库打扫干净，再用消毒剂消毒。可用浓度 40％甲醛溶液稀释 50 倍均匀喷雾在库壁四周；或用 40％甲醛溶液 10 mL/m³ 和高锰酸钾 7 g/m³，先将高锰酸钾置于容器内，再加入甲醛溶液，即可产生消毒气体，进行熏蒸消毒。消毒后立即密封储藏库 48 h，然后打开通风，待无明显异味才可入库。

4. 储藏方式　种薯的堆放方式主要分为三种，即散堆储藏、箱式储藏和袋装储藏（图 3-37）。

散堆储藏的优势在于储藏量较大，易于管理，方便喷施药剂进行抑芽或防腐处理，但马铃薯堆放的高度不宜超过库（窖）高度的 2/3，并且堆放高度控制在 1.5 m 以内为宜。堆放过高，下层种薯易被压伤，上层薯块也会因为薯堆呼吸发热而发生严重的"出汗"现象，从而导致大量发芽和腐烂。散装储藏主要用于商品薯和加工薯储藏。

箱式储藏的最大特点就是灵活，箱与箱之间相对独立，方便机械搬运，省时省工，常用的包装箱有纸箱、木条箱、竹箱、塑料箱和铁箱等，其中木条箱最适合种薯储藏，通透性好，便于机械化搬运和堆放。

袋装储藏优势在于每袋储藏量小，便于搬运，是北方地区常用的一种储藏方式，每袋 30～40 kg，每垛 6～7 袋，每堆 3 排，这样便于通风，有利于块茎散热。在储藏期间不用倒库，节省大量人工成本。

图 3-37　不同的马铃薯包装方式

A. 木箱储藏　B. 大袋储藏（1 t）　C. 小袋储藏（30~40 kg）

（五）储藏期的管理措施

马铃薯种薯的最佳储藏条件取决于品种，要根据品种特性及使用方式，采用不同的储藏管理措施，通过调节温湿度等环境条件来控制种薯的生长，保持种薯的活力和质量。

应安排专人管理，根据块茎在储藏期变化和库外气候条件进行自然或人工调节，应在储藏初期和末期预防高温和高湿，中期防寒，使储藏环境温度稳定，保持良好的通风和适宜的湿度。

1. 储藏前期　储藏前期块茎准备休眠，呼吸旺盛，放出大量热量和二氧化碳，湿度大。这一阶段管理以降温散热为主，注意通风换气，排除湿气，尽快去除种薯表面水分，防止块茎腐烂。若种薯中有大量内部或外部损伤的块茎会加强呼吸作用，必须保证充足的通风。此时自然降温较好，保持一定的储藏温度，有利于种薯表皮木栓化，可适当提高种薯活力。要经常打开库门和通气孔，尽量利用外部空气逐步降低库内温湿度，避免由于制冷过快造成迅速降温从而影响种薯伤口愈合，可按照每 24 h 降低 1 ℃逐步降至适宜的储藏温度。种薯可根据库房情况选择适宜的储藏方式，如袋装、箱装或散堆。若以薯堆方式储藏种薯，应尽量避免薯堆"出汗"，即薯堆内产生的热湿气体与薯堆表面冷空气相遇凝结成水珠的现象，否则易造成库内湿度过大。在库温较高的情况下，晚疫病、黑胫病等病害的病菌很容易扩散蔓延，引起块茎大量腐烂。此时应选择晴好天气于正午适当通风，降低湿度。当气温降至－5 ℃左右时关闭库门，只开通气孔，特别是在北方地区要预防低温冻伤。这一时期可通过加大通风量和通风频率防止储藏中期封库后出现块茎"黑心"。

2. 储藏中期　储藏中期块茎已进入休眠状态，生理活动降到最低，产生的热量很少。此时应经常检查窖温，以防冻保温为主，避免冻害。当气温降到－10 ℃左右时，要封闭库口和通气孔，减少通风次数。若库内温度太低，需在薯堆上加盖草帘、麻袋等来御寒防潮，必要时要适当加热，防止块茎冻伤。当温度低于－2 ℃，块茎受冻害，内部部分薄壁细胞受到破坏，薯肉变褐，容易脱水萎缩，失去使用价值。当温度处于 0~1 ℃时，块茎中的淀粉会转化成还原糖，易造成种薯发芽不良。

3. 储藏后期 储藏后期块茎将渡过休眠期，准备萌芽，且气温回升较快。此时采用夜间短时间放风、白天关闭的方法以保障库温的上升，以降温保湿为主，防止库内温度过高，造成薯块过早发芽和失水皱缩，增加损耗。与未发芽种薯相比，发了芽的种薯衰老快 50%，此时要注意通风，保持空气流通，温度应控制在 4 ℃左右，可采用机械制冷预防种薯过早发芽。若想打破休眠期提前播种，在低温储藏后可快速升温以促进种薯多幼芽萌发，如图

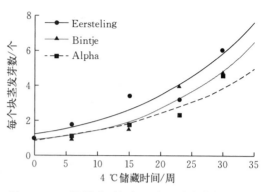

图 3 - 38 4 ℃储藏时间与三个品种发芽数的关系

3 - 38 所示，在 4 ℃储藏后将种薯置于 20 ℃，低温储藏时间越长，三个品种的种薯萌发的幼芽越多。

二、种薯储藏常见问题和解决方法

（一）收获期伤害

马铃薯种薯在收获期间常常发生伤害，这种伤害损失多样，大大影响储藏效果。有些收获损伤是肉眼可见的，如表皮擦伤和切伤。收获机的深度设置太浅（容易切伤薯块），或因为薯块收货前木栓化程度低，薯块从较高处掉落到硬质材料上，都可能造成损伤。

表皮没有成熟的薯块更容易擦伤（羽毛状）（图 3 - 39）。薯皮损伤的薯块失水相对较多，降低了储藏质量。但是在合适的条件下，擦伤的伤口愈合的很快。新形成的薯皮和原来薯皮在抵御水分丧失和微生物侵入方面有同样的效果。然而，收获成熟度很好的马铃薯并不能保证在储藏时大量薯块不受伤害。在挖掘成熟度很好的薯块时，如果压力过大，可能会出现指甲印状的浅裂痕（拇指甲裂纹）。如果薯块与尖锐部分碰撞，会造成

图 3 - 39 薯块表皮擦伤

不同深度、不同形状的薯肉伤口。这些伤口很容易被霉菌、镰刀菌和各种病原所侵染，碰伤越深，发生霉菌感染的概率越高。

还有一些损伤位于薯皮下，起初肉眼看不见。这些伤害是由于薯块收获时在传送带和筛分器上弹碰、滚撞造成的，特别是在分离器没有橡胶缓冲装置时受伤更重。由于受伤薯块的呼吸作用比未受伤薯块更强，造成了干物质的大量损耗。

预防措施：杀秧后确保薯块有充分的时间（10～21 d）后熟；土壤温度低于 8 ℃应避免挖薯；在种薯收获、运输和储藏时应尽可能避免机械损伤；收获机械必须提前设置和调

整好，整套机器上所有可能损伤马铃薯的部分都应该使用橡胶覆盖；必须限制落差，不能超过 30 cm；传送带的速度不能超过 30 m/min。

（二）黑斑/蓝斑擦伤

薯肉呈现青灰色是黑斑病最鲜明的特征。也被称为黑斑擦伤或蓝斑擦伤。通常黑斑在薯块表面症状不明显。黑斑/蓝斑的成因可分为以下几种：①由于在收获和运输时碰伤形成的黑斑；②由于缺钾引起的黑斑；③储藏蓝（由于老化而形成的黑斑），长时间储藏后发生这种情况，重量损失严重；④压伤，由于储藏时堆放太高而造成。

碰伤引起的黑斑在薯块内部呈青灰色至接近黑色，是损伤组织中酶促反应的结果。当细胞受损后，释放出茶多酚和酪氨酸类物质，在有氧时被细胞中正常存在的多酚氧化酶所氧化。由于受影响的细胞死亡，由红色的中间产物形成黑色素。黑色素使薯块组织变为青蓝色至黑色（图 3 - 40）。通常 12～48 h 可见变色，而且温度越高，变色越快。

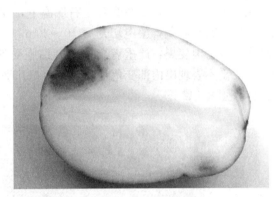

图 3 - 40　黑斑擦伤

储藏黑斑在薯块内部，主要在维管束周围和匍匐茎末端附近发生变色，通常变为蓝色。基于薯肉的颜色和薯块的干物质含量不同，储藏黑斑颜色可以为灰色至褐色。在维管束周围出现变色主要归因于该区域薄壁细胞的不规则性，在大多数老龄薯块中表现为蓝色。

不同品种对黑斑病的敏感性差别很大。一般来讲，干物质含量高的品种比干物质含量低的品种对黑斑更敏感。预防措施包括：施用充足的钾肥，建立良好的收货后储藏制度。钾肥使用量太低，会导致产量下降，对黑斑病敏感性增加，储藏质量变差。在收获、运输、储藏和分级过程中，避免薯块受伤，尽可能阻止水分损耗。

（三）黑心病

黑心病无论是在田间还是运输或储藏期间均可发生，是由于缺氧造成的薯块髓部组织细胞死亡（图 3 - 41）。黑心薯块切块后，薯块内部起初为红褐色，而后变为灰蓝至蓝黑色。大薯比小薯发生黑心病的频率更高，在薯块外部看不见症状。在温度高于 35 ℃或温度降至 0 ℃附近时，呼吸速率急剧增加，需氧量增加，会导致组织缺氧死亡。在收获后，若薯块暴露在强烈阳光下，或储藏库、

图 3 - 41　黑心病

运输库中和运输货车上通风不畅，或马铃薯长时间储藏在密封的塑料袋内，也会出现缺氧。

预防措施包括：进行良好的土壤水分管理，避免无氧条件。马铃薯收获后，不要将其长时间暴露在强光和高温条件下。不要将种薯储藏在 2 ℃以下。确保马铃薯在储藏和运输期间通风良好。当储藏库为了分级和筛选升温时，确保用来通风的空气温度不超过 20 ℃，在运输期间温度变化也不能太剧烈。

（四）低温伤害和冻害

储藏中的块茎，长期在 0 ℃左右低温下，淀粉大量转化为还原糖，1～3 ℃条件下长期（半年左右）储藏，薯肉切开后 10～30 min 会变成棕褐色；急剧低温变化会造成维管束环变褐或薯肉变黑，严重者薯肉薄壁细胞受到破坏，造成薯肉脱水萎缩，冰冻 4～5 h 的块茎几乎不表现出内部变色症状，但组织几乎全部坏死，解冻后块茎变湿、变软、并流出液体（图 3-42）。

图 3-42　薯块冻害

低温冷害的预防，储藏种用块茎应保持 2～4 ℃，食用及加工用块茎 4～6 ℃。在北方严冬季节，如果储藏窖温降到 0 ℃时，应在薯堆上加覆盖物吸湿保温或在窖内熏烟增温，防止低温冻害发生。

（五）抑芽剂伤害

常用的抑芽剂主要有氯苯胺灵（CIPC）、萘乙酸甲酯、青鲜素等，其中，CIPC 是目前世界上使用最广泛的马铃薯抑芽剂。采用青鲜素或萘乙酸甲酯处理马铃薯也可以抑制或减少发芽，还能抑制病原微生物的繁殖，并能防腐。但近年发现青鲜素有致癌可能，我国已禁用，联合国粮食及农业组织和世界卫生组织的资料也表明，青鲜素属于低毒化合物，半数致死量（LD50）为 4 000 mg/kg，对人体有一定的致癌作用。施用抑芽剂量过多，易引起抑芽剂药害，抑芽剂有阻碍马铃薯块茎愈伤组织愈合及表皮木栓化的作用，易使块茎受病菌侵染，造成马铃薯储藏中腐烂。种薯施用抑芽剂有可能导致种薯不发芽。

（六）乙烯中毒

乙烯中毒并不多见，但如果出现在种薯上，后果很严重。乙烯过量，诱导不定根和根毛发生、打破植物种子和芽的休眠。乙烯中毒仅仅在薯块出芽期才能观察到。即将发芽的薯块，暴露在乙烯中几天，即会形成不规则的、小圆球形的、脆弱的芽。在储藏库中，$1 mL/m^3$乙烯就可造成危害。种植这种种薯，芽易死亡。如正在发芽的种薯在播种前与乙烯接触，会导致产量显著降低。但是，如果接触乙烯 4～6 周后播种，则对马铃薯产量的影响较小。在储藏期间，所有的农作物都可以产生一定量的乙烯。尤其成熟的苹果、梨产生相对较高水平的乙烯量。由于马铃薯对乙烯高度敏感，因此，种薯不能与水果、蔬菜和花卉共存一个储藏库。现阶段，很少有种薯与水果、蔬菜、花卉等共存储藏的情况，这也是马铃薯块茎乙烯中毒不常见的原因，对于储藏过这些产品的储藏库，当再次用于储藏马铃薯前，应进行彻底的通风。

（七）毛芽

某些块茎在萌芽时，块茎上各芽眼几乎同时萌发，不表现顶端优势，且萌发的芽条较正常芽条细长纤弱的多，称这种芽为"毛芽"，还称为"纤细芽"。毛芽现象发生的原因，主要是块茎的生活力降低或不适当的储藏条件造成生理紊乱。在储藏室温度保持高或则更高，这样的条件可能导致生理性的超龄块茎，这样的块茎易形成纤弱芽。一般感染卷叶病毒的块茎在萌发时也表现毛芽症状。这种块茎播种后，出苗迟缓或不能出苗，即使出苗，其幼芽纤细丛生，不能正常形成产量。

要注意选用无病的种薯和不栽植有毛芽的块茎。

第四章 | *Chapter 4*
马铃薯主要病虫害及综合防控

第一节 马铃薯主要病毒病及防控

一、马铃薯主要病毒病简介

马铃薯病毒病是最早被发现的植物病毒病之一，直到 20 世纪人们才认识到病毒是引起马铃薯种性退化的主要原因。马铃薯病毒是由核酸和蛋白质组成，属于寄生的非细胞生物，必须依赖于寄主植物的活细胞才能进行繁殖和扩散，导致马铃薯植株出现花叶、黄化、皱缩、矮化、畸形等症状，严重影响马铃薯的产量和品质。病毒病是造成马铃薯减产的主要原因之一。马铃薯病毒对产量的影响与病毒种类、品种抗性、环境条件等因素有较大关系。国内大量研究表明，马铃薯各种病毒病一般可引起马铃薯减产20％～50％，严重时减产 80％左右。

马铃薯病毒种类较多，目前已报道的侵染马铃薯的病毒已有 40 余种，而在我国危害较严重、分布较广泛的病毒主要有 6 种：马铃薯 X 病毒、马铃薯 S 病毒、马铃薯 Y 病毒、马铃薯卷叶病毒、马铃薯 A 病毒和马铃薯 M 病毒。

（一）马铃薯 X 病毒

1. 病原 马铃薯 X 病毒（*Potato virus* X，PVX）也称作马铃薯轻花叶病毒（*Potato mild mosaic virus*），是马铃薯 X 病毒属（*Potexvirus*）典型成员，最早于 1931 年由史密斯（Smith）报道。

PVX 病毒粒子呈弯曲线状，螺旋对称，大小为 515 nm×13 nm，病毒的致死温度为 68～75 ℃，稀释限点为 $10^{-6} \sim 10^{-5}$，体外存活期为 40～60 d，有时可长达 1 年以上。PVX 核酸是单链正义 RNA 分子，长约 6 400 nt，5′端有帽子结构，3′端有多腺苷酸［poly (A)］尾巴，含有 5 个可读框（ORF）。

2. 寄主范围 PVX 寄主范围较广，可侵染 16 科 240 种植物，主要侵染马铃薯、番茄、辣椒、烟草、茄子、曼陀罗和龙葵等茄科作物。该病毒主要鉴别寄主有：烟草（*Nicotiana tabacum*）、心叶烟（*Nicotiana glutinosa*）、曼陀罗（*Datura stramonium*）、千日红（*Gomphrena globosa*）和白肋烟（*Nicotiana tabacum* 'White burley'）等，其中千日红是 PVX 较好的指示植物，除 HB 株系外均产生局部枯斑症状。

3. 传播途径 PVX 可以通过种薯传播，也可以通过田间机械作业等汁液摩擦接种传播，在储藏期间还可以通过幼芽接触传毒，此外 PVX 也可以借助马铃薯癌肿病菌（*Synchytrium endobioticum*）的游动孢子以及菟丝子（*Cuscuta chinensis*）等传播，还可以通过蚜虫以非持久方式传播。

4. 症状与危害　PVX 引起的症状反应与寄主类型、品种抗性以及复合侵染病毒种类等均有一定的关系。PVX 侵染马铃薯一般产生轻花叶或潜隐症状，严重时则有叶片皱缩、叶片缩小、花叶、植株矮化等症状；在烟草上则可产生明显的花叶症状，有时还会出现斑驳或坏死等症状。PVX 单独侵染马铃薯时可造成减产 10%～50%，而当与马铃薯 Y 病毒属（*Potyvirus*）病毒如 PVY、烟草脉带花叶病毒（*Tobacco vein banding mosaic virus*，TVBMV）、烟草花叶病毒（*Tobacco mosaic virus*，TVMV）、烟草蚀纹病毒（*Tobacco etch virus*，TEV）等复合侵染时不但症状加重，产量也会大幅度降低，如，当 PVX、PVY 单独侵染马铃薯克新 4 号品种时，产量损失分别为 16%、23%，当二者复合侵染时，产量损失在 39%左右。可见，PVX 的防控要从种苗开始，杜绝其与其他病毒复合侵染而带来的严重损失。

5. 分布　PVX 传播速度快、传播途径广，因此，在世界各地发病范围不断扩大。近年来的马铃薯病害田间普查发现，PVX 在我国辽宁、内蒙古、黑龙江、青海、河北、山东、云南、浙江、福建、贵州、四川、广西、湖南等地均有发生，几乎分布于我国所有马铃薯、烟草种植区域。

（二）马铃薯 Y 病毒

1. 病原　马铃薯 Y 病毒（*Potato virus* Y，PVY）是马铃薯 Y 病毒科（*Potyviridae*）马铃薯 Y 病毒属（*Potyvirus*）的代表成员，1931 年由 Smith 在马铃薯中首次发现。

PVY 病毒粒子为弯曲线状，无包膜，大小为 730 nm×11 nm 的单链正义 RNA 分子。PVY 基因组全长约 10 000 nt，基因组 5′端共价结合基因组连接病毒蛋白（genome-linked viral protein，VPg），3′端为 poly（A）尾巴，基因组有一个可读框，编码 1 个约 360 ku 的多聚蛋白，多聚蛋白通过自身编码的蛋白酶裂解成 11 个功能蛋白。

由于 PVY 存在明显的株系分化现象，所以株系划分一直是 PVY 病毒研究的热点。早期研究者根据 PVY 能否诱导不同马铃薯品种顶端坏死或烟草系统坏死或过敏性反应，将 PVY 分为不同株系，以马铃薯为寄主的 PVY 主要可分为烟草叶脉坏死型（PVY^N）、普通型（PVY^O）、条斑型（PVY^C）及 PVY^Z 和 PVY^E 5 个株系，根据 PVY^N 株系基因组序列差异，进一步将其划分为 NA-PVY^N（北美型）和 PVY^N（欧洲型）两类。研究发现，PVY 在进化过程中以基因重组方式不断衍生出新的株系，在马铃薯生产中主要以 PVY^N 和 PVY^O 重组为主，并且危害较重，现已发现的重组后的新株系有 PVY^NTN、PVY^N-Wi、PVY^NTN-NW 等。

2. 寄主范围　PVY 的寄主范围较广，可侵染至少 34 个属的 163 种植物，对茄科（马铃薯、烟草、番茄和茄子等）、豆科和藜科植物危害较为严重。

3. 传播途径　PVY 的主要初侵染源是带毒种薯，可以通过切薯种植进行近距离传播，也可以通过种薯调运进行远距离传播，还可以通过田间机械作业等方式摩擦接种传播，而最重要且危害性最大的是蚜虫传播，PVY 可以通过蚜虫以非持久性方式高效传播。

4. 症状与危害　PVY 侵染马铃薯的症状表现因株系种类、品种类型等不同而有一定差异，典型症状包括重花叶、叶脉坏死、垂叶条斑死等。PVY^N 在几乎所有的马铃薯品种上仅引起轻微的斑驳症状；PVY^O 侵染初期症状主要是叶片坏死和斑驳，后期引起严重的系统性花叶、卷曲、叶茎坏死等症状；PVY^C 侵染初期症状以坏死、斑驳为主，继发侵染的植株表现矮化、皱缩、斑驳和卷曲等症状；PVY^{N-Wi} 株系虽然可以侵染很多马铃薯品种，但引起的症状反应却没有 PVY^N 严重，有时甚至没有症状表现；而 PVY^{NTN} 则可以导致敏感马铃薯品种发生块茎坏死环斑病（PTNRD），从而使其失去商业价值。一般情况，当 PVY 单独侵染马铃薯时可减产 20%～50%，若与其他病毒复合侵染则会加重病毒病的危害。

5. 分布　自 1953 年起，PVY 在欧洲马铃薯种植区广泛流行，20 世纪 70 年代该病毒扩展到美洲，20 世纪 90 年代初在亚洲开始流行，目前已分布于世界各马铃薯产区。在我国，PVY 已几乎分布于所有马铃薯产区，而且在多数地区 PVY 的田间发病率均是最高的。PVY^O 于 1931 年发现，目前在世界范围内广泛分布；PVY^N 于 1950 年发现，现主要发生在欧洲、亚洲、非洲、美国南部和加拿大东部等地区，目前该株系已成为当前我国尤其是山东省内 PVY 的主导株系；PVY^C 分布于除北美洲以外的地区；PVY^{NTN} 及 PVY^{N-Wi} 分别发现于匈牙利和波兰，但在很短时间内，在很多其他地区均有发生报道。

PVY 不但分布范围广、发病率高，而且易与其他病毒复合侵染，加重病害的发生。因此，科研工作者要加快 PVY 病毒研究步伐，尽早提出有效防治策略以解决生产面临的问题。

（三）马铃薯 S 病毒

1. 病原　马铃薯 S 病毒（*Potato virus* S，PVS）也称作马铃薯潜隐病毒，是乙型线型病毒科（*Betaflexiviridae*）麝香石竹潜隐病毒属（*Carlavirus*）成员，最早由 Bruyn 于 1948 年报道在荷兰首次发现 PVS。

PVS 病毒粒子为弯曲线状，无包膜，大小为（610～710）nm×（12～15）nm，2005 年 Matoušek 等首次报道 PVS 基因组全序列，其基因组全长约 8 400～8 500 nt，5′端由帽子结构及 5′非编码区（5′ UTR）组成，3′端由一个 poly（A）尾巴和 3′非编码区（3′ UTR）组成，含 6 个可读框。

PVS 是一种 RNA 病毒，具有较高的分子变异性。目前，广泛认同 PVS 主要分为两大株系，普通株系（PVS^O）和安第斯株系（PVS^A），主要通过在藜属鉴别寄主（如昆诺藜）上是否可进行系统侵染来区分，如 PVS^O 株系只能局部侵染昆诺藜，而 PVS^A 株系可以系统侵染。随后，Matoušek 等于 2005 年研究发现一个来自欧洲的 PVS 分离物在生物学特性上与 PVS^A 相同，但在遗传学上却与 PVS^O 亲缘关系更接近，因此将其命名为 PVS^{CS}（CS＝*Chenopodium systemic*，即藜系统侵染），而 2010 年 Cox 等发现了一些能系统侵染昆诺藜，但在遗传学上却与 PVS^O 株系更近的分离物，建议将其命名为 PVS^{O-CS}。此外，还提出将在遗传学上被归入 PVS^A 株系，但不系统侵染藜属植株的分离物将其命名为 PVS^{A-CL}。

2. 寄主范围　PVS 寄主范围较窄，仅能侵染少数茄科、藜科等植物。马铃薯是 PVS 较好的寄主，几乎所有马铃薯主栽品种都能感染 PVS，如克新 13、荷兰 15、早大白、大西洋、费乌瑞它、东农 303 等。除马铃薯外，PVS 还可以侵染千日红（*Gomphrena globo-*

sa L.）、德莫尼烟（*Nicotiana debneyi*）、苋色藜（*Chenopodium amaranticolor*）、灰藜（*Chenopodium album*）、昆诺藜（*Chenodium quinoa*）、番茄（*Lycopersicon pimpinelli-folium*）等植物。

3. 传播途径　PVS 可以通过种薯调运传播，也可以通过田间机械作业等摩擦接种传播，还可以通过蚜虫以非持久方式传播。

4. 症状与危害　PVS 在马铃薯上的症状表现与 PVS 株系种类、马铃薯品种类型和气候条件有一定关系。一些马铃薯品种感染 PVS 后只产生轻花叶症状，有时伴有叶片粗缩、叶尖下卷、叶脉颜色变深等症状；还有一些马铃薯品种感染 PVS 后期叶片出现青铜色，严重时叶片会产生皱缩、坏死斑等症状。一般情况下 PVS 单独侵染马铃薯时症状表现不明显，但若与其他病毒复合侵染则会产生明显的花叶或皱缩等症状，如当与 PVX 复合侵染马铃薯时会产生重花叶症状，与 PVY^NTN 或 PVY^O 复合侵染也产生较严重的花叶症状。当 PVS 单独侵染马铃薯时对产量影响较小，可减产 10%～20%，但与 PVM 或 PVX 复合侵染时可减产 20%～30%。

5. 分布　PVS 传播速度快、传播途径广。种薯一旦感染 PVS，在不防控情况下，可迅速扩散，一季后感病率可达 70%左右，因此，PVS 在世界各地发病范围不断扩大。吴兴泉等于 2005 年调查发现，PVS 主要在我国北方的黑龙江、内蒙古、青海等省份发生；2011 年再次调查发现，PVS 除在我国北方的黑龙江、辽宁、内蒙古、山东、青海、河北等省份发生外，在我国南方的贵州、云南、四川、广西、浙江、湖南、福建等省份也均有发生，几乎分布于我国所有马铃薯产区。PVS^O 在德国、波兰等中欧国家流行较广，目前在我国河北、浙江、福建等地已有报道；PVS^A 在南美洲、欧洲以及美国、新西兰等地已有发生。

（四）马铃薯卷叶病毒

1. 病原　马铃薯卷叶病毒（*Potato leaf roll virus*，PLRV）是黄症病毒科（*Luteoviridae*）马铃薯卷叶病毒属（*Polerovirus*）的代表成员，该病毒在世界上最早发现于 1916 年，是造成马铃薯减产的重要病毒之一，并且病毒局限于维管束的韧皮部。

PLRV 是单分子正义 ssRNA 病毒，病毒粒子为球状等轴对称二十面体，无包膜，直径为 25～30 nm。PLRV 基因组约 5 882 nt，5′端共价结合 7 ku 的 VPg 蛋白，3′端无 poly（A）尾巴，基因组具有 3 个非编码区（UTR），含 6 个可读框，编码 6 个蛋白。PLRV基因组作为多顺反子的 mRNA 从 5′区域依次翻译出 P0、P1 和 P2 蛋白，其近 3′区域采用亚基因组翻译策略产生 3 个蛋白 P3、P4 和 P5。

2. 寄主范围　PLRV 寄主范围较窄，主要侵染茄科植物，其中马铃薯是 PLRV 的主要寄主之一。在实验室条件下，PLRV 还可以通过嫁接或蚜虫传播方式侵染番茄（*Lycopersicon pimpinellifolium*）、千日红、曼陀罗、西风谷（*Amaranthus restroflexus*）、洋酸浆（*Nicandra physaloides*）、青葙（*Celosia argentea*）、多花酸浆（*Physalis floridana*）和尾穗苋（*Amaranthus caudatus*）等，其中洋酸浆和曼陀罗为 PLRV 的良好繁殖寄主。

3. 传播途径　PLRV 可以种薯传播，也可以通过嫁接方式传播，但不能通过汁液机械接种传播，但与豌豆耳突花叶病毒（*Pea enation mosaic virus*）粒子混合后可以机械传播。在田间，PLRV 主要通过蚜虫以持久方式传播，由于蚜虫持毒时间久，传播距离远，所以在蚜虫防控不好的情况下 PLRV 在田间感染率非常高。

4. 症状与危害 PLRV 引起的症状反应往往与品种抗性、环境及栽培条件等有一定关系。通常情况下，PLRV 可使马铃薯产生卷叶、黄化、矮缩、僵化及块茎网状坏死等病症。PLRV 引起的症状反应还与初侵染和继发侵染有关，当 PLRV 于当年初次侵染马铃薯时，主要表现为顶部幼嫩叶片直立变黄，小叶沿中脉向上卷曲，小叶基部出现紫红色。当 PLRV 继发性侵染马铃薯时（即感染有 PLRV 的块茎在第二年继续种植），植株发病症状较为严重，一般在马铃薯现蕾期以后，叶片由下部至上部沿叶脉卷曲，呈匙状，叶片变脆呈革质化，上部叶片褪绿，重者全株叶片卷曲，叶背有时出现紫红色，整个植株直立矮化；块茎不但变小，而且薯肉呈现锈色网纹斑。继发性侵染病株减产程度高于初侵染。每年由 PLRV 在全世界范围内造成的产量损失可达 200 万 t。PLRV 单独侵染马铃薯时减产 40%～60%，当与 PVY、PSTVd 复合侵染时减产可达 80%左右。PLRV 不但对产量危害较重，而且对块茎外观也有不同程度的危害，与 PVY 被称为马铃薯生产田中危害最严重的两种病毒。由于 PLRV 仅局限分布于马铃薯植株的韧皮部，且含量较低难以检测，因此，科研工作者应该重视 PLRV 的研究和防治。

5. 分布 据报道，PLRV 除在印度以及北非某些高温气候地区影响程度不大之外，几乎遍及世界各马铃薯产区。在我国，20 世纪 70 年代中期以来随着种质资源的引进，PLRV 已成为生产上最主要的病原之一。目前，PLRV 在我国的黑龙江、吉林、内蒙古、辽宁、山东、陕西、山西、河北、广东、云南、贵州、四川、青海等省份的主要马铃薯产区均有发生。

（五）马铃薯 M 病毒

1. 病原 马铃薯 M 病毒（*Potato virus* M，PVM）是乙型线状病毒科（*Betaflexiviridae*）、麝香石竹潜隐病毒属（*Carlavirus*）成员，最早于 1923 年在美国马铃薯上首次分离得到。

PVM 病毒粒子为线状、无包膜、大小约为 650 nm×12 nm 的单链正义 RNA 分子。PVM 基因组全长约 8 500 nt，基因组 5′端有一个甲基化的帽子结构，3′端为 poly（A）尾巴，含 6 个可读框，编码 6 个蛋白。

2. 寄主范围 PVM 寄主范围较窄，仅能侵染茄科、藜属等植物，在茄科植物中以侵染马铃薯、番茄和人参果等为主，在人工摩擦接种条件下，PVM 可以侵染苋色藜、千日红、36 号烟（*Nicotiana occidentalis* 'pi'）和番茄等，其中，苋色藜和千日红接种叶片上产生枯斑，可作为 PVM 枯斑寄主；36 号烟系统发病，新生叶片产生皱缩、泡斑、叶边缘卷曲等症状，植株长势矮小，可作为 PVM 系统侵染鉴定寄主；PVM 系统侵染番茄速度快，但无症状，番茄可作为 PVM 繁殖寄主。

3. 传播途径 PVM 可以通过蚜虫（桃蚜、药炭鼠李蚜、马铃薯长管蚜及鼠李蚜等）以非持久性方式传播；还可以通过种薯调运、种薯切块种植、田间机械作业等方式传播。

4. 症状与危害　目前，根据寄主范围和发病症状的不同可将 PVM 划分为两大株系，PVM-o 株系（PVM-ordinary）和 PVM-d 株系（PVM-divergent）。PVM-o 株系可以侵染马铃薯、番茄和烟草，主要产生斑驳、叶皱缩和黄化等症状，而 PVM-d 株系只能侵染马铃薯，主要症状是斑驳、叶皱缩和粗糙等。通常情况下，PVM 引起的症状反应与株系种类、品种抗性和环境条件等因素有关。一般 PVM 可使马铃薯产生叶片变形、轻度失绿等症状，敏感品种可产生斑驳、花叶、皱缩、叶片卷曲和植株矮化等症状，与 PVS、PVX 和 PVY^O 引起的症状较相似。PVM 引起马铃薯产量损失在 15％～50％。

5. 分布　PVM 发现于英国、美国、法国、荷兰和德国等国家，目前在世界各马铃薯种植区均有发生。我国于 1978 年在黑龙江省农业科学院克山马铃薯研究所首次发现 PVM，现已几乎分布于所有马铃薯主产区，如黑龙江、吉林、内蒙古、宁夏、陕西、甘肃、重庆、云南、广东、西藏等地。

（六）马铃薯 A 病毒

1. 病原　马铃薯 A 病毒（*Potato virus A*，PVA）又称马铃薯轻花叶病毒（*Potato mild mosaic virus*），是马铃薯 Y 病毒属（*Potyvirus*）的成员，1914 年首次报道关于 PVA 的病害症状，1932 年将其正式命名。

PVA 病毒粒子为丝状、大小约为 730 nm×15 nm 的单链正义 RNA 分子。PVA 基因组全长约 9 565 nt，基因组 5′端共价结合基因组连接病毒蛋白（genome-linked viral protein，VPg），3′端为 poly（A）尾巴，基因组有一个可读框，编码 1 个含有 3 059 个氨基酸的多聚蛋白，多聚蛋白最终裂解成 11 个成熟的功能蛋白。

2. 寄主范围　PVA 寄主范围较窄，主要以侵染茄科作物为主，如马铃薯（*Solcimim tuberosum*）、树番茄（*S. betacea*）、马铃薯种间杂交种（*S. demissum×S. tuberosum*）、马铃薯野生种（*Solcimim demissum*）、醋栗番茄（*Lycopersicon pimpinellifolium*）、德伯尼烟（*Nicotiana debneyi*）、普通烟（*Nicotiana tabacum*）、假酸浆（*Nicandra physalodes*）和特大管烟（*Nicotiana megalosiphon*）等。接种 PVA 后，烟草表现明脉症状，假酸浆表现严重的系统花叶、坏死和矮化等症状，醋栗番茄表现局部和系统坏死。

3. 传播途径　PVA 可以通过种薯传播，也可以通过汁液及机械摩擦传播，还可以通过蚜虫以非持久方式传播，马铃薯长管蚜、桃蚜、百合新瘤蚜、鼠李蚜等至少 7 种蚜虫可以传播 PVA 病毒，这些蚜虫在我国分布也非常广泛，因此 PVA 具有较大的流行风险，2007 年已被列入《中华人民共和国进境植物检疫性有害生物名录》。

4. 症状与危害　多数马铃薯感染 PVA 后仅表现轻花叶，有时甚至不表现症状，有一些品种表现斑驳、叶脉凹陷、叶脉或脉间呈现不规则浅色斑等症状，若与其他病毒复合侵染，则症状比较明显，如与 PVY 复合侵染可引起严重花叶症状，若与 PVX 复合侵染则可引起叶片严重皱缩。一般情况下，PVA 侵染马铃薯后可减产 40％以上，与 PVX 或 PVY 等其他病毒复合侵染时，可减产 80％左右。

5. 分布　PVA 在世界各马铃薯种植区均有分布，在我国，PVA 于 1975 年在黑龙江省克山县马铃薯上首次发现，随后在湖南、四川、湖北、浙江、河北、福建、广西等也有报道，目前 PVA 几乎分布于我国所有马铃薯主产区。

二、马铃薯主要病毒病的防控

马铃薯为无性繁殖作物，病毒病主要由种薯带毒传播，在田间由蚜虫等昆虫传毒，以致发病率逐年增加。因此，防治上以使用无毒种薯为主，辅以使用抗病良种、改进栽培措施及药剂防治等综合防治措施。

（一）选择适合的生产田

原种基地选择气候冷凉、地势开阔、交通方便，无蚜虫或雾大、风大有翅蚜不易迁飞降落的地方。种薯田四周应具备良好的防虫、防病隔离条件，在无隔离设施的情况下，种薯生产田应距离其他级别的马铃薯、其他茄科作物及十字花科作物和桃园 5 000 m 以上。在同一种薯生产田内不得种植其他级别的种薯。邻近的田块也不能种植茄科（如茄子、辣椒、番茄和烟草等）及开黄色花的农作物（如向日葵和油菜等）。

（二）加强田间管理

种薯播种前最好先催芽，这样可以提前出苗，并保障苗壮、苗齐，增加每株主茎数，增强植株抗病性，促进植株早结薯。春播播期尽量提前，整薯播种。若进行切块播种，必须严格进行切刀消毒。为了获得更多小薯，种植密度一般为 10 万株/hm^2 左右。采用大行距、小株距的播种方式。合理施肥，应以充分腐熟的有机肥为主，适当增施磷、钾肥，避免过量施氮，以防茎叶徒长而延迟结薯。

种薯生产过程中应使用专用的农机具，并采取严格的消毒措施。在生育期发现病株及时拔除，同时清除病株地下部的母薯和新生块茎，并将其小心装入专用袋中，带出田外深埋，彻底消灭病毒侵染源，以防病毒进一步传播扩散。出苗后 21～28 d 即开始喷杀菌剂和杀虫剂，每 7 d 喷 1 次，每次以不同种类的农药交替喷施，以预防真菌、细菌病害及蚜虫等的危害。

（三）使用脱毒种薯

目前，通过脱毒技术生产健康种薯是防治马铃薯病毒病的最有效方法，热处理结合茎尖培养脱毒法在马铃薯上应用最广泛。使用经检测合格的试管苗进行种薯生产不仅可提高品质，同时还可使马铃薯的产量提高 30%～50%。

作为马铃薯产业链源头的脱毒试管苗（核心种苗），对生产条件的要求很高，需要在无菌的组培室中进行培养，质量指标要求也很高。种苗生产需要严格质量控制，茎尖剥离后的试管苗需要在实验室中对 6 种病毒 PVX、PVY、PVS、PLRV、PVM、PVA 和类病毒 PSTVd 进行严格的检测，检测合格后的试管苗才可以进行下一步的大量扩繁，投入生产。

（四）对种薯生产进行全程质量控制

种薯生产是马铃薯产业链条中的最重要环节，在国际马铃薯贸易中，种薯质量竞争是第一位。马铃薯种薯从种到收、从运输到储藏的整个过程都存在病害风险，因此与其相伴的全程质量控制显得非常重要。

马铃薯种薯质量控制体系在马铃薯生产发达国家如荷兰、美国、英国、加拿大和比利时等应用非常广泛，这些国家都已制定了非常严格的种薯生产体系和种薯质量检测、监督及认证体系，并拥有专门机构来检验和监督种薯质量。

近年来，我国从各地方政府到农业农村部都非常重视种薯的质量，已出台一系列的质量控制管理措施，并且随着马铃薯种薯生产体系的诞生和脱毒种薯推广应用，为控制种薯质量、规范种薯市场，与之相关的标准相继颁布并实施。GB 3243—82《马铃薯种薯生产技术操作规程》的诞生拉开了我国马铃薯种薯标准化生产的序幕。截至 2017 年底，与马铃薯种薯相关的现行行业和国家标准共 56 项，充分表明了我国要将脱毒种薯质量检测体系推向标准化、规范化的决心。目前，我国马铃薯种薯生产是在 GB 18133—2012《马铃薯种薯》质量控制下进行的。该标准对马铃薯种薯、原原种、原种、一级种、二级种和种薯批等术语进行了定义，对检疫性和非检疫性有害生物的种类进行了规定。该标准规定了各级种薯生产过程都需要进行田间检测、收货后检测和库房检测，并对各检测阶段的检测时间、取样点、取样量、检测病害种类、检测技术以及检测项目应符合的最低要求都进行了规定。最后根据三个阶段的检测结果对种薯定级，即以种薯繁殖代数为前提条件，并以同时满足三个阶段最低质量要求作为定级的标准，若任何一项参数达不到拟生产级别的质量要求，降到与检测结果相对应的质量指标的种薯级别，达不到最低一级别种薯质量指标的不能用作种薯。

我国种薯质量控制体系虽已初步形成，但国家相应法律、法规还不够完善，真正做到所有种薯生产都进行全程质量控制还有很长的路要走。

（五）防治蚜虫

蚜虫是马铃薯病毒最主要的传播介体，传播马铃薯病毒的蚜虫种类较多，其中桃蚜（*Myzus persicae*）最常见，几乎分布于各马铃薯产区。因此，在马铃薯生长季节及时防治蚜虫对提高马铃薯产量具有非常重要的作用。目前主要应用物理、化学和生物防治三种方法防治马铃薯蚜虫。

1. 物理防治 选择抗蚜性强的优良品种，从源头上有效抑制蚜虫的侵害；马铃薯在冷凉通风环境下种植，也可以有效控制蚜虫起飞和繁殖能力；加强田间管理，及时清除杂草等；选择高级别种薯，在网棚中种植；对蚜虫发生情况进行监测，随时了解蚜虫发生动态。物理防治虽然见效慢，但在某种程度上对蚜虫防治也起到了非常重要的作用。

2. 化学防治 化学药剂防蚜见效快、使用方便，可在短时间内起到防治效果，因此是防蚜首选。目前使用较广的杀虫剂有氨基甲酸酯类、有机磷类、拟除虫菊酯类、新烟碱类和抗生素类等，但由于长期使用化学药剂，已使桃蚜对多种药剂产生抗药性，此外，过多农药残余污染环境，对人类健康产生潜在危害。

3. 生物防治 生物防治就是利用一种生物对付另外一种生物的方法。大致可以分为以虫治虫、以鸟治虫和以菌治虫三大类。它是降低杂草和害虫等有害生物种群密度的一种方法。它利用了生物物种间的相互关系，以一种或一类生物抑制另一种或另一类生物。它最大的优点是不污染环境，是农药等非生物防治病虫害方法所不能比的。生物防治的方法有很多，本节中主要包括蚜虫天敌、昆虫信息素、转基因植物等。合理利用天敌是生物防治的一个重要方向，蚜虫的天敌主要有七星瓢虫、食蚜蝇、小花蝽、蚜茧蜂等；昆虫信息素控制害虫方面已经获得了明显的效果，目前应用较广的是反-β-法尼烯，它是蚜虫报警外激素主要组分，在调控植物—蚜虫和植物—蚜虫—天敌互作中起重要作用；自 1987 年报道抗虫转基因植物以来，抗蚜虫基因工程研究也取得了快速发展，研究者对 *Vat*、*Mi*、*Nr*、*Sd*Ⅰ等特异性抗蚜基因进行了筛选，得到的转基因马铃薯具有一定抗虫效果。

综上，对于马铃薯蚜虫的防治，应该将三种防治方法有机地结合起来，既避免了蚜虫抗药性的产生，同时也在一定程度上减少环境污染，降低防治成本，有效防治马铃薯蚜虫。

第二节　马铃薯类病毒病及防控

马铃薯纺锤块茎类病毒（PSTVd）是马铃薯纺锤块茎类病毒科马铃薯纺锤块茎类病毒属的代表种。该病害发现于 1922 年，1971 年被第纳尔首次分离出来，并命名为马铃薯纺锤块茎类病毒。此后，凡是类似马铃薯纺锤块茎病病原的其他高等植物疾病的病原都通称为类病毒。

一、马铃薯类病毒病简介

（一）病原

PSTVd 是一种无蛋白质外壳的单链、环状 RNA 病原，由于其碱基高度配对，因此具有非常稳定的棒状二级结构（图 4-1），能够在寄主体内进行自我复制。PSTVd 基因组长度一般为 359 nt，少数为 358 nt 或 360 nt。

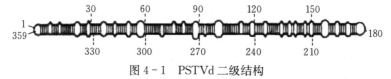

图 4-1　PSTVd 二级结构

（二）寄主范围

PSTVd 在自然条件下寄主范围相对较小，它一般能够侵染鳄梨、番茄、辣椒和马铃薯。除上述寄主之外，还有一些其他的报道。Verhoeven 报道马铃薯纺锤块茎类病毒可侵染龙栀子和大花曼陀罗。Brunschot 报道了该病害可侵染星茄藤。Yosuke Matsushita 等对 12 个属的 30 种园艺植物进行接种，结果显示，在接种的植物中有 9 种植物〔孔雀草（*Tagetes patula*）、万寿菊（*Tagetes erecta*）、金盏菊（*Calendula officinalis*）、菊花

（*Chrysanthemum morifolium*）、大丽花属（*Dahlia* spp.）、茄子（*Solanum melongena*）、辣椒（*Capsicum annuum*）、矮牵牛（*Petunia*×*hybrida*）和茼蒿（*Glebionis coronaria*）]可以被 PSTVd 侵染；此外，PSTVd 还可以侵染曼陀罗属（*Datura* sp.）、素馨叶白英（*Solanum jasminodes*）和蓝花茄（*Lycianthes rantonnetii*）等。尽管马铃薯纺锤块茎类病毒在自然状态下寄主范围较窄，但在实验室接种条件下，它可侵染 31 个科的 94 个种。

（三）传播途径

PSTVd 可以通过接触传播，在田间主要通过机械和农事操作传播。在切割马铃薯种薯时，切刀也可以传播 PSTVd。在马铃薯生产中，通过带毒种薯传播 PSTVd 是非常重要的传播方式，北美地区等根除 PSTVd 便是通过严格控制种薯质量来实现的。因此，抓好马铃薯脱毒种薯质量至关重要。在切割种薯以及农事操作过程中严格消毒对于避免 PSTVd 传播具有一定的效果。

PSTVd 还可以通过受感染的花粉或者卵细胞传递给实生种子（TPS），并能够在马铃薯野生种和栽培种的实生子内存活多年。1964 年以后，马铃薯实生子曾经被用于马铃薯生产中，在该过程中 PSTVd 被认为是降低其产量的影响因素之一。

据报道，PSTVd 不能通过桃蚜传播，但却可以通过 PLRV 的外壳蛋白的包裹而被桃蚜传播。

（四）症状及危害

由于本章主要是针对马铃薯病害，因此仅对 PSTVd 对马铃薯造成的影响加以阐述。一般来讲，马铃薯纺锤块茎类病毒侵染马铃薯的症状因马铃薯品种而异，而且与其株系和环境等因素有关。多数情况下，被 PSTVd 感染的马铃薯，植株生长受到抑制，节间缩短，植株矮化，叶片变小、皱缩、向上直立，叶柄与茎成锐角，块茎由圆形变成长形或呈纺锤形，芽眼变深或凸起，有时表皮龟裂，减产幅度一般在 10%～50%。另有报道称 PSTVd 强系可使马铃薯减产 60%，弱系使马铃薯减产 20%～35%，早期文献曾报道强系使马铃薯减产 64%等。综上，马铃薯纺锤块茎类病毒不仅可以降低马铃薯产量，同时还会影响块茎大小和外观，降低其品质。

PSTVd 不仅可以通过机械和无性繁殖材料传播，而且还可以通过花粉或卵细胞传播。因此，常规的杂交育种中使用的亲本材料如果携带 PSTVd，他们后代就很可能携带 PSTVd。所以，用于育种的种质资源或育种材料如果感染了 PSTVd，利用这些材料得到的后代也有可能携带 PSTVd，很难从中选到健康的后代进行培育。更糟糕的是，PSTVd 还很难脱除。因此，在马铃薯常规育种的过程中育种材料感染 PSTVd 对马铃薯育种工作的影响是巨大且棘手的。

刘喜才（2006）曾经利用双向聚丙烯酰胺凝胶电泳法对保存的 898 份马铃薯种质资源试管苗进行了 PSTVd 检测，结果表明有 157 份材料为阳性，检出率高达 17.4%，并且国内试管苗的带毒率高于国外的试管苗。Singh 等曾经对黑龙江省农业科学院克山马铃薯研究所（现在的黑龙江省农业科学院克山分院）的 1 700 余份马铃薯实生种子进行 PSTVd 检测，结果显示，有 52.17%的材料感染了 PSTVd。19 世纪 80 年代，也曾检测出有

40%～60%的育种材料感染了 PSTVd。

上述报道表明，PSTVd 对马铃薯育种工作已经造成了很大的影响，但仍然没能引起人们的足够重视，也没有采取有力措施避免这种影响的扩大。因此，在近些年的马铃薯育种工作中仍然发现了许多被 PSTVd 感染的育种材料，阻碍了马铃薯育种工作的顺利开展。感染 PSTVd 的材料又很难通过常规手段去脱除，因此，PSTVd 对我国马铃薯育种工作已经造成和即将造成的影响不容小觑。目前，我国马铃薯育种工作仍以常规杂交育种为主，如果马铃薯育种单位的育种材料受到 PSTVd 的威胁，无疑对马铃薯育种工作是一个巨大的阻碍。此外，马铃薯育种材料经常在各个育种单位之间流动、共享，PSTVd 有可能随着种质资源在育种单位之间传播，这可能会导致更多的资源被感染。因此，在马铃薯育种的各个环节加入 PSTVd 检测，发现感病材料并及时处理是非常必要的。另外，在育种材料繁殖或杂交等过程中做好隔离防护工作，避免 PSTVd 传播和扩散也是确保马铃薯育种工作顺利进行的重要手段。

（五）分布

PSTVd 曾在阿富汗、美国、印度、加拿大、尼日利亚以及西欧部分地区和中美洲的马铃薯上发生，并对马铃薯生产造成了很大的影响。

在我国最早关于的 PSTVd 的报道是 1960 年发生在黑龙江省的'Irish Cobbler'（'早熟白'）品种上。随后，其他地区也相继报道了 PSTVd 的发生情况。目前，PSTVd 在我国已普遍发生，在福建、内蒙古、新疆、河北、山西、甘肃和北京等省份都有发生的报道。此外，黑龙江省农业科学院植物脱毒苗木研究所在日常工作中还在黑龙江、吉林、辽宁、山东和陕西等地发现了 PSTVd 的存在。截至目前，已在我国的 12 个马铃薯产区发现了 PSTVd。

二、马铃薯类病毒病的防控

1. 建立完善的 PSTVd 检测技术体系，生产、推广健康的马铃薯种薯　到目前为止，PSTVd 还很难通过茎尖剥离、高温钝化、超低温处理或其他技术手段来汰除，因此，目前生产上最有效的办法是通过使用无 PSTVd 的种薯和严格的检疫来防控 PSTVd。在该过程中、特异性强、灵敏度高、操作方便的 PSTVd 检测技术是根本保障。

PSTVd 的检测技术目前主要有生物学方法、电子显微镜法、往返电泳（R-PAGE）法、逆转录聚合酶链式反应（RT-PCR）、核酸斑点杂交（NASH）法以及实时荧光定量 RT-PCR 法等，其具体特点见第五章第二节"种薯收获后检验"。

马铃薯种薯生产的全过程都需要经过严格的检测，其中 PSTVd 由于难以剥离，茎尖剥离周期长，因此，建议在茎尖剥离之前就对材料进行 PSTVd 检测，汰除感病材料，避免影响种薯或种苗的生产进程。

2. 培育抗性品种　对于多数病害来讲，最有效、经济、环保的防治手段是使用抗性育种，即培育抗/耐病品种，通过推广使用抗/耐病品种达到抵抗病害、减少损失的目的。使用抗病品种不但可以减少病害的发生，还可以降低农药的使用量，保护环境，生产健康的粮食，节约生产成本和劳动力。但是，由于 PSTVd 容易传播，而且耐病品种容易携带

PSTVd 而不表现出明显症状，可能会无形中增加 PSTVd 传播的风险。因此，在使用马铃薯抗性品种时需要小心谨慎，不要使抗性品种成为 PSTVd 的孵育品种，传播给其他不抗/耐 PSTVd 的马铃薯品种或者其他寄主，从而造成更严重的经济损失。

3. 利用基因工程方法 核酶（ribozyme）是催化或者特异性切割 RNA 的一类小分子 RNA，通过对 mRNA 的切割，产生抑制基因表达的作用，因此成为控制病原物基因和其他有害基因的有力手段。目前，国内外已经有很多实验室在从事利用核酶控制 PSTVd 的研究工作。该方法是应用植物基因工程技术将核酶转入马铃薯，经抗性筛选获得抗 PSTVd 侵染的基因工程马铃薯，以达到防治 PSTVd 的目的。

4. 卫生防疫 PSTVd 除通过种薯传播外，最主要的传播途径就是机械传播。在马铃薯种薯切块、田间管理、块茎的储运等过程中均能够导致 PSTVd 的传播。为了避免 PSTVd 传播，对环境和污染物表面进行严格消毒是必不可少的环节。

许多研究都表明漂白剂对马铃薯纺锤块茎类病毒科具有很好的消毒作用。T. Olivie 等研究使用 5 种消毒剂对 PSTVd 消毒效果时以漂白剂作为对照，进一步表明漂白剂对 PSTVd 具有很好的消毒效果。但与此同时，该研究还发现一些欧洲国家唯一普遍认可的消毒剂——MENNO® clean 在使用最小推荐浓度、最小推荐接触时间和中等接触时间时对 PSTVd 基本没有消毒效果。Rugang Li 等分别采用 16 种消毒剂对黄瓜花叶病毒（PepMV）、马铃薯纺锤块茎类病毒（PSTVd）、番茄花叶病毒（ToMV）和烟草花叶病毒（TMV）等在机械传播过程中的消毒效率进行了研究，结果显示：两种消毒剂——2% Virkon S 和 10%的漂白剂对 PepMV、PSTVd、ToMV 和 TMV 机械传播的消毒效率最高。

通过上述研究结果可知，在预防 PSTVd 机械传播时，可使用漂白剂对 PSTVd 污染过的物品、设备等进行表面消毒，减少 PSTVd 通过机械传播的概率。而且漂白剂对于其他常见病毒或类病毒也具有一定的防治效果，因此可用于温室等的消毒处理，防止常规病毒、类病毒的机械传播。

5. 加强马铃薯育种过程中 PSTVd 的监控，避免 PSTVd 在育种过程中传播 在马铃薯育种过程中，PSTVd 主要有以下几个来源。

(1) 种质资源带毒。 为了更好地开展马铃薯育种工作，扩大种质资源的遗传基础，培育优良品种，与国内外同行进行种质资源的交流是广大育种工作者都经常采用的方法。但在这个过程中如果没有经过严格的检验检疫就有可能通过这些种质资源传播 PSTVd。

(2) 保存资源时交叉污染。 一旦种质资源中有 PSTVd 携带者，在保存资源时（种植保存或者试管苗快繁保存）如果不进行严格的隔离、消毒，就有可能通过机械传播等方式传播 PSTVd。

(3) 杂交传播。 目前，杂交育种仍然是马铃薯育种的主要手段，但 PSTVd 能够通过卵细胞或花粉传播给下一代，因此，如果亲本带毒，则后代就有可能也携带 PSTVd。

为了确保马铃薯育种工作不受 PSTVd 干扰，针对以上几种情况，应做到以下几点：①在进行资源交换之前对马铃薯种质资源进行检验检疫，避免 PSTVd 通过资源交换传入；②在保存资源时做好隔离防护措施，不同的资源之间尽量隔离保存，避免交叉污染；③如果发现 PSTVd 的存在，应尽可能对手头的全部马铃薯资源进行 PSTVd 检测，淘汰感染 PSTVd 的材料，避免 PSTVd 继续传播，造成更严重的危害；④主观重视，这点非常重要，由于以往对 PSTVd 没有足够的重视，导致 PSTVd 已经对马铃薯育种工作造成了很大的困扰，若继续忽视 PSTVd 的存在而不采取必要措施，则 PSTVd 可能会给马铃薯育种工作带来更大的麻烦。

第三节　马铃薯主要真菌性病害及防控

真菌性病害是马铃薯的一种侵染性病害，能相互传染，有侵染过程，病原物一般都是寄生性真菌。真菌性病害的种类很多，在我国属于广泛分布的病害。真菌性病害种类占全部马铃薯病害的 70% 以上，可使马铃薯产量降低、失去商品价值，造成很大的损失，严重影响马铃薯生产安全。

一、马铃薯晚疫病

马铃薯晚疫病是目前危害马铃薯生产最严重的病害之一。其病原菌最早在德国发现，但据推断，晚疫病在马铃薯的原产地墨西哥早已存在，并随着马铃薯的传播而扩散。而且研究者发现在墨西哥马铃薯晚疫病同时存在两种交配型，并具有广泛的遗传变异，并且在墨西哥的茄属植物种间，抗病性遗传变异非常显著。所以，普遍认为其病原菌最初起源于墨西哥。

（一）病原

马铃薯晚疫病病原为致病疫霉（*Phytophthora infestans*），属于霜霉科、疫霉属。菌丝无隔，在寄主细胞间生长，以吸器伸入寄主细胞内吸取养料。病斑上的白霉即为病菌的孢囊梗和孢子囊。孢囊梗分枝，每隔一段着生孢子囊处具膨大的节。孢子囊柠檬形，大小 $(2\sim38)$ $\mu m\times(12\sim23)$ μm，一端具乳突，另一端有小柄，易脱落，在水中释放出 $5\sim9$ 个肾形游动孢子。游动孢子具鞭毛 2 根，失去鞭毛后变成休止孢子，萌发出芽管，又生穿透钉侵入寄主体内。菌丝生长最适温度 $20\sim23\,℃$，孢子囊形成最适温度 $19\sim22\,℃$，$10\sim13\,℃$形成游动孢子，温度高于 24 ℃ 时，孢子囊多直接萌发，孢子囊形成要求相对湿度高。

（二）症状

马铃薯晚疫病可发生在马铃薯的根、茎、叶、花、果实上，但最典型、最常见的症状是叶片和块茎上的病斑。

叶片上病斑的形态多种多样，它因温度、水分、光照度和寄主品种的不同而不同。开始的典型症状为形成小的、灰暗至黑绿色的、不规则形状的斑点，并且轮廓不明显。随着病斑的扩大，在其周围出现淡绿色至黄色晕圈，中间变成暗褐色，形成孢子囊和孢囊梗的白色霜霉，多半在病斑边缘、叶片的背面出现。气候潮湿时，病叶呈水浸状软化，病斑扩展蔓延极快。感病品种的叶面全部或大部分被病斑覆盖，迅速发展成大的、褐色至紫黑色的坏死病斑。该病斑可使整个叶片死亡，并通过叶柄传播到茎，最后杀死整个植株。

在茎和叶柄上常表现为纵向发展的褐斑的症状，造成叶丛的枯死；气候潮湿时，也可在病斑上产生白色霉轮。病害严重时，在干旱条件下表现全株枯死，多雨条件下整株腐败而变黑。

在田间，被晚疫病严重侵染的马铃薯植株，散发出一种特殊的气味。这种气味主要来自马铃薯叶片组织迅速分解的产物。

块茎感病时，表面形成形状不规则、大小不等、稍微凹陷的褐色斑。在病斑切面处，可见马铃薯皮下组织呈红褐色、干的、颗粒状的腐烂状态，变色区域的大小和厚薄，依发病程度不同而不同。侵染的深度与侵染时间长短、品种抗病性和温度、湿度等条件有关。侵染时间长，温湿度适于病原菌生长发育，侵染深；感病品种侵染程度较抗病品种深。健康的组织与发病组织之间没有明显的界线，细小、褐色的足状病变由外向内逐渐伸入块茎。在冷凉、干燥的储藏条件下，块茎的病斑发展较为缓慢，如果没有其他杂菌的感染，只表现为组织变褐色，是晚疫病的干腐型，几个月后，可以形成轻微的凹陷。当温度较高、湿度较大时，病变可蔓延到块茎内的大部分组织，此时，次生微生物（细菌和真菌）经常随着致病疫霉的侵染而侵入组织，导致块茎部分或完全被破坏，此种情况为湿腐型，并出现复杂的特征，想确定腐烂的主要原因很困难。

（三）发病规律

晚疫病是一种典型的真菌性病害，种薯带菌，土壤一般不带菌。病菌主要以菌丝体在块茎中越冬，成为下一季主要初侵染源。播种带菌薯块，导致种薯不发芽或发芽后出土即死去，或出苗后病菌再经维管束进入植株，引起地上部发病，成为中心病株，病部产生的孢子囊借气流传播进行再侵染，形成发病中心，导致该病由点到面，迅速蔓延扩大。病叶上的孢子囊还可随雨水、灌溉水或昆虫传播，经伤口侵入致病，后期病株上的病叶又从地上茎传到块茎上。病菌也可渗入土中侵染正在生长的块茎，即形成病薯，成为翌年主要侵染源。

近年研究表明，晚疫病交配型卵孢子，在恶劣环境条件下的土壤及残体中也能存活，接触土壤的叶片常首先被侵染，这就增加了一个初侵染源，给晚疫病防治带来更大难度。

马铃薯晚疫病属于低温高湿型病害，病菌喜日暖夜凉、高湿条件，相对湿度95%以上，19～22℃条件下，有利于孢子囊的形成，冷凉（10～13℃保持1～2 h）又有水滴存在，孢子囊萌发产生游动孢子，温暖（24～25℃持续5～8 h）有水滴存在，孢子囊直接产出芽管。当条件适于发病时，病害可迅速爆发，从开始发病到田间枯死，最快不到15 d。此病在多雨年份容易流行成灾，忽冷忽暖，日暖而不超过24℃，夜凉而不低于10℃，多露、多雾或阴雨，相对湿度90%以上时，有利于发病，病害极易流行。马铃薯现蕾开花阶段是晚疫病侵染发生与流行的重发期，储藏期病菌通过病健薯接触，经伤口或皮孔侵入使健薯染病，窖内通风不好、湿度大，利于病情扩展。

近年一些专家研究发现，马铃薯晚疫病可以在马铃薯生长各个时期发生，病害流行需高湿、凉爽的环境条件。有时虽发现中心病株，但由于天气干旱，空气干燥，相对湿度低于90%或不能连续超过90%，则不能形成流行条件，被侵染的叶片枯干后病菌不会蔓延造成大面积流行。晚疫病菌流行条件具体如下。

1. 品种的抗病性较差　品种抗病性较差是马铃薯晚疫病的发生原因之一，马铃薯不同品种对晚疫病的抗病力有很大差异，一般株型直立、叶片具有茸毛的较抗病，积极选育和推广种植抗病品种是防治晚疫病的重要措施。

2. 种薯带菌 带菌种薯播种后，病菌在土壤中扩散传播给其他植株，或通过耕作、雨水侵染其他植株，逐渐形成发病中心。病株上的孢子囊落到地面随水进入土壤中，侵染块茎，使薯块感病。北方马铃薯主产区晚疫病的初侵染源主要是带菌种薯，温室、大棚番茄发生的晚疫病，可能成为当地马铃薯晚疫病的初侵染源。

3. 重茬种植 重茬会使在土壤中和病残体上越冬的病原菌第二年继续侵染马铃薯，是马铃薯晚疫病的发生原因。

4. 地块选择不当 地势低洼、排水不良、土壤黏重的地块有利于晚疫病的发生流行。

5. 栽培管理不当 整地质量差、偏施氮肥、群体密度偏大、田间通透性差，管理粗放，植株长势瘦弱，农民群众对马铃薯晚疫病危害认识不到位，忽视预防或错过预防时期是马铃薯晚疫病发生流行的重要原因。

（四）马铃薯晚疫病综合防治

1. 选用抗病品种 目前推广的抗病品种主要有中薯3号、克新1号、克新13号、克新18号、坝薯10号、冀张薯3号等多个脱毒品种，具有较强抗病能力，晚疫病流行年，受害较轻，在一定程度上有效抑制晚疫病蔓延。这些品种可因地制宜选用。

2. 选用无病种薯，减少初侵染源 做到收获后放于室内阴凉通风处摊开2~3 d，使薯皮伤口愈合。储藏前去掉块茎表面泥土，剔除病薯、畸形薯和受伤薯块，贮存在通风、干燥的室内，堆放厚度不超过50 cm，表面用麻袋等不透明物遮盖。冬藏入窖、出窖、打破休眠、切块等过程中，每次都要严格剔除病薯，有条件的要建立无病留种地，无病菌薯块留种。播种前用药剂拌种，一般每100 kg种薯用2.5%咯菌腈悬浮种衣剂50 mL，均匀喷施在薯块表面。

3. 加强病害监测预警 通过建立不同区域气候模式的病害预测系统，增强防治马铃薯晚疫病的预见性和计划性，及时发布病情发展趋势，避免盲目施药，降低生产成本，减少化学药剂对环境的压力，提高防治工作的经济效益、生态效益和社会效益，使之更加经济、安全、有效（图4-2）。每年可针对当年气候状况和气象预报，确定马铃薯晚疫病防治的时期、重点区域、主推药剂等；在马铃薯现蕾前后要对田间仔细调查，查看有无病株出现。发现病株，及时报告，统一组织处理。对初发病区，只感染叶片的要摘除病叶，严重的要拔除病株，集中带出地外埋掉或烧毁。一般在相对湿度90%以上，最低气温不低于7 ℃，最高气温不超出30 ℃，持续时间在10 h以上时，田间就有可能出现中心病株。中心病株出现后，如仍保持日暖夜凉的高湿天气，病害便会很快蔓延至全田。发现中心病株后，立即拔除处理，并在距发病中心30~50 m的范围内，每公顷用72%霜脲·锰锌可湿性粉剂1 200~1 500 g兑水由外向内喷雾，封闭中心病区。中心病区处理后，及时全田加密喷药，控制病害发展蔓延。喷药时做到仔细周到，宁重勿漏，喷药人员出地走同一条路线退行，边退行边喷药，出地后鞋、裤喷药消毒，防止人为传播菌源。

4. 加强栽培管理 选择土质疏松、排水良好的地块，降雨后及时排水，以降低田间湿度，创造不利于病害发生的环境条件，有效控制病害的发生和流行。适期早播，促进植

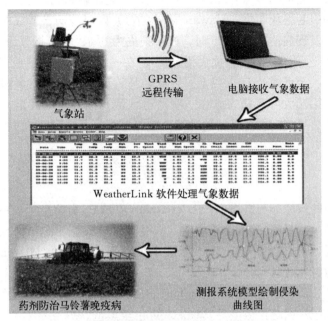

图 4-2　马铃薯晚疫病预测预报流程

株健壮生长，增强抗病能力。改平作为起垄种植，合理密植，有效改善田间小气候，增强通风透光性。中耕培土 2~3 次，避免块茎裸露，减少游动孢子囊对块茎的侵染。

5. 实施统防统治，提高防治效果　坚持以防为主、防治结合、统防统治的原则，分期全面防控马铃薯晚疫病。苗期在齐苗后，当苗高 15 cm 左右时，应用保护性杀菌剂，每公顷选用 75％代森锰锌可湿性粉剂 2 250 g 兑水 600 kg 喷防；现蕾期应用保护加治疗药剂，每公顷可选用 58％甲霜·锰锌可湿性粉剂 1 500 g 或 72％霜脲·锰锌可湿性粉剂 1 500 g；花期每公顷可选用 69％烯酰·锰锌可湿性粉剂 1 500 g 或 72.2％霜霉威盐酸盐水剂 750~900 mL，间隔 7 d 防治一次，连喷 2~3 次。如马铃薯晚疫病大面积发生，用药剂量上可增加 15％。为减少抗药性，可多种药剂交替使用。

6. 马铃薯"一喷三防"措施　马铃薯现蕾后，若早疫病、晚疫病、二十八星瓢虫等病虫害混合发生，应用"一喷三防"技术统防统治，即采用杀菌剂、杀虫剂、微肥混合喷施，一次施药兼治多种病虫害，降低防控成本，达到节药、防病、防虫、防早衰之目的。杀虫剂每公顷可选用 4.5％高效氯氰菊酯乳油 375 mL 或 10％吡虫啉可湿性粉剂 450 g。杀菌剂每公顷可用 72％霜脲·锰锌可湿性粉剂 1 500 g 或 58％甲霜·锰锌可湿性粉剂 1 500 g 或 69％烯酰·锰锌可湿性粉剂 1 500 g 或 43％戊唑醇悬浮剂 150 mL，微肥每公顷加入 99％可溶性磷酸二氢钾 1 500 g，兑水 600 kg 混合喷雾，安全间隔期10 d 以上。

二、马铃薯早疫病

马铃薯早疫病是马铃薯生长过程中最常见的病害之一，是一种真菌病害，在世界马铃薯种植区域普遍发生，随着全球气候变化，近年来其危害程度呈上升趋势。该病害危害叶片、茎和薯块，可以造成马铃薯叶片提早衰老变黄，进而影响光合作用，影响产量；也可以在马铃薯贮存期引起薯块腐烂。Haware 等（1971）曾对该病害造成的马铃薯产量损失进行了系统研究，发现病情指数为 25 时，产量损失为 6%；病情指数为 50 时，产量损失为 20%；病情指数达到 100 时产量损失为 40%；在一般发病年份造成马铃薯减产 5%～10%，严重的年份甚至可减产 50% 以上。因此，马铃薯早疫病在很多国家被认为是仅次于马铃薯晚疫病的第二大叶部病害。在一些严重地区其危害程度甚至与马铃薯晚疫病相当。在我国，马铃薯早疫病在各马铃薯种植区域每年都有不同程度的发生和危害，造成了严重的经济损失。

（一）病原

马铃薯早疫病的病原为茄链格孢（*Alternaria solani*）。分生孢子梗单生或丛生，长不超过 110 μm，宽 6～10 μm。分生孢子单生，倒棍棒形至长椭圆形，淡金黄褐色至榄褐色，具长喙，表面光滑，9～11 个横隔膜，0 至数个纵隔膜，（150～300）μm×（15～19）μm。喙长等于或长于孢身，有时有分枝，喙宽 2.5～5 μm。培养特征变化大，大多数分离菌株在人工培养基上生长良好，但不易产生分生孢子。照射、菌丝体受伤或在营养较少的培养基上可产生分生孢子。菌落扩散呈毛发状，灰褐色至黑色。

（二）症状

马铃薯早疫病主要发生于苗期和植株生长期，主要危害马铃薯的叶片、叶柄和块茎。各部位症状如下。

（1）叶部。首先，在植株下部叶片或老叶上产生小的、近圆形、褐色至深褐色病斑，病斑可迅速扩大，其上产生黑色同心轮纹和少量黑色霉层。严重时，整个病斑相互连接，但受叶脉限制呈三角形或不规则形，最后穿孔，叶片变黄，干枯，脱落（图 4-3）。

（2）茎部。叶柄受害，多发生于分支处，病斑褐色，线条形，稍凹陷，扩大后呈灰褐色长椭圆形斑，有轮纹（图 4-4）。

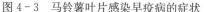

图 4-3　马铃薯叶片感染早疫病的症状　　　　图 4-4　马铃薯茎部感染早疫病的症状

（3）块茎。块茎受害，产生暗褐色，稍凹陷，圆形或近圆形病斑，大小不等，有的病斑，直径可达 2 cm。边缘明显，皮下呈浅褐色、海绵状干腐，深度一般不超过 6 mm，在老化的病斑上，可以产生裂缝。在储藏期间病斑可增大，块茎皱缩（图4-5）。

（三）发病规律

病菌以菌丝体和分生孢子在病薯上、土壤中的病残体或其他茄科植物上越冬，并可保持一年以上的生命力。翌年马铃薯种薯发芽，病菌即开始侵染，病菌通过表皮、气孔或伤口直接侵入叶片或茎组织。在生长季节的早期，初侵染发生在较老的叶片上，然后是幼嫩的组织。然而，活跃的幼嫩组织和重施氮肥的植

图4-5　马铃薯块茎感染早疫病的症状

物，可不表现症状。在许多地方，早疫病是一种重要的衰老植株的病害。早疫病菌在马铃薯植株上产生的分生孢子很容易脱落，并借助风、雨或昆虫携带向四周传播。条件适宜时，病菌潜育期极短，5～7 d后即可产生新的分生孢子，引起重复侵染，经过多次再侵染造成病害流行。未成熟块茎的表面容易被侵染，相反成熟块茎的表面较抗病。通过成熟块茎表皮的侵染，一般是从伤口侵入。在秧蔓死亡和起薯之间三四天，或更长的时间，块茎的抗性显著提高。

早疫病发生与气象条件的关系，虽然没有晚疫病那么密切，但也与气候条件有很大关系。较高的温度和湿度有利于发病。通常温度在15 ℃以上，相对湿度在80%以上时开始发病，25 ℃以上时只需短期阴雨或重露，病害就会迅速蔓延。因此，7—8月雨季温湿度合适时易发病，若这期间雨水过多、雾多或露水多，发病重。在湿润和干燥交替的气候条件下，该病害发展最迅速。

植株在不同生育期抗病性不同。苗期至孕蕾期抗病性强，始花期开始抗性减弱，盛花期至生长期抗性最弱。品种抗病性有很大差异，但无免疫品种。一般早熟品种易感病，晚熟品种通常比较抗病。

温度对块茎发病的影响较大，储藏在5～7 ℃或25 ℃条件下的块茎，病害发生缓慢；13～16 ℃最适合于块茎早疫病的发展。沙质土壤、肥力不足、肥料不平衡（如缺锰）、生长衰弱的田块，都会导致早疫病发病加重。过早过晚栽种、氮磷肥过量会提高感病性，多施钾肥可提高抗病性。收获时机械损伤多、储藏期温度偏高（10 ℃以上）的薯块，发病重。

（四）防治措施

防治策略以选用抗病品种、增强地力、加强栽培管理提高马铃薯抗性为基础，积极采取有效的化学防治方案，尽量减少薯块受伤以及及时清除田间病残体等。

1. 使用健康种薯，尽量选用早熟抗病品种，适时提早收获　尽管没有免疫的品种，但不同品种间对早疫病的感病程度不同，如东农303、晋薯7号等较抗病。在种薯出库和播种前，进行严格的种薯质量检测，及时汰除感染马铃薯早疫病的块茎，选用健康

种薯，减少初侵染源。由于早疫病多发生在老叶上，因此，尽量选用一些早熟和抗病的品种，如果能提早收获，避开该病病原菌大发生的时期，则可以大幅降低该病害的发生和危害。

2. 采取合理的化学防治措施 在植株封垄时结合预防晚疫病喷施 80％代森锰锌，1 500 g/hm²。发病初期喷施内吸性专用杀菌剂，如 32.5％苯甲·嘧菌酯悬浮剂 600 mL/hm²、10％苯醚甲环唑水分散粒剂 1 050～1 500 g/hm²、25％丙环唑乳油 150 mL/hm² 等。每隔 7～10 d 喷 1 次，连续防治 2～3 次。值得注意的是，由于苯醚甲环唑和丙环唑对植株生长有一定抑制作用，因此，苯醚甲环唑和丙环唑要在封垄后使用。

3. 加强栽培管理 清理田园，掩埋植株病残体，以减少侵染菌源，延缓发病时间。选择土壤肥沃的高燥田块种植，由于植株的营养水平直接影响到植株对早疫病的抗性，因此，尽量选择土壤肥沃、有机质含量丰富的地块，同时增施有机肥，可提高马铃薯自身的抗病能力。植株生长期间，加强管理，增施钾肥，及时灌溉促进植株生长健壮。

4. 合理贮运 收获充分成熟的薯块，薯块成熟后收获、包装和运输过程中，尽量减少块茎受伤，病薯不入窖，储藏温度以 4 ℃为宜，不可高于 10 ℃，并且要通风换气。

三、马铃薯干腐病

马铃薯干腐病是一种世界性的马铃薯收获后真菌病害，可导致薯块在储藏期间高度腐烂，影响其商品价值。薯块感染干腐病后可导致减产 6％～25％，严重时可达 60％。马铃薯干腐病在我国发生较普遍，在某些地区危害十分严重。据调查，华北地区马铃薯储藏期间干腐病发病率为 9％，是当地窖储期间的主要病害。甘肃定西马铃薯储藏期块茎干腐病已成为造成损失的主要病害，平均损失率为 20.6％。内蒙古乌兰察布市、呼和浩特市等马铃薯主产区干腐病发生率达 16％～60％，个别严重地块发病率达 78％，减产 10％～30％。我国北方马铃薯窖藏时间长，所以马铃薯干腐病问题尤为严重，直接影响了马铃薯的商品价值，是制约马铃薯产业发展的重要问题。

（一）病原

马铃薯干腐病的主要致病菌为镰刀菌（*Fusarium* spp.），几乎存在于世界各个角落。1809 年 Link 首先从锦葵科（Malvaceae）植物上发现第一株镰刀菌，定名粉红镰刀菌（*F. roseum*）。它可引起广泛的植物病害，常见症状有腐烂、枯萎、猝倒、萎蔫等。

世界范围内能够引起马铃薯干腐病的镰刀菌有十几种之多，且不同地区镰刀菌的种类也不同，其致病力也有所差异。研究表明，茄病镰刀菌（*F. solani*）（图 4 - 6）和接骨木镰刀菌（*F. sambucinum*）（图 4 - 7）在块茎中发生率最高。目前我国能够引起马铃薯干腐病的镰刀菌多达十几种。甘肃地区马铃薯干腐病主要致病菌种包括：接骨木镰刀菌、茄病镰刀菌和黄色镰刀菌（*F. culmorum*）。浙江地区马铃薯干腐病主要致病菌种包括：茄病镰刀菌及其变种、串珠镰刀菌（*F. moniliforme*）及其变种和拟丝孢镰刀菌（*F. trichothecioides*）。内蒙古地区马铃薯干腐病主要致病菌种包括：接骨木镰刀菌和茄病镰刀菌蓝色变种。河北省的优势种群为接骨木镰刀菌和锐顶镰刀菌（*F. acuminatum*），发生频率分别为 50％和 48.68％。黑龙江地区的马铃薯干腐病主要致病菌种包括：拟枝孢镰刀菌（*F. sporotrichioides*）、接骨木镰刀菌、拟丝孢镰刀菌、燕麦镰刀菌（*F. avenaceum*）和茄病镰刀菌蓝色变种。

图 4 - 6　茄病镰刀菌蓝色变种菌落形态及分生孢子

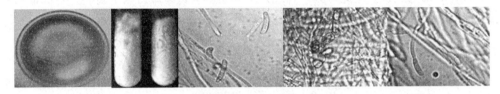

图 4 - 7　接骨木镰刀菌菌落形态及分生孢子

（二）症状

干腐病在块茎上的症状一般是储藏一个月后才开始显现，薯块表皮会出现水浸状褐色小斑点，同时在皱状斑点周围出现白色、粉色或蓝色的小疱。随着侵染时间的延长，块茎受侵染部位颜色开始变化，同时开始出现病斑。病斑不断扩大，薯皮形成折叠状，腐烂部位的菌丝体常常紧密地交织在一起，其上着生白色、黄色或粉红色的孢子堆。干腐病在薯块上常发生在脐部，薯肉逐渐变成褐色，当块茎干燥后，病健交界处出现褐色粒状组织，并伴有白色菌丝，块茎中央形成空腔（图 4 - 8）。

图 4 - 8　马铃薯块茎感染马铃薯干腐病的症状

当窖储湿度较小或温度较低时，块茎严重发病部位首先呈海绵状，逐渐变成粉末状，直至整个块茎干瘪皱缩。受镰刀菌干腐病危害的块茎病斑处易受其他腐生真菌或细菌的二次侵染，造成病薯快速腐烂。特别是当储藏环境较潮湿时，薯块病斑处很容易造成软腐病的发生。种植被镰刀菌感染的块茎，在田间会出现不发芽、块茎腐烂或者植株出现萎蔫的症状。

镰刀菌不仅影响马铃薯块茎的产量和品质，还产生多种次生代谢产物，分泌多种毒素，在侵染致病过程中对植物组织细胞具有毒害作用，更重要的是还可毒害人畜。玉米赤霉烯酮、单端孢霉毒素、串珠镰刀菌毒素等常见于粮食中，被禾谷类镰刀菌、串珠镰刀菌、尖孢镰刀菌等侵染后的谷物人畜误食后会出现中毒症状。拟枝孢镰刀菌（*F. sporotrichioides*）和梨孢镰刀菌（*F. poae*）等侵染谷物后，产生的拟镰刀菌素可侵害血液系统，导致白细胞和血小板含量急速降低。如果牲畜食用被侵染的草料后，会出现失重、驼背、烂蹄等症状。由此可见，合理预防和防治马铃薯镰刀菌干腐病，对保证马铃薯种薯和商品薯储藏质量和品质，推进马铃薯产业健康发展具有重要的意义。

（三）发病条件及流行规律

马铃薯干腐病的病原菌可通过空气、水流、机械设备等进行传播，主要初侵染源来自土壤，病原菌可越冬并长期存活，在土壤中可以存活5～6年，部分病原菌可存活10年以上，其侵染能力不会随时间推移而减弱，厚垣孢子和菌核通过牲畜消化道后仍具有活力。薯块播种在被感染的地块时，薯块伤口与病原菌接触后极易被感染，导致植株田间生长缓慢、瘦弱，最终枯萎直至死亡。直接播种带菌的薯块，田间会出现薯块不发芽、腐烂的现象或者植株出现萎蔫的症状。如果块茎上沾有被污染的土壤，会通过运输和收获等途径进行传播。欧美国家均对马铃薯干腐病检测进行了严格的控制，但我国尚未将马铃薯干腐病检测列入马铃薯种薯质量检测体系中，基于以上原因马铃薯干腐病的危害一直很难控制。

（四）防治措施

马铃薯干腐病可通过种植健康的脱毒马铃薯种薯、控制储藏和运输环境、选育抗性品种、生物防治、化学防治以及采用有机和无机盐类、多糖类物质和植物源抑菌剂等方法进行预防和控制。

目前较为常用的方法是化学防治，药剂主要有噻菌灵、多菌灵、拌种咯、抑霉唑和咪鲜胺等。其中噻菌灵使用最为广泛，但研究显示大部分镰刀菌已对其产生耐药性，接骨木镰刀菌表现得最为显著。化学药剂的施用只能减轻马铃薯块茎干腐病的危害程度，不能完全控制病害，还会导致病原物产生抗药性，同时严重威胁人类健康和环境的可持续性发展。

生物防治是指通过一种或一类生物抑制病害的方法。通过使用拮抗微生物来控制植物病害，它的最大优点是对环境无污染，是其他非生物防治法所不能比的。利用马铃薯干腐病拮抗放线菌无菌发酵液（JY-22SFB）对茄病镰刀菌进行处理，发现对菌丝生长和孢子萌发均有很强的抑制作用。

四、马铃薯灰霉病

马铃薯灰霉病属真菌性病害，可侵染叶片、茎、块茎，是危害马铃薯的主要病害之一。

(一) 病原

马铃薯灰霉病病原为灰葡萄孢 (*Botrytis cinerea*),分生孢子梗多分枝,顶端膨大,产生葡萄穗状丛生的分生孢子;分生孢子球形至卵形,单细胞,无色或浅褐色,大小 (7~10) $\mu m \times$ (6.5~10) μm;在培养基上易形成菌核,菌核不规则形,黑色,坚硬。刺伤接种,薯块发病。

(二) 发病症状

叶片发病时,叶尖或叶缘出现褐色水渍状病斑,多呈 V 形逐渐向内扩展,有的病斑上隐约有环纹。

茎发病后,出现条状褪绿色病斑,湿度大时病斑上密生大量灰霉层,发展后病斑碎裂、穿孔。块茎发病后,通常收获前不十分明显,但在储藏期迅速蔓延扩展,发病组织皱缩萎蔫,病部逐渐变为灰黑色,后期病部腐烂,呈褐色,伤口、芽眼处有霉层,湿度较低时呈干燥性腐烂。

(三) 发病规律

病菌以菌丝体及分生孢子在土壤、种薯、病残体上越冬,成为初侵染源。翌年条件适宜时借助气流、雨水、灌溉水、昆虫、农事活动进行传播,从伤口、病残组织侵入,可多次再侵染,引发病害的蔓延。

适宜发病的温度为 16~20 ℃,相对湿度 95% 以上,连茬连作、过于密植、低温高湿、冷凉阴雨等情况下发病率高且病情重。

(四) 防治措施

灰霉病的防治应遵循农业防治与药物防治相结合的原则。

1. 农业防治 选择抗病稳产的优良品种,尽量减少种薯伤口。精细整地,清除作物病残体,减少病源。提前做好种植计划,避免连茬,可与粮食、花生等作物实行轮作。适时播种或收获,尽量避开冷凉气温。控制好田间密度,科学浇水施肥,根据本田情况适量增施钾肥,促进植株长势,以提高其自身的抗病能力,减少病害的发生。

2. 药物防治 发病初期可用 60% 福美双可湿性粉剂、50% 乙烯菌核利可湿性粉剂或 65% 甲硫·乙霉威可湿性粉剂等喷施防治。

五、马铃薯立枯丝核菌病

由立枯丝核菌引起的马铃薯立枯丝核菌病又称马铃薯茎溃疡病、马铃薯黑痣病,是马铃薯生产上最具威胁的土传病害之一,这种病害不仅能在马铃薯苗期对其芽眼、匍匐茎、地下茎等多个部位造成危害,引起溃疡等症状,降低产量,而且可以在块茎表面形成黑痣、裂口等症状,严重影响其后期的商品性,造成巨大经济损失。但由于我国马铃薯生产者缺乏对该病的基本了解,加之病害在我国报道较少,生产者往往无视其苗期对产量的危害和忽视收获期对商品性的影响,致使该病发生呈逐年加重之势。

（一）病原

1. 生物学特性 病原立枯丝核菌（*Rhizoctonia solani*）属有丝分裂孢子真菌。立枯丝核菌初生菌丝无色，后变为褐色，粗细较均匀，直径为 4.98～8.71 μm。分隔距离较长，主枝分隔距离为 92.13～236.55 μm。分枝呈直角或近直角，分枝处大多有缢缩，并在附近生有一隔膜。新分枝菌丝逐渐变为褐色，变粗短后纠结成菌核。菌核初白色，后变为淡褐色或深褐色，大小 0.5～5 mm，多数为 0.5～2 mm，菌丝生长最低温度为 4 ℃，最适温度为 23 ℃，最高温度为 32～33 ℃，34 ℃时停止生长。菌核形成的最适温度 23～28 ℃。

有性阶段为瓜亡革菌（*Thanatephorus cucumeris*），属担子菌亚门。自然条件下不常见，仅在酷暑高温条件下产生。担子无色，单胞，圆筒形或长椭圆形，顶生 2～4 个小梗，每个小梗上产生 1 个担孢子。担孢子椭圆形，无色，单胞，大小为 (6～9) μm×(5～7) μm。除马铃薯外，还可危害甜瓜等 160 多种植物。

2. 融合群 立枯丝核菌无性阶段属于复合种，在独立进化发展中主要以融合群进行划分。目前国际公认的已知融合群类型为 14 种，被命名为 AG-1～AG-13 和 AG-BI。对于马铃薯来说，一般情况下 AG-3 是可引起马铃薯丝核菌病害的优势融合群类型，但在一些气候温暖的地区，AG-4 也可以成为优势融合群类型。同时，AG2-1、AG-5、AG-8、AG-9 等融合群类型也均有危害马铃薯的相关报道。我国对马铃薯丝核菌融合群的研究报道较少，直到 2010 年后才陆续有相关报道刊出，如田晓燕等对马铃薯黑痣病融合群进行了相关研究，认为 AG-3、AG-1-IB 及非融合类均可侵染马铃薯。王宇等对内蒙古和河北两省马铃薯黑痣病病样分离得到 9 个融合群，其中 AG-3 为主要致病融合群，其次是 AG2-1 和 AG4-HG-II。李晓妮等对我国北方 6 省的 300 份马铃薯黑痣病立枯丝核菌样品的融合群鉴定结果同样证明 AG-3 为优势致病融合群，但其次是 AG4-HG-I 所占比例较高。这也说明随着我国马铃薯产业的发展，日趋严重的马铃薯立枯丝核菌病害已引起人们的重视和关注。

3. 不同融合群的致病性研究 近年来研究表明，不同融合群的立枯丝核菌侵染马铃薯引起的症状和严重度不同。AG-1 由地下茎侵入后蔓延至茎基部及块茎，产生坏死斑和菌核；AG-2 致病性较弱，主要危害茎基部，形成的病斑被坏死反应限制而不能迅速扩展，Woodhall 又研究得出 AG2-1 有 3 种不同的基因型［AG2-1 (510 bp)、AG2-1 (550 bp)、AG2-1 (570 bp)］，其中 AG2-1 (550 bp) 的致病性较强，能产生严重的茎和匍匐茎坏死，其余的 2 种致病性较弱，仅在茎上产生较小的病斑；AG-3 能侵染茎、匍匐茎及块茎，致病性较强，在 PDA 培养基（马铃薯葡萄糖琼脂培养基）和田间块茎上产生的菌核都比 AG2-1、AG-5 多；AG-4 由地下茎、茎基部侵入危害，引起茎基部病斑；AG-7 能侵染茎、匍匐茎和块茎，但是不能侵染根；AG-8 只能侵染根部。

（二）症状

该病原菌最早于 1858 年由 Kühn 发现并命名，目前，加拿大、法国、日本、墨西哥、澳大利亚、英国、美国等很多国家都有该病发生、危害的报道，大发生年份薯块发病率可达 100%，产量损失达 50% 以上，严重降低了马铃薯的产量和品质，成为一种主要的世界性病害。

我国最早于 1922 年和 1932 年分别在台湾和广东陆续发现过此病，当时由于该病对马铃薯危害不重，并未引起人们的重视。之后河北、吉林、甘肃、内蒙古等省份虽也有过此病发生危害的记载，但未曾有过对此病的系统研究报道。

立枯丝核菌主要危害马铃薯植株的茎基部、块茎等部位，呈现多种症状。危害幼芽症状见图 4-9A，顶端出现病斑，生长点死亡，从而影响马铃薯幼苗生长，此时常在土表部位再生气根，并有气生块茎出现；危害茎基部症状见图 4-9B；土壤湿度较大时，茎基部表面会产生菌丝层，白色粉状，见图 4-9C，这是病原菌的有性阶段，粉状很容易被抹掉，且下部组织是完好的；危害块茎症状见图 4-9D，表面形成许多大小、形状不规则的黑色菌核，不易被冲洗干净，降低品质。

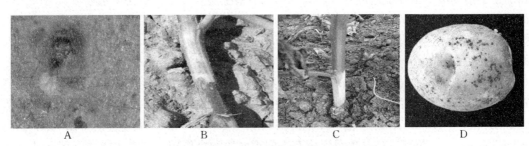

图 4-9 立枯丝核菌危害症状

A. 危害芽眼 B. 茎基部症状 C. 有性阶段症状 D. 薯块表面危害形成黑痣

（三）发病条件及流行规律

立枯丝核菌以菌丝和菌核在马铃薯块茎上、土壤中或病残体上越冬，翌年春季当温度、湿度条件适宜时，菌核萌发，开始侵染马铃薯幼芽、根、地下茎和匍匐茎，生长后期在块茎上形成菌核。在田间可通过风、雨水、流动水或农事操作进行近距离的传播，远距离传播主要由于是带菌的种薯。

关于病害菌源问题也有一些不同的看法，有的认为土壤带菌是病害发生的主要原因，有的认为种薯带菌是主要原因，还有的认为在病害发展过程中两者都很重要，种薯带菌在马铃薯生长初期主要侵染芽，土壤带菌主要是对匍匐茎造成伤害，二者都增加块茎上菌核的严重度。还有研究认为种子带菌率低于 15% 时，不会发生严重的茎腐。

该病害的发生，受环境因素影响较大，Adams 认为环境是影响茎腐发生的重要因素。有的认为低温高湿发病重，高温干旱不发病，Simons 等研究发现茎腐的发生在干旱条件要重于潮湿条件。

（四）防治措施

1. 利用抗病品种 利用抗病品种是防治该病害的最经济有效的途径。目前，在马铃薯种质资源中虽然发现有些品种对菌核形成有一定的抵抗效果，但尚未发现免疫品种。多数马铃薯品种均是感病品种。但是不同品种间抗病性存在显著差异。目前我国生产上常用的马铃薯品种中，底西芮较抗病，大西洋较感病。晚熟品种较抗病，早熟和中熟品种易感病。收获早块茎发病轻，块茎越成熟发病越重。红皮品种较抗病。

2. 化学防治 药剂防治是目前马铃薯黑痣病的主要防治措施，但不能从根本上控制该病害。用10％次氯酸钠溶液和70％甲基硫菌灵粉剂混用、2％的甲醛溶液、70％甲基硫菌灵可湿性粉剂和75％代森锰锌可湿性粉剂混用、50％多菌灵可湿性粉剂、70％甲基硫菌灵可湿性粉剂、2.5％咯菌腈悬浮种衣剂、3.5％精甲·咯菌腈悬浮种衣剂、94％戊菌隆悬浮种衣剂拌种进行种子处理都能起到一定的防病作用。对土壤中的病原菌，用戊菌隆、克菌丹、嘧菌酯、抑霉唑、咯菌腈、异菌脲、五氯硝基苯、代森锰锌、噻呋酰胺等药剂沟施进行土壤处理，对此病也有一定的控制作用。

3. 生物防治 生物防治方法是一种经济、有效且相对安全的病害防治方法，是解决当前化学药剂给土壤环境造成巨大污染问题的有效措施，在土传病害防治领域具有突出的优势。目前在马铃薯黑痣病的生物防治方面，主要是国外学者研究应用较多，我国还未见报道。其中，绿色木霉（*Trichoderna viriae*）、黑附球菌（*Epicoccum nigrum*）、深绿木霉（*Trichoderma atroviride*）、哈茨木霉（*Trichoderma harzianum*）、轮枝菌属（*Verticillium*）真菌、绿粘帚霉（*Gliodadium virnes*）、毛壳菌属（*Chaetomium*）真菌、寡雄腐霉（*Pythium oligandrum*）、多粘芽孢杆菌（*Bacillus polymyxa*）、荧光假单胞菌（*Pseudomonas fluorescens*）、枯草芽孢杆菌（*Bacillus subtilis*）、橄榄色链霉菌（*Streptomyces olivaceus*）等都对马铃薯黑痣病有不同程度的防控作用，其中木霉属真菌和枯草芽孢杆菌研究的较多。

4. 农业防治 该病害的防治过程中，农业防治具有重要的作用。首先，建立无病留种基地，选用无病种薯繁种。其次，在选地时选择易排涝地块，采用大垄栽培模式，降低田间湿度，可减轻病害的发生程度。同时，适时采用浅播和晚播等方式也能减少该病菌对幼芽的侵染程度。此外，与玉米、胡萝卜、大白菜等作物轮作倒茬，可降低土壤中病菌数量，有效减轻病害的发生。提早收获，植株枯萎2周内收获，菌核数量较少，超过3周菌核数量明显增多。

六、马铃薯癌肿病

马铃薯癌肿病是马铃薯生产上一种非常重要的病害，主要危害马铃薯的块茎，导致产量降低，并可引起储藏期腐烂。癌肿病菌能在土壤中长期存活，25～30年仍具有活力；休眠孢子对高温具有极强的耐受性，有研究表明，在80 ℃高温下癌肿病菌能忍耐20 h，100 ℃下能忍耐10 min；同时，游动孢子在3.5～24 ℃温度范围内均可侵染块茎，其中最适温度为15 ℃。因此，马铃薯癌肿病一旦发生则很难根治。目前，该病分布遍及六大洲约50个国家，被包括我国在内的50个国家列为禁止传入的检疫性病害。该病是世界上公认的马铃薯生产上的毁灭性病害，对马铃薯的产量和质量都有很大影响，每年该病造成的损失占总收获量的50％以上，甚至造成绝收。马铃薯癌肿病最早于1978年传入我国，并在我国14个省份定殖，但以云南、四川、贵州受害较重。

（一）病原

马铃薯癌肿病病原为内生集壶菌（*Synchytrium endobioticum*），属于真菌门，鞭毛菌亚门，壶菌纲，壶菌目，集壶菌科，集壶菌属，内生集壶菌是一种低等菌，没有菌丝体，营养体是原质团，专性寄生于寄主细胞内，营养体成熟时整个转变为繁殖体——孢子。病菌休眠孢子囊球形或长圆形，锈褐色，壁厚，可分为 3 层，直径 25～75 μm。在春季萌发形成游动孢子，卵形或梨形，具单鞭毛，直径 1.5～2.5 μm，游动孢子侵入寄主生长成为单核有壁的菌体，进一步发育成为原孢子堆，其内含物挤出形成夏孢子囊堆，并分割成 4～9 个夏孢子，夏孢子成熟后散出游动孢子。条件不适宜时，配子结合形成双鞭毛的合子，侵入寄主发育成休眠孢子囊，单个地存在于寄主细胞内。

（二）病症

马铃薯癌肿病主要危害植株地下部分的茎基部、薯块和匍匐茎，但也可以危害地上部的茎、叶、腋芽。病菌入侵寄主后，可在寄主体内完成生长发育，并通过刺激侵染部位，使得寄主细胞大量增生、体积膨大，形成大小形状各异的瘤状突起，小瘤聚集簇生形成大的畸形肿瘤，形如花椰菜状，称为癌肿病。肿瘤细胞可以保持一段时间的活力，然后死亡，若受其他微生物感染，则变为褐色至黑色腐烂。

（1）茎基部症状。 常在茎基部形成较大的甚至包围整个茎基部的癌瘤，形状酷似花椰菜的花球，露出土表的癌瘤呈绿色（图 4 - 10）。

图 4 - 10　马铃薯癌肿病危害茎基部症状

（2）薯块症状。 生长过程中，如果新生幼薯受到侵染，则整个幼薯畸形，甚至难以认出它是薯块。在较大的薯块上，多在芽眼处侵染发病，产生增生组织，形成畸形癌瘤，薯块上形成癌瘤的个数和癌瘤的大小，与品种抗病性强弱、感病早迟和感染点多少等密切相关，凡感病品种、感病早和感染点多的薯块，癌瘤大且多，大的癌瘤甚至可超过薯块大小数倍，有的癌瘤还可呈交织的分枝状态（图 4 - 11）。

图 4 - 11　马铃薯癌肿病危害薯块症状

（3）匍匐茎症状。 有时可长出多个成串的癌瘤，有的长在匍匐茎的一侧，有的环绕匍匐茎生长。

（4）高度感病品种地上部症状。 主枝与分枝的腋芽及茎尖等部位可长出形似花椰菜花蕾状或鸡冠状小癌瘤，初为绿色，后变褐色，最后变黑腐烂。长了瘤的枝条纤细，节间短，易早枯。叶背、茎、花梗、花萼背面等部位可长出丛生的小叶状突出物，尤以叶背最为普遍，着生于叶脉上，以主脉附近及叶缘发生最多，丛生小叶多时密集呈小花冠状，叶片的颜色逐渐变黄，进而变黑，腐烂脱落。

有的病株地上部虽无上述症状，但有植株较高和分枝较多的现象，保持绿色的时间比健康植株长。

马铃薯癌肿病有时易与严重感染马铃粉痂病，或芽眼因其他原因破坏而形成木质化瘤状物混淆，遇到可疑症状时应对病原物镜检，以帮助确诊。

（三）发病条件及流行规律

在马铃薯的癌瘤细胞内含有病菌的休眠孢子囊，休眠孢子囊通过癌瘤组织的腐烂而释放出来，经过一段时间的休眠，在适宜的条件下萌发，外壁不规则开裂，内壁凸出来形成一个泡囊，并在泡囊内分化出一个单生的游动孢子囊，在其中形成游动孢子，游动孢子释放出来在土壤水内能游动2 h左右，如果它们落到马铃薯薯块表面的芽眼上或嫩薯块上，尚未木栓化的匍匐茎上，以及嫩茎和其他部位的表皮细胞上，游动孢子停止游动，收回其鞭毛，变为一个休止孢囊。休止孢囊的内含物侵入寄主细胞内，而休止孢囊的空膜仍附着在寄主体外，菌体在寄主细胞内生长发育，受侵染的寄主细胞因受刺激而膨大，甚至侵染点周围的细胞也随之肿大，形成一群肥大细胞群，像一只莲花座，这些细胞的细胞壁变厚，呈暗褐色。

孢子囊中释放出来的游动孢子也可以是配子。如果在发育过程中某一关键时刻有充足的水分，则产生游动孢子，若水分缺乏，则产生配子。配子在形态和大小上与游动孢子没有区别，雌雄配子之间也没有区别，但雌雄配子同源则不能交配，只有来自不同孢子囊的配子才能发生交配。雌雄配子交配后形成一个具有2根鞭毛的合子，合子可以游动，在寄主表面静止下来成为休止孢囊，然后以与游动孢子侵入相似的方式侵入寄主细胞内。核配发生在侵入前，侵入后寄主细胞因受刺激而大量增生，因寄主细胞的重复分裂，病菌的原质团被埋在表皮下几层细胞深的部位，菌体在寄主细胞内长大，四周形成一个双层壁，发育成为一个二倍体单核的休眠孢子囊。寄主细胞最后死亡，死细胞的内含物沉积在休眠孢子囊外壁上。休眠孢子囊被释放到土壤中，经过休眠后萌发，萌发前进行减数分裂并进行多次核分裂，形成单位游动孢子开始新的侵染。

(四) 防治措施

1. 严格检疫制度，防止病害蔓延 严格检疫是防止马铃薯癌肿病害扩散的必要措施。在调入薯种前，应派专人进行产地检疫或种薯检验，检验方法有以下几种。

(1) 土壤检验。 采用"漂浮法"提取休眠孢子囊，并检查孢子囊活性，以明确土壤受感染程度。

(2) 镜检。 取癌组织浸泡后，镜检单鞭毛的游动孢子和双鞭毛的接合子。

(3) 薯块检验。 用接种针挑取病组织或做横断面切片并镜检观察，若发现病菌原孢囊堆、夏孢子堆或休眠孢子囊则为感染马铃薯癌肿病。

(4) 染色法检验。 将病组织放在蒸馏水中浸泡0.5 h，吸取1滴上浮液置于载玻片上，加1滴1%的锇酸溶液或0.1%的氧化汞溶液固定，在空气中自然干燥后再用1%酸性品红或1%~5%龙胆紫1滴染色1 min，洗去染液镜检，若见到单鞭毛的游动孢子则为染病。

通过检验，证实无病后方可调种，防止病薯传入。疫病区必须严格禁止调出或寄出带病种薯，以防止疫病输出。

2. 建立留种基地，采用无病种薯 带病种薯是马铃薯癌肿病的唯一初侵染源，建立无病留种基地是防治马铃薯癌肿病的根本措施。从大量种薯中通过各种检验方法选出无病种薯建立留种田，种薯在收获时要进行严格挑选，选取表面光滑、无损的薯块单独储藏。通过芽栽和茎尖组织培养培育无毒苗，建立留种基地。

3. 防止切薯传病，搞好种薯消毒 大田栽种时一般提倡用小整薯播种，但如果种薯过大，就要进行切薯播种，但在切薯时必须进行切刀消毒，切薯时间以播种前1~2 d为宜，切块时用75%的酒精、0.1%的高锰酸钾溶液或3%甲酚皂溶液浸泡切刀5~6 min，并备用2把切刀，轮换消毒切薯。挑好种薯或切薯后，用1%的石灰水或0.1%的高锰酸钾溶液浸泡种薯 1 h 后晾干，方可播种。

4. 选准最佳播期 精细挑选种薯，适期播种，是防止种薯腐烂，保证苗全、苗壮，增强抗病力的可靠措施。春播马铃薯在 10 cm 深土层处土温达到 7 ℃时播种为宜，并在天晴时播种，选取无病虫害、无伤冻、表皮柔嫩、色泽光鲜、大小适中、刚过或将过休眠期的薯块作种薯，剔除病薯。

5. 选用抗病良种，实行合理轮作 生产上选用熟期适宜、丰产性好、抗病性强的川芋 56、合作 88、紫花大西洋等加工型和菜用型品种，并实行合理轮作。马铃薯是茄科作物，不能与烟草、茄子、番茄和辣椒等茄科作物轮作，也不能与甘薯等块根作物轮作，可与稻类、豆类作物及纤维作物轮作，轮作年限一般在 5 年以上。

6. 加强栽培管理，消灭中心病株 施用农家肥，增施磷钾肥，及时中耕除草，发现病株及时挖除，集中烧毁，并及时在发病中心 30～50 m 的范围内喷施药剂，可用 20％三唑酮乳油 2 000 倍液喷施，大田期在马铃薯出苗达 70％时用 20％三唑酮乳油 1 500 倍液浇灌，或在苗期、蕾期用 20％三唑酮乳油 2 000 倍液喷施。

七、马铃薯银屑病

马铃薯银屑病，又称银色粗皮病，该病世界性分布，是一种常见的储藏期病害，通过种薯和土壤传播。马铃薯银屑病也被列入《中华人民共和国进境植物检疫性有害生物名录》。马铃薯银屑病不会影响马铃薯收获期的产量，但块茎表面由于出现病斑而失水，会造成储藏期间马铃薯的重量减轻。另外，块茎表面形成病斑以及失水造成的皱缩影响表观，难以适应市场对块茎高品质的要求，从而造成了市售价格降低。感病后的块茎，表皮加厚并坚韧而难以削皮，影响马铃薯的再加工。已经证实该病仅侵染块茎，不侵染地上茎和根。被侵染后的马铃薯块茎在储藏期间温湿度适宜时病害会迅速传播。

（一）病原

马铃薯银屑病，又称银色粗皮病，由茄长蠕孢菌（*Helminthosporium solani*）引起。茄长蠕孢菌分生孢子梗锥形，褐色或深褐色，至端部颜色渐淡，长可达 600 μm。分生孢子直或弯曲，倒棍棒状，近无色至褐色，2～8 个离壁隔膜，24～85 μm 长，最宽处 7～11 μm，至端部 2～5 μm，基部有一个暗褐色至黑色的瘢痕。

（二）症状

最早出现的银屑病症状表现为块茎表面或匍匐茎末端出现淡褐色的病斑，起初较小，随分生孢子大量萌发，病斑呈暗橄榄色或深黑色，单个病斑界限明确（图 4 - 12）。随着病害的发展，病斑连接成片覆盖住块茎的大部分表面，病斑下的组织轻微变色，分生孢子仅萌发在病斑的边缘。潮湿时，病斑呈现明显的银色光泽，这也是该病害名称的由来。块茎表面病斑深度仅局限在周皮，并不深入马铃薯块茎的内部。该病与马铃薯炭疽病症状类似，不同的是该病的病斑界限明显，而后者病斑无规则扩展，并出现黑色的小菌核，病斑边缘缺乏分生孢子萌发。

图 4 - 12 马铃薯银屑病

（三）发病条件

马铃薯种薯在秋冬季节的储藏期达 4～6 个月，因而该病发生较严重，但过去一直被忽视。调查表明，银屑病在马铃薯储藏期发病率达 33%，这类使薯块表面造成损坏的储藏期病害需要进一步调查研究，做好防治，以满足马铃薯生产者对健康种薯的需要，并提高商品薯的市场价值。

（四）防治措施

在北美洲和欧洲，通常收获后用噻菌灵和其他苯并咪唑类杀菌剂处理种薯，同时储藏期间注意通风，降低窖内的湿度，有助于降低该病害的发病率。

八、马铃薯粉痂病

（一）病原

马铃薯粉痂病是由马铃薯粉痂菌（*Spongospora subterranea*）引起的一种真菌病害。该病菌属鞭毛菌亚门，根肿菌纲，粉痂菌属。

（二）症状

马铃薯粉痂病主要危害块茎及根部，有时茎也可染病。块茎染病，初在表皮上出现针头大的褐色小斑，外围有半透明的晕环，后小斑逐渐隆起、膨大，成为直径 3～5 mm 的"疤斑"，其表皮尚未破裂，为粉痂的"封闭疤"阶段。后随病情的发展，"疤斑"表皮破裂、反卷，皮下组织现橘红色，散出大量深褐色粉状物（孢子囊球），"疤斑"下陷呈火山口状，外围有木栓质晕环，为粉痂的"开放疮"阶段（图4-13）。

图4-13 马铃薯粉痂病

（三）发病规律

病菌以休眠孢子囊球在种薯内或随病残物遗落在土壤中越冬，病薯和病土成为翌年本病的初侵染源。病害的远距离传播靠种薯的调运；田间近距离传播则靠病土、病肥、灌溉水等。休眠孢子囊在土中可存活4～5年，当条件适宜时，萌发产生游动孢子，游动孢子静止后成为变形体，从根毛、皮孔或伤口侵入寄主；变形体在寄主细胞内发育，分裂为多核的原生质团；到生长后期，原生质团又分化为单核的休眠孢子囊，并集结为海绵状的休眠孢子囊球，充满寄主细胞内。病组织崩解后，休眠孢子囊球又落入土中越冬或越夏。

（四）防治措施

在选育抗病品种方面，Exton Merrimack、Nooksack、Norchip、Parnassia和Ulster Laner等品种对粉痂病有一定抗性。化学防治方面，用福尔马林、硫酸铜进行种薯处理，可以收到一定的效果。Nachmias和Krikun发现用五氯硝基苯和含汞杀菌剂的混合物浸种对粉痂病有很好的防治效果。农业措施方面，主要是改变土壤pH、轮作及选育抗病品种。与非寄主作物轮作3年来防治粉痂病，可大幅度减少土壤中的粉痂病菌。

第四节　马铃薯主要细菌性病害及防控

在植物病理学中，细菌性病害占有特殊的地位。它们作为传染性病害与真菌性病害和病毒病有许多共同特点，但在发病特征和防治上又有显著区别，是植物病理学的独立分支。在植物病害中，由细菌引起的病害的种类、受害植物种类及危害程度仅次于真菌性病害，细菌病害的发病程度近年来有上升加重的趋势。在马铃薯病害中，细菌病害主要有青枯病、环腐病、黑胫病和疮痂病等，随着马铃薯产业发展，马铃薯细菌病害发生越来越频繁，危害面积广泛，严重影响了马铃薯产量和品质，制约马铃薯产业可持续发展。

真菌感染的植物一般症状有霉状物、粉状物、锈状物、丝状物及黑色小粒点。细菌病害症状主要表现为"菌脓"，这是田间诊断的重要区别。真菌具有菌丝体，可以固定在植物的角质层，而细菌是单细胞结构，它透入植物体内只有两个途径：一是通过非角质化部分（根毛、柱头、伤口等）侵染；二是通过天然孔口侵染（气孔、水孔、蜜腺等）。因此，健康的植物对细菌提供的侵入面积比真菌小。细菌一旦进入植物体内，只能在细胞间隙或木质部导管的死细胞里繁殖，不能透入完整的活细胞。细菌最适于在轻度碱性的介质里繁殖，而植物体液的 pH 为 5～6，这不是理想的环境。真菌比较喜欢微酸性，因此在植物体内寄生能力就胜过细菌。细菌不形成孢子，只能在潮湿环境里生存，一般在干燥的空气中很快死亡。细菌的传播是短距离的，风雨是主要的传病媒介，但也能通过收割工具、昆虫和灌溉水来传播。通过候鸟可以传播较远，而真正长距离的运送则是靠人类的活动，人们可把染病的种子带到世界各地。

马铃薯在植株生长期和块茎储藏期间容易被细菌性病害（环腐病、青枯病、黑胫病/软腐病和疮痂病等）侵袭，严重地影响马铃薯产量和质量。细菌可潜伏侵染，在马铃薯块茎内用传统方法检测不出来，药剂无法防治，等到条件适宜的情况下，它可以大面积扩散，造成产量大幅度下降甚至绝产。因此，马铃薯细菌性病害的检测及其防控手段引起了各国的极大重视。

一、马铃薯环腐病

马铃薯环腐病是一种危害输导系统的细菌性病害。最早发现于德国，现已传入许多国家。在我国，该病最早发现于黑龙江，相继传至吉林、辽宁、内蒙古、甘肃、青海、宁夏、河北、北京、山西、陕西、山东、浙江、上海、广西等地。目前我国马铃薯产区都有不同程度发生，发病面积占播种面积 30% 以上，一般发病率为 5%～15%，严重的地方发病率 50% 以上。每年因该病损失鲜薯块 1.5 亿～2 亿 kg。世界各国把它列为重要进出口植物检疫对象，要求种薯带病允许率为 0。

（一）病原

马铃薯环腐病的病原菌为密执安棒形杆菌环腐亚种（*Clavibacter michiganensis* subsp. *sepedonicus*，CMS），该亚种被列入《中华人民共和国进境植物检疫性有害生物名录》。菌体杆状，有的近圆形，有的棒状，平均长度 0.80～1.20 μm，直径 0.4～0.6 μm。若以新鲜培养物制片，显微镜下可观察到相连的呈 V 形、L 形和 Y 形的菌体，不产生芽孢，无荚膜，无鞭毛。为革兰氏阳性菌。在马铃薯葡萄糖琼脂培养基和牛肉汁蛋白胨琼脂培养基上生长慢，5～7 d 才形成针头大小的菌落，菌落白色，圆形，表面光滑，边缘整齐，呈半透明状。酵母膏蛋白胨葡萄糖琼脂培养基上生长稍快。病菌自然条件下只侵染马铃薯，人工接种可侵染 30 余种茄科植物。最适生长温度 20～23 ℃，田间土壤温度 18～22 ℃时病情发展快，高温（31 ℃以上）和干燥气候条件下则发展停滞，症状推迟出现。

（二）症状

马铃薯环腐病是维管束病害，多在开花期后发病，初期症状叶脉间褪绿，呈斑驳状，后叶片边缘或全叶黄枯，并向上卷曲（图4-14）。受害后先从植株下部叶片开始表现症状，而后逐渐向上发展至全株。症状因环境条件和品种抗性不同而异，常见症状是植株矮缩，叶片发黄，分枝少，萎蔫症状不明显；另一种是植株急性萎蔫，叶片青绿时就枯死，病株茎部和茎基部变为淡黄色或黄褐色。感病块茎轻者脐部维管束变深，呈黄色，周围组织轻度透明，挤压出现乳脂状物质；重者病菌从脐部扩展到整个薯块维管束环，维管束变黄或褐色，呈环状腐烂，甚至形成空腔，用手挤压受害部分，内外分离（图4-15）。环腐病在储藏期可继续危害块茎，严重时引起烂窖。

图4-14 环腐病植株症状
（资料来源：植物脱毒苗木研究所）

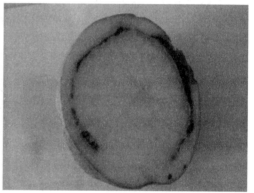

图4-15 环腐病块茎症状
（资料来源：植物脱毒苗木研究所）

（三）发病规律

马铃薯环腐病以带病种薯为主要侵染源。病薯播种后，病菌在块茎组织内繁殖到一定数量，沿维管束进入植株茎部，引起地上部发病，马铃薯生长后期病菌可沿茎部维管束经由匍匐茎入侵新生块茎，受病块茎作种薯时又成为下一季或次年传染源。环腐菌在土壤中存活时间短，在土壤中残留的病薯或病残体内存活时间长。收获期是此病重要扩大传染期，病块茎和健块茎可接触传染，分级、运输和入窖过程中都可造成传染，如种薯切块播种时切刀带菌常可扩大侵染传播。

（四）防治措施

1. 严格执行检疫制度，使用健康种薯　各地区调种时，必须经过严格检验，严防病薯传播。经检验为感病者，同一地块生产的所有马铃薯块茎均不得作为种薯使用。使用经检测后的健康种薯，这是防治马铃薯环腐病的根本措施。

2. 采用整薯播种　环腐病菌可以通过切刀传播，因此，采用整薯播种，可切断病菌传播蔓延的途径，同时还有抗旱保苗、防止退化等优点。如果不能采用整薯播种时，必须在块茎切块过程中对所使用的切刀进行严格的消毒，以减少切刀传播环腐病的概率。

二、马铃薯黑胫病

黑胫病又称黑脚病，是以茎基部变黑症状而命名，在马铃薯生长期的各阶段均可发生。

马铃薯黑胫病和马铃薯软腐病是由相同病原导致的细菌性病害，侵染根茎部时被称为马铃薯黑胫病，侵染薯块时被称为马铃薯软腐病。

马铃薯黑胫病在东北、西北、华北地区均有发生，近年来，在东北、南方和西南栽培区有加重趋势，可造成缺苗断垄，在多雨年份可造成严重减产。

（一）病原

马铃薯植株黑胫病和块茎软腐病的是两种分布很广的病害，在湿润气候条件下尤为有害。旧时认为由欧文氏菌属（*Erwinia* spp.）软腐菌群引起。现今，欧文氏菌属被分成5个属：产生果胶酶的软腐欧文氏菌群被归入果胶杆菌属（*Pectobacterium*）和新成立的迪基氏菌属（*Dickeya*）；解淀粉欧文氏菌群仍保留在欧文氏菌属（*Erwinia*）中；草生菌群被并入泛菌属（*Pantoea*）；还有主要侵染木本植物的布伦纳氏属（*Brenneria*）。

引起马铃薯植株黑胫病和块茎软腐病的菌体杆状，单细胞，极少双连，周生鞭毛能运动，革兰氏染色阴性，无荚膜、芽孢，大小（1.11～3.28）μm×（0.58～0.82）μm。在肉汁胨培养基上形成乳白色至灰白色菌落。圆形、光滑、边缘整齐、稍凸起，质地黏稠，为兼性厌气菌。此菌与其他软腐菌主要鉴别特性为，可使麦芽糖和α-甲基葡萄糖苷产酸，使蔗糖产生还原物质，对红霉素不敏感，在36℃以上不生长。

（二）症状

马铃薯黑胫病的病原菌主要侵染根茎部（图4-16）和薯块，从苗期到生育期均可发病。受侵植株的茎呈现一种典型黑褐色腐烂。播种发病种薯，腐烂成团状，不发芽或刚发芽即烂在土中，不能出苗。幼苗发病，一般株高15～18 cm出现症状，植株矮小，节间缩短，叶片上卷，叶色褪绿，茎基部组织变黑腐烂。早期病株萎蔫枯死，不结薯。发病晚和轻的植株，只有部分枝叶发病，病症不明显。块茎发病始于脐部，可以向茎上方扩展几厘米或扩展至全茎，病部黑褐色，横切可见维管束呈黑褐色。用手压挤皮肉不分离，湿度大时，薯块黑褐

图4-16　植株黑胫病症状

色，横切可见维管束呈黑褐色。用手压挤皮肉不分离，湿度大时，薯块黑褐色，腐烂发臭，区别于青枯病等。

植株茎、叶和叶柄还可以通过叶痕、雹害或风害、虫害、农业操作造成的机械伤口被侵染。侵染可沿着茎或叶柄向上或向下扩展，然后在未受感染的植株上产生典型的黑胫病症状。在潮湿多雨天气，可很快使整株发病，并导致死亡。

薯块染病后，初期皮孔略凸起，组织呈水渍状，病斑圆形或近圆形，直径 1～3 mm，表皮下组织软腐，以后扩展成大病斑直至整个薯块腐烂，并伴有恶臭气味，在 30 ℃以上时往往溢出多泡状黏稠液，腐烂中若温度、湿度不适宜则病斑干燥，扩展缓慢或停止，在有的品种上病斑外围常有一变褐环带。

（三）发病规律

马铃薯黑胫病的初侵染来源是带菌种薯。病菌在块茎或田间未完全腐烂的病薯上越冬。病菌可直接经幼芽进入茎部，引起植株发病。发病后细菌大量释放到土壤里，可在根系和某些杂草的周围生殖和繁殖，并对健康植株幼根、新生块茎和其他部分进行再侵染。感病薯块收获后又成为次年或下一季的侵染源。病菌在冷凉、潮湿条件下比在温暖、干燥条件下存活时间要长。发病植株残茬或块茎存在，使细菌存活期延长。在土壤和水里细菌可移动一定距离，并传染邻近植株正在生长的子代块茎。在整个储藏期间，细菌能在发病的块茎里存活。在切薯块和手工操作时，很容易传播细菌。

温湿度是影响病害流行的主要因素。温暖潮湿则病害蔓延迅速，冷湿地块薯块伤口木栓化速度慢，易发病，田间积水则烂薯严重。潮湿的土壤和较低的温度（一般不低于 18 ℃），对欧文氏菌的传播侵染有利。从腐烂的种薯里释放到土壤里的欧文氏菌可存活不同的时间，这主要取决于土壤温度，土壤水分影响较小。2 ℃时细菌可存活 80～100 d。在较高的温度下，存活时间较短。干燥条件下产生的块茎，较少受到侵染，因为在这种条件下病菌存活较少。细菌在干燥高温土壤里比在冷凉和潮湿的土壤里的传播距离短。在冷凉潮湿的土壤中，在种薯出苗后，马上遇到高温天气，有利于黑胫病的发生；较高的土壤温度促进种薯腐烂和幼芽在出土前死亡。黑胫病不能直接侵入寄主组织，主要是通过块茎的皮孔、生长裂缝和机械伤口侵入；因此，一些地下害虫如金针虫、蛴螬造成的伤口以及镰刀菌侵染，有利于此病的发生和加重。此外，中耕、收获、运输过程中使用的农机具以及雨水、灌溉等，都可能引起传病的作用。当马铃薯块茎表面潮湿时，软腐病菌可能感染皮孔，产生环形凹陷区，在块茎运输和贮存时，腐烂可能迅速从这里传播开来。在田间或贮存期间，软腐通常发生在块茎机械损伤或者由病虫害引起的损伤之后。感染组织变湿和乳化至变黑和软化，而且很容易与健康组织分离开来。储藏窖内通风不好或湿度大、温度高，有利于发病。

（四）防治措施

1. 使用经检测后的健康种薯，严格淘汰病薯种薯　种植马铃薯应选择经过病害检测的健康种薯，且在播种前一定要经过严格挑选，凡是病、烂、破、伤薯块一律不能作为种薯。

2. 采用整薯播种　马铃薯黑胫病同样可以通过切刀传播，采用整薯播种，就可切断病菌传播蔓延的途径。或对切刀进行严格消毒，也可减少马铃薯黑胫病的广泛传播。

3. 拔除病株　植株生长过程中要随时进行田间检查，发现病株应及时拔除。清除病株及其地下块茎后的周围土壤要用杀细菌剂消毒。感病植株要带出田外，在安全的条件下及时销毁，以免再传播病原。

三、马铃薯软腐病

马铃薯软腐病是由几种欧文氏菌单独或混合侵染，危害储藏期马铃薯块茎的一种细菌性病害。遍布全世界马铃薯产区，每年不同程度地发生，是欧美国家马铃薯的主要病害之一，一般年份减产 3%～5%，常与干腐病复合感染，引起较大损失。

（一）病原

马铃薯软腐病的病原菌主要有 3 种。分别是胡萝卜软腐欧文氏菌胡萝卜亚种（*Erwinia carotovora* subsp. *carotovora*）、胡萝卜软腐欧文氏菌马铃薯黑胫亚种（*E. carotovora* subsp. *atroseptica*）和菊欧文氏菌（*E. chrysanthemi*）。菌体直杆状，大小 (1.0～3.0) $\mu m \times$ (0.5～1.0) μm，单生，有时对生，革兰氏染色阴性，靠周生鞭毛运动，兼厌气性。氧化酶阴性，接触酶阳性。

（二）症状

马铃薯软腐病主要危害叶、茎及块茎（图 4 - 17）。叶染病近地面老叶先发病，病部呈不规则暗褐色病斑，湿度大时腐烂。茎部染病多始于伤口，再向茎干蔓延，后茎内髓组织腐烂，具恶臭，病茎上部枝叶萎蔫下垂，叶变黄。块茎染病多由皮层伤口引起，初呈水浸状，后薯块组织崩解，发出恶臭。

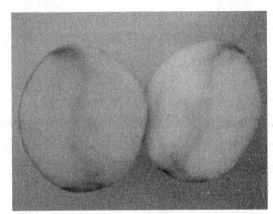

图 4 - 17 块茎软腐病症状

（三）马铃薯软腐病发病条件及流行规律

马铃薯软腐病是细菌性病害，胡萝卜软腐欧文氏菌胡萝卜亚种和黑胫亚种是软腐病的常见两种病原。这两种病原属厌气细菌，易在水中传播。软腐病的侵染循环与黑胫病相似。一般易从其他病斑进入，形成二次侵染、复合侵染。早前被感染的母株，可通过匍匐茎侵染子代块茎。温暖和高湿及缺氧有利于块茎软腐病的发生。地温在 20～25 ℃或在 25 ℃以上，收获的块茎会高度感病。通气不良、田里积水、水洗后块茎上有水膜造成的厌气环境，利于病害发生发展。施氮肥多也提高感病性。病原细菌潜伏在薯块的皮孔内及表皮上，遇高温、高湿、缺氧，尤其是薯块表面有薄膜水，薯块伤口愈合受阻，病原细菌即大量繁殖，在薯块薄壁细胞间隙中扩展，同时分泌果胶酶降解细胞中胶层，引起软腐。腐烂组织在冷凝水传播下侵染其他薯块，导致成堆腐烂。在土壤、病残体及其他寄主上越冬的软腐病菌在种薯发芽及植株生长过程中可经伤口、幼根等处侵入薯块或植株，引起植株黑胫病，病菌可从蔓内侵入新薯块。带菌种薯是该菌远距离和季节间传播的重要来源，在田间还借风雨、灌溉水及昆虫等传播。

（四）防治方法

① 马铃薯生长中期遇干旱应小水勤浇，避免大水漫灌。雨后及时排除积水。

② 发现感染马铃薯软腐病病株及时拔除，并用石灰消毒。

③ 初发病喷洒 50％琥胶肥酸铜可湿性溶剂 500 倍液，或 14％络氨铜水剂 300 倍液，或喷施 12％松脂酸铜乳油 600 倍液，或喷施 50％百菌清可湿性粉剂 500 倍液。

④ 适时安全收获。凡机械损伤的薯块不入窖储藏。

⑤ 加强储藏期管理，做到干净、干燥、通风。堆放马铃薯薯块不超过 30 cm，10 d 左右翻捡 1 次，随时剔除感染马铃薯软腐病的烂薯。

四、马铃薯青枯病

马铃薯青枯病是我国南方马铃薯产区主要细菌性病害，每年因此病造成产量损失大约在 10％～15％，发病严重地块产量损失可达 80％乃至失收，给马铃薯生产带来严重威胁。世界各国把它列为重要进出口植物检疫对象，要求种薯带病允许率为 0。

（一）病原

马铃薯青枯病菌为青枯假单胞菌（*Ralstonia solanacearum*）或茄假单胞菌（*Ralstonia solanacearum*），属细菌。菌体短杆状，单细胞，两端圆，单生或双生，极生 1～3 根鞭毛，大小（0.9～2.0）μm×（0.5～0.8）μm。在肉汁蔗糖琼脂培养基上，菌落圆形或不整形，污白色或暗色至黑褐色，稍隆起，平滑具亮光，为革兰氏阴性菌。

（二）症状

青枯病又称细菌性枯萎病，是温暖地区马铃薯最严重的细菌性病害。pH 为 6.6 的酸性土壤最适宜发病，初期萎蔫表现在植株一部分。病株稍矮缩，叶片浅绿或苍绿，下部叶片先萎蔫后全株下垂，开始早晚恢复，持续 4～5 d 后，全株茎叶全部萎蔫死亡，但仍保持青绿色，叶片不凋落，叶脉褐变，茎出现褐色条纹，横剖可见维管束变褐，湿度大时，切面有菌液溢出（图 4-18）。块茎染病后，轻的不明显，重的脐部呈灰褐色水浸状，切开薯块，维管束圈变褐，挤压时溢出白色黏液，但皮肉不从维管束处分离，严重时外皮龟裂，髓部溃烂如泥，别于枯萎病（图 4-19）。当土壤黏度大时，灰白色黏性液体可渗透芽眼或块茎顶部末端。

图 4-18　马铃薯青枯病植株症状

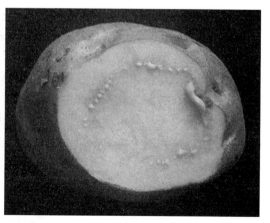

图 4-19　马铃薯青枯病块茎症状

（三）发病规律

马铃薯青枯病菌也是以带病种薯为主要侵染源。马铃薯青枯病菌随病残组织在土壤中越冬，侵入薯块的病菌在窖里越冬，无寄主可在土中腐生 14 个月至 6 年。病菌通过灌溉水或雨水传播，从茎基部或根部伤口侵入，也可透过导管进入相邻薄壁细胞，致茎部出现不规则水浸状斑。青枯病是典型维管束病害，病菌侵入维管束后迅速繁殖并堵塞导管，妨碍水分运输，导致萎蔫。该菌在 10～40 ℃均可发育，最适温度为 30～37 ℃，适应 pH 6～8，最适 pH6.6，一般酸性土发病重。田间土壤含水量高、连阴雨或大雨后转晴气温急剧升高时发病重。

（四）防治措施

1. 严格执行检疫制度，使用健康种薯　种薯需要经过严格的马铃薯青枯病检验，严防带病块茎传播该病害。使用经检测后的健康种薯，这是防治马铃薯青枯病的主要措施之一。

2. 采用整薯播种　采用整薯播种，是切断病菌传播蔓延的途径之一。如果不能采用整薯播种，必须在块茎切块过程中对所使用的切刀进行严格的消毒，以减低病害传播概率。

3. 拔除病株　植株生长过程中要随时进行田间检查，发现病株应及时拔除。清除病株及其地下块茎后的周围土壤要用杀细菌剂消毒。感病植株要带出田外，在安全的条件下及时销毁，以免再传播病原。

五、马铃薯疮痂病

马铃薯疮痂病是由土壤中链霉菌引起的马铃薯常见细菌病害，影响马铃薯的外观、等级和品质，其发病范围遍布全世界的马铃薯种植地区，是一种非常严重的土传病害。在美国，疮痂病甚至被认为是马铃薯生产上的第四大病害。

（一）病原

马铃薯疮痂病是由多种链霉菌引起的，Thaxter R. 于 1890 年在美国的康涅狄格州首次分离出了疮痂病的致病菌株，并将其命名为 *Oospora scabies*，但没能获得标准菌株。Gussow 又将此病原菌命名为 *Actinomyces scabies*，Waksman 和 Henrici 再次将其更名为 *Streptomyces scabies*。该菌株孢子链呈螺旋形，孢子光滑，呈灰色，产生黑色素，可以在 pH 为 5 的培养基中生长。

1953 年在美国缅因州首次发现在 pH 低达 4.5 的地块中有马铃薯疮痂病的发生，而普通疮痂病在 pH 为 5 的土壤中通常是可以被控制的。1989 年 D. H. Lambert 将引起这种酸性疮痂病的病原菌命名为 *S. acidiscabies*，该病原菌在马铃薯上引起的症状与 *S. scabies* 引起的症状一致，但该菌株的形态和生理特征与 *S. scabies* 完全不同，孢子链呈螺旋曲线状，孢子颜色因培养基不同而变化，呈白色、红色或黄色，可以产生色素但不能产生黑色素，可在 pH 为 4 的培养中生长。

1998 年 Miyajima 等人将发现于日本北海道东部引起凸状疮痂病斑的致病性菌株命名为 *S. turgidiscabies*，该菌株孢子链呈螺旋曲线状，孢子呈灰色，孢子光滑呈圆柱状，不能在 pH 为 4 的培养基中生长。

以上三种链霉菌被认为是引起马铃薯疮痂病的最普遍的病原菌，除此之外，已报道的其他致病性链霉菌多达二十几种，甚至可能更多，如 *S. aureofaciens*、*S. aureofaciens*、*S. griseus*、*S. reticuliscabiei*、*S. cinerochromogenes*、*S. corchorusii*、*S. diastatochromogenes*、*S. atroolivaceous*、*S. lydicus*、*S. resistomycificus*、*S. cinerochromogenes*、*S. caviscabies*、*S. albidoflavus*、*S. luridiscabiei*、*S. puniciscabiei*、*S. exofoliatus*、*S. rocbei*、*S. violaceus*、*S. luridiscabiei*、*S. niveiscabiei*、*S. puniciscabiei*、*S. flaveolus*、*S. atrolivaceus*、*S. cinercbromogenes*、*S. corcborussi*、*S. diastatocbromogenes*、*S. lydicus*、*S. resistomycificus*。2000 年以来世界各地仍不断有新的病原菌被报道，如 *S. europaeiscabiei*、*S. stelliscabie*、*S. reticuliscabiei*。

（二）症状

马铃薯疮痂病可以分为普通疮痂病、网斑型痂病和酸性疮痂病（常发生在 pH3.9～5.3 的强酸性土壤中）。马铃薯疮痂病主要危害块茎，病原菌从皮孔侵入，初期在块茎表皮产生褐色斑点，以后逐渐扩大，侵染点周围的组织坏死，块茎表面变粗糙，组织木栓化。依据病斑在块茎表面的凹陷程度病斑又可分为凹状病斑，平状病斑，凸状病斑。病斑从褐色到黑色，颜色多变，形态也不一（图 4 - 20），可以在皮孔周围形成小的软木塞状的突起，也可以形成深的凹陷，深度可达 7 mm。发病的严重程度因品种、地块、年份的不同而不同，病斑的大小和深度也因致病菌种类、品种的感病程度、环境条件的不同而不同，严重时病斑连片，严重降低块茎的外观品质，影响销售。在加拿大，每公顷因疮痂病造成的经济损失在 90～102 美元之间，全国范围内因疮痂病造成的经济损失在 1.53 亿～1.72 亿美元。一般来说疮痂病对产量影响不大，但也有研究表明严重感染疮痂病的马铃薯块茎产量下降，小薯的比例增加，从而降低了马铃薯的经济效益。

图 4 - 20　马铃薯疮痂病症状

（三）发病规律

疮痂病为一种土传病害，也可通过种薯传播。Aixia Wang 和 George Lazarovits 的研究表明马铃薯根区的致病性链霉菌的密度与种薯的发病率完全相关。带病的种薯可以使病原菌在土壤中定居，母薯周围的致病性病原菌的数量很快达到最高值，并在适宜的条件下引起疮痂病。Wilson 等人的研究表明收获时马铃薯的发病程度与种薯的带病程度直接相关，因此带病的种薯可能是长距离传播的最大病源。GB 18133—2012《马铃薯种薯》中明确规定，一、二级种薯的块茎疮痂病的允许率≤10%。

（四）防治措施

目前，国内外对马铃薯疮痂病的防治主要有轮作、药剂防治和培育抗病品种 3 种方法。轮作虽然被认为是防治土传病害的有效方法，但马铃薯疮痂病菌可侵染多种单子叶和双子叶植物幼苗，而且病原菌可在植株残体中存活多年，这也就限制了轮作在防治疮痂病上的应用。药剂防治主要包括种薯处理和土壤处理两种，虽然药剂可以直接降低土壤中病原菌的浓度，但是药剂防治存在着对环境污染大、易受外界环境条件影响、生产成本增加等诸多不利因素。此外，培育抗病品种也是防治疮痂病的一种方法。抗病育种工作中抗病种质资源的筛选与鉴定，以及抗病种质资源的正确评价与合理利用，是抗疮痂病育种取得成功的关键。

第五节　马铃薯胞囊线虫病及防控

线虫属于线虫动物门（Aschelminthes），为假体腔动物，是动物界中数量最丰者之一，它们在淡水、海水、土壤中随处可见，并在极端的环境如南极和海沟都可发现。此外，有许多种线虫是寄生性的（超过 16 000 种），其中植物寄生线虫的种类约占整个线虫界的 10%。植物寄生线虫被喻为植物的隐蔽病害，是农作物极为重要的病原生物之一，其对寄主植物的危害仅次于真菌，超过细菌和病毒，对世界农业生产具有极大的影响。据不完全统计，全世界每年因植物寄生线虫危害引起的产量损失高达 12%，所造成的农作物经济损失约在 1 000 亿美元以上，因此，植物寄生线虫病害已成为农业生产中不容忽视的主要病害。马铃薯胞囊线虫病是马铃薯毁灭性病害之一。

一、病原

马铃薯胞囊线虫病的病原为垫刃目球形胞囊属的马铃薯白线虫（*Globodera pallida*）和马铃薯金线虫（*G. rostochiensis*）。

（一）马铃薯白线虫

马铃薯白线虫雌虫呈白色，死后变为褐色，有光泽，有些种群在变成褐色之前要经过 3~4 周的米黄色阶段。虫体近球形，有一个突出的颈和头部，末端钝圆、无阴门锥，角质层有网状花纹；头架骨化弱，口针强壮，针锥部长占口针长的 1/2，基部球向后倾斜，口腔内衬形成一个口针导管从头架延伸到约口针长的 75%处。中食道球发达，中食道球瓣大，呈新月形；食道腺叶宽，位置不定，有 3 个核。排泄孔大，位于颈基部。双生殖腺，阴门横裂，位于略凹陷的阴门盆内，阴门两边为小瘤状突起形成的新月形区，肛门和阴门盆之间角质层上约有 12 条隆起的脊，其中有些交接成网状。

胞囊褐色，有光泽，近球形，有突出的颈；角质层花纹比雌虫更清晰，角质层下无亚结晶层；阴门区有1个环形膜孔，无阴门桥、阴门下桥及其他内生殖器残留物，无泡囊，但有类似泡囊状物存在。

雄虫虫体蠕虫形，热杀死后弯成C形或S形；角质层环纹清楚，侧区有4条刻线；头部圆、缢缩、有6～7个环纹，头骨架高度硬化；口针发达，针锥部约占口针长的45%，基部球向后倾斜，口针导管延伸到约口针长的70%处；中食道球椭圆形、有显著的瓣，食道腺从腹面覆盖肠，末端接近排泄孔；单精巢，泄殖腔小，泄殖腔唇隆起，交合刺发达、弓状、末端尖，引带小。

二龄幼虫蠕虫形；角质层环纹清楚，侧区有4条侧线、虫体两端侧线为3条；头部圆、略缢缩，头环4～6个；口针发达，针锥部约为口针长的50%，基部球前面向前突出；排泄孔在体长的20%处；尾呈圆锥形、末端细圆到尖，尾后部的透明区长约为尾长的1/2。

（二）马铃薯金线虫

马铃薯金线虫雌虫虫体亚球形，颈突出（包括食道和食道腺的一部分）；头小，上有1或2条明显的环纹，与颈上深陷且不规则的环交融在一起。球形身体的大部分被角质覆盖且表面具有网状脊的纹饰，无侧线，六角放射状的头轻度骨化。口针前部约为口针长的50%，且有时轻度弯曲。在固定的标本中，口针前部常与口针后部相脱离。口针基球圆形，后部明显下斜。口道从头架的基部盘向后延伸，到口针长度的75%处形成一个管状的口针腔。中食道球大，具发达的新月形的瓣门。食道腺位于一大的裂片上，常被已发育好的成对的块状卵巢覆盖。排泄孔明显，位于颈基部附近。颈区无色的体表分泌物常使内部器官看不清。阴门区和尾区不缢缩，位于阴门盆的一个近圆形的轻度凹陷区域。阴门盆外是肛门；在阴门和肛门间的表皮形成了约20条平行的脊，这些脊略有交叉。在阴门至肛门区外这些脊变成网状的纹饰，这些纹饰覆盖了除颈以外体表的其他部分，在身体的大部分均可见到不规则的精细的亚表皮刻点。胞囊线虫从根部的皮层突出时呈现白色，然后由于色素积累，经过4～6周金黄色阶段后，雌虫死亡，角质随即变成深棕色，因此称为金线虫。

胞囊亚球形，上有突出的颈，没有突出的阴门锥。双半膜孔。新胞囊上阴门区完整，但在老标本中，阴门盆的全部或部分丢失，只形成单一圆形的膜孔。无阴门桥、下桥、无泡状突；但在一些胞囊的阴门区可能存在小块不规则的黑色素沉积区及局部加厚。胞囊上的纹饰与雌虫上的相像，但比雌虫更明显，无亚晶层。

雄虫蠕虫形，温和热杀死时虫体强烈弯曲；体后部纵向扭曲$90°～180°$，呈现C形或S形。尾短且末端钝圆。角质层表面有规则的环，尾末端侧区有4条侧线；环纹穿过外侧侧线，但不穿过内侧侧线。头圆，缢缩，有6～7条环纹；口盘大，有6片小唇瓣环绕。唇瓣侧面有侧器孔。头呈六角放射状，深度骨化。口针发达，口针基球向后倾斜，前部分占整个口针长度的45%。中食道球椭圆形，上有一明显的新月形瓣门。中食道球与肠中间有一宽大的神经环环绕食道；无明显的食道—肠间瓣膜。食道腺位于腹面排泄孔附近一窄的裂片上。排泄孔位于头端大约15%体长处。背腺核明显；亚腹腺核位于食道腺体后部，不明显；半月体 2 个体环长，位于排泄孔前；半月小体 1 个体环长，在排泄孔后 9～12 体环处。单精巢自身体中部开始，中间为具腔和腺壁的输精管，后部圆锥形。泄殖腔孔小；交合刺粗大，弓形，远末端有一尖的顶部；交合刺背面存在小的无纹饰的引带；引带约 2 μm 厚。

二龄幼虫蠕虫形，尾圆锥形，逐渐变细，末端细圆。尾后部 1/2 至 2/3 处为透明区。角质环纹明显；侧区有 4 条侧线，从 3 条侧线开始，偶尔以网状结束。头部轻度缢缩，圆形，有 4～6 条环纹；头架深度骨化，六角放射状。口针发达，口针基球圆，略微向后倾斜。排泄孔大约在头后 20% 的体长处；半月体 2 个体环宽，位于排泄孔前 1 个体环处。半月小体宽度至少是 1 个体环，在排泄孔前 5～6 个体环处。在体长的约 60% 处有 4 个细胞的生殖腺原基。

二、发生规律

马铃薯胞囊线虫的生活史很大程度上受温度、湿度、昼长和土壤因素的影响。总的来说，马铃薯胞囊线虫能在任何能够种植马铃薯的环境中存活。依据土壤温度的不同马铃薯完成一个生活史需要 38～48 d（Chitwood and Buhrer，1945）。

马铃薯金线虫和白线虫的生活史与寄主植物的生活周期保持同步，适合马铃薯生长的环境条件也最适合马铃薯金线虫和白线虫的生存和繁殖。一般来说，较低的土壤温度下，金线虫和白线虫处于较为活跃的状态；而土壤维持长时间的高温，金线虫和白线虫的生长发育就受到抑制。当土壤温度达到 10 ℃时，在寄主植物根分泌物质刺激下，胞囊内的卵接受合适的孵化信号（Clarke and Hennessy，1984），二龄幼虫从卵内孵化逸出胞囊向寄主植物根系迁移。寄主植物根渗物刺激 60%～80% 的卵孵化，而在水中仅仅有 5% 的卵孵化。其余的卵直到随后几年都不孵化。马铃薯金线虫孵化的最适温度为 20 ℃左右，低限为 10 ℃，生长发育适温为 20～25 ℃。马铃薯白线虫孵化的最适温度为 16 ℃左右，土壤温度超过 30 ℃以后，白线虫不能正常发育（Jatala and Bridge，1990）。

二龄幼虫侵入根尖开始在根内取食。根部皮层的细胞受二龄幼虫的取食的刺激形成合胞体细胞，此合胞体细胞为线虫的发育提供营养。在取食位点形成后，幼虫生长发育经 3 次蜕皮后变成成虫。

雄性幼虫仍然活跃，在寄主植物上取食直至发育成熟，雄虫发育成熟后停止取食，变成虫形寻找雌虫交配（Green et al.，1970）。雄成虫并不取食。食物供应决定雌雄性别，在不利的环境条件和严重侵染时，更多的幼虫发育成雄虫。马铃薯胞囊线虫进行两性生殖。雄虫受到雌虫性信息素的吸引进行交配。雄虫可以交配几次。交配后，每头虫产卵约 500 粒（Stone，1973），而后死亡，死亡雌虫的角质层形成胞囊。

在缺乏寄主的情况下，马铃薯胞囊线虫的群体密度的年度衰减率在不同的土壤类型中略有变化，在冷凉土壤（如苏格兰土壤）年度衰减率为 18%，暖的土壤中为 50%，平均衰减率约为 30%。

马铃薯金线虫在较冷温度条件下如英伦三岛，每年主要发生 1 代，发生时期依赖于种植时期，当在 4 月上中旬和 6 月中种植时，二龄幼虫侵入 90 天后可完成 1 代，在潮湿的土壤中少量的第二代可能发生，但在 25 ℃以上发生量急剧衰减。在温暖的以色列，仅仅冬季种植的作物方可能被侵染。

在无寄主植物的情况下，在寒冷土壤中的马铃薯金线虫群体的年衰退率为18％左右，在温度适中的土壤中为50％～80％，在高温土壤中可高达95％。在寄主植物根分泌物存在的情况下，可刺激60％～80％孵化，在沙性土壤的孵化率大于泥炭土和黏土（Jones，1970）。由于根空间的竞争和它们对性别的影响，金线虫在寄主作物上的繁殖率很大程度上依赖于初始群体密度。当每克土壤中有少量马铃薯金线虫的卵时，繁殖率可高达60倍，而当每克土壤马铃薯金线虫卵量大于100时，收获后金线虫的群体可能较小，这是由于根系受到破坏和取食位点减少。

马铃薯金线虫和白线虫具有休眠和滞育的特性，在不良环境压力的影响下，即使作物生长期有活的孵化刺激物质存在，孵化也会停止，恶劣环境消除后，幼虫又开始迅速化。马铃薯金线虫的胞囊对卵具有保护作用，有很强的抗脱水能力。这些特性使线虫能在不良的环境中得以生存，并且有利于远程传播。

三、症状及危害

当马铃薯胞囊线虫群体密度低时，危害很小，但当年都重复栽种马铃薯，线虫数量可以多达限制生产的水平，在极端的情况下，新生马铃薯少于播种的种薯。

马铃薯苗期受害后，一般减产25％～50％，如果不进行防治，会造成100％的损失，英国曾因该病流行而造成改种其他作物，以后采用一系列措施进行防治，造成的产量损失降低9％。Brown报道，马铃薯种植前，如果每克土壤中含有20粒卵，1 hm² 减产2.5 t。马铃薯苗直接受害部位是根系。地上部首先表现出水分和无机营养缺乏症。病害初期叶片淡黄，茎基部纤细，进而基部叶片缩卷、凋萎，中午特别明显。受害重的植株矮小，生长缓慢，甚至完全停止发育。根系短而弱，支根增加，病根褐色。在马铃薯开花时期，仔细观察根部，可见到有梨形、白色未成熟的雌虫。雌虫成熟后逐步变成深褐色，拔起植株时，多数已离开根系落入土壤中。田间病株分布不均匀，有发病中心团，随着连续种植马铃薯和进行农事操作，使病团年年扩大，最后全田发病，并从一块田传到另一块田。

四、防治方法

由于线虫在胞囊内部，受到胞囊的保护，而且大多数卵要在寄主植物存在时才能孵化，这种特殊的存活能力，使其一旦传入新区并建立起侵染群体，要彻底铲除是十分困难的，要采取综合的措施加以控制。

1. 检疫 世界各国都将马铃薯胞囊线虫列入检疫对象。

在实施产地检疫时，从可疑病田采取湿土样，放入容器内加水搅拌，倒入每层分别为30目、60目、100目，直径为10～20 cm的3层筛中，用细喷头冲洗，使杂屑碎石留在粗筛内，胞囊留在细筛内，然后，把细筛网上的胞囊用清水冲入白搪瓷盘内，滤去水即得到胞囊。也可把采回的土样摊开晾干纸上，风干后，按照前述方法漂浮分离出胞囊。此外，可直接挖取田间植株根系，在室内浸入水盆中，使土团松软，脱离根部，或用细喷头仔细把土壤慢慢冲洗掉，用放大镜观察，病根上有大量淡褐色至金黄色的球形雌虫和胞囊着生在细根上。

实施口岸检验时要进行隔离种植检查。经特许审批允许进口的少量马铃薯，在指定的隔离圃内种植，在种植期内，可经常观察其症状，经常取土样或根检查。土样经自然风干后做漂浮分离检验。获取的根样，直接在立体显微镜下解剖观察。在形态学特征无法准确鉴定时，可以用特异性的 DNA 探针，鉴定马铃薯胞囊线虫。检验方法如下：①抽样。马铃薯块茎在 50 kg 以下的要全部检查；大批量的马铃薯，抽取约 20％的样本进行检查。检查样本确定后，用毛刷刷落并收集附在薯块上的泥土。②分离胞囊。将收集的泥土风干，用漂浮法分离胞囊，并根据需要计数。如果收集的泥土未经风干，可以直接过筛分离胞囊，方法是将湿泥土放入烧杯，适量加水，搅匀后通过 60 目和 100 目过滤纸，喷淋冲洗后，取 100 目滤纸中残物，收集胞囊。③线虫种类鉴定。制作胞囊阴门锥玻片。④显微镜下观察胞囊和阴门锥形态特征。观察内容包括胞囊外形、外表色泽、角质膜花纹，测量胞囊长度、宽度和颈部长；阴门锥要观察膜孔类型、有无阴门桥、下桥及肛门到阴门之间的隆起脊纹数，测量阴门膜孔长度、宽度、阴门裂长度和肛阴距离。

2. 轮作　利用线虫的寄主范围比较窄的特点，通过轮作防治马铃薯胞囊线虫。马铃薯与非茄科作物轮作，造成田间没有寄主，线虫群体量将逐年下降，通常 6～7 年不种马铃薯，防治效果良好。试验证明，在英国诸岛上，线虫在土壤缺少寄主的情况下侵染程度每年以 30％～50％下降，6～7 年后，田间线虫造成的损失达到允许水平以下。另外，早熟品种的马铃薯和供制罐头用马铃薯，生育期比较短，能限制线虫群体量增加，可以缩短轮作期。

3. 选用抗病品种　据国外报道，种植抗病品种，每年可减少线虫群体量 80％～85％。抗性品种的意义就在于其除了抑制雌虫发育外还能抑制卵的孵化。当线虫密度相当高时，抗性品种也会因幼虫主动侵入根部而受到损失。

4. 化学防治　土壤熏蒸杀线虫剂和非熏蒸杀线虫剂都可用于防治马铃薯金线虫和白线虫。当采取检疫措施需要立即降低土壤内金线虫密度时，土壤熏蒸杀线虫剂如氨基甲酸酯类农药（如速灭威）、棉隆、滴·滴混剂等常用来防治马铃薯金线虫，并在欧洲及其他一些国家获得成功。在荷兰，综合防治措施中广泛使用二氯丙烯和氨基甲酸酯类农药防治淀粉马铃薯上的金线虫。常规作物保护也可以应用熏蒸性杀线虫剂。在单季马铃薯种植区，杀线威是很好的杀线剂，其用量是每公顷 3～5 kg（有效成分）。非熏蒸杀线虫剂可在播种前和作物生长期施用防治马铃薯金线虫，氨基甲酸酯类杀线虫剂杀线威广泛用于防治马铃薯金线虫，使用方法可以土壤表面处理和再定植时应用值得注意的是，所有线剂对人类均有害，在使用时操作需要特别地小心，以保证安全，同时这些药剂也很贵，因此大面积用药应考虑经济效益。

5. 物理防治　可以利用太阳热力来杀死土壤内的金线虫和白线虫。马铃薯收获后，夏季在病土上覆盖无色或黑色塑料薄膜，并灌水至土湿，40 d 后取走覆盖物，防治效果分达到 77％～96％和 66％～67％。

第六节　马铃薯主要虫害及防控

马铃薯经常受到各种有害生物的危害，从而影响马铃薯的产量和质量。由于危害马铃薯的害虫种类繁多，发生危害面广，发生频率高，大面积发生严重。虫害具有迁飞性，容易携带病源，易造成病害的流行和蔓延，造成马铃薯大面积受害，严重时甚至可导致绝产。因此，认识有害生物，掌握有害生物的习性、特点，对防控有害生物极其重要。危害马铃薯的虫害有昆虫、螨类、软体动物等，国内已知的害虫约 400 种，北方常见的有 40 种以上，可分为地下害虫、食叶害虫、刺吸害虫及蛀食害虫等几类。这些害虫危害植物后，不仅造成减产，而且影响马铃薯的品质，降低商品价值。

危害马铃薯的食叶害虫有马铃薯甲虫、潜叶蝇、蚜虫、白粉虱、二十八星瓢虫、蓟马、草地螟、中华豆芫菁、马铃薯块茎蛾等；地下害虫有小地老虎、蝼蛄、金针虫、蛴螬、线虫等。

一、马铃薯虫害发生的原因

(一) 施肥不合理

长期不合理地施用肥料，造成土壤板结、酸化盐渍化、养分严重失调，作物营养失衡。

(1) 重化肥，轻有机肥。使用有机肥料，是我国农业生产的优良传统。但近些年，在农村出现了重化肥轻有机肥、重用地轻养地、重产出轻投入的倾向，不少地区农家肥的使用大量减少，其后果就是土壤板结和透气性变差，导致作物根的呼吸作用减弱，根系生长不良，直接影响作物对土壤中养分的吸收利用。

(2) 重大量元素肥，轻中、微量元素肥。不少地方在肥料使用上重大量元素肥、轻中微量元素肥，而在大量元素肥的施用中，又重氮磷肥、轻钾肥，没有做到科学合理地施肥，肥料中养分比例不合适，施肥结构不合理。

(3) 施肥时机掌握不好。在作物的生长发育周期内，不同时期所需营养的种类、数量和比例也不尽相同。如果盲目施肥，不仅作物得不到所需的营养，而且没有利用的肥料积累在土壤中，造成浪费甚至肥害，还会污染环境。

(二) 施用农药不合理

高频率、大剂量、不科学地使用农药，造成害虫和病菌防治越来越难，作物免疫力越来越低。

(1) 农药的大量使用，降低了害虫和病菌对农药的敏感性。人们在使用农药时，绝大多数对农药敏感的害虫和病菌被消灭，而少部分抗性强的品种存活下来，周而复始，一些"超级害虫"和"超级病菌"就被人为制造出来，为了对付它们，人们不得不使用更多和更毒的农药，从而形成恶性循环。

(2) 滥用作物生长调节剂。目前有很多农户对作物生长调节剂有依赖心理，但在使用过程中存在不少问题，如剂量浓度不合适、不注意使用时期、混用不合理等，部分农户甚至以调节剂代替肥料，导致养分不足，植株早衰，作物的正常生长规律被改变，抵抗力下降。

(3) 在作物发生病害时，没有做到"对症下药"。作物病害包括生理性病害和侵染性病害，前者是由非生物因子引起，而后者由病原物引起。病害的起因不同，就要用不同的方法进行防治，绝对不能不分青红皂白，连病害的原因还没搞清，就开始使用农药。这样做不但贻误病情，而且还会形成药害，影响作物生长，新的病害也会乘虚而入。

（三）土壤退化

土壤有机质含量下降，土壤微生态平衡遭受严重破坏。

（1）土壤有机质在作物的优质高效生产中具有重要作用，有机质含量高是优质农田的重要标志之一。目前重化肥、轻有机肥的施肥习惯，使土壤中的有机质逐渐减少，土壤保水保肥能力不断变差，肥力降低，作物生长受到很大的影响。

（2）土壤的板结和农药的使用，使土壤微生物数量大为减少。土壤微生物对作物有非常重要的作用。土壤微生物是生态系统中的分解者，它们分解有机质和矿物质等，释放养分，供作物利用。土壤微生物生命活动产生的生长激素以及维生素类物质对作物的种子萌发和正常的生长发育能产生良好影响；某些土壤微生物还能产生抗生素，可以抑制病原微生物的繁殖。土壤微生物数量的不足，导致这些作用难以充分体现，作物生长遭受严重影响。

（3）另外在有机质匮乏的土壤中，即使补充微生物肥料，由于没有足够的有机质供微生物利用，这些肥料的效果也很难保证。

二、食叶害虫

（一）蚜虫

蚜虫又名腻虫、蜜虫等，昆虫纲半翅目胸喙亚目，刺吸式口器，常危害植物叶片、顶芽、花蕾、嫩茎等部位，刺吸植物汁液，会造成叶片畸形、卷曲、皱缩，严重的甚至可导致整株植株枯萎死亡。同时蚜虫还会分泌蜜露使煤污病、病毒病等发病概率大大提高。蚜虫在亚热带地区和北半球温带地区分布较多，热带地区只有少量分布。全球已知约 4 700 余种，我国约 1 100 种。

1. 种类及分布　据书籍记载，东北地区以茄科植物作为寄主植物的蚜虫包括蚜科的 3 个属，分别是蚜属（*Aphis*）、瘤蚜属（*Myzus*）和缢管蚜属（*Rhopalosiphum*）。其中，以马铃薯为寄主植物的蚜虫主要有茄粗额蚜（*Aulacorthum solani*）、桃蚜（*Myzus persicae*）（图 4- 21）和苹草缢管蚜（*Rhopalosiphum insertum*）；以茄（*Solanum melongena*）为寄主植物的蚜虫主要有棉蚜（*Aphis gossypii*）和桃蚜；以龙葵（*Solanum nigrum*）为寄主植物的蚜虫主要有桃蚜。

图 4- 21　桃　蚜

西北地区以茄科植物作为寄主植物的蚜虫主要有：以马铃薯为寄主植物的棉蚜、桃蚜和超尾蚜（*Surcaudaphis supericauda*）；以番茄为寄主植物的桃蚜和禾谷缢管蚜（*Rhopalosiphum padi*）；以茄为寄主植物的棉蚜和桃蚜；以龙葵为寄主植物的甜菜蚜茄亚种（*Aphis fabae solanella*）。

2. 危害　蚜虫对马铃薯的危害可分为两方面，即直接危害和间接危害。蚜虫可危害绝大多数的经济作物，造成植物生长缓慢甚至停滞，有些还会伴随植株叶片及茎部畸形，发生严重的可造成植物枯萎，使产量大幅度下降。蚜虫喜欢危害的植物部位一般为嫩叶和嫩梢，但有些种或类型也危害老叶、茎、枝甚至树干。而花蕾、花、果也常遭受不同种或同种蚜虫的危害。有些种类则也在植物根部产生危害。同时，蚜虫危害还会对植物造成一些不良影响，如引起植物营养恶化、畸形，以及蚜虫蜜露的污染。

除了直接危害，蚜虫还是马铃薯病毒病传播的重要介体，蚜虫传播植物病毒的能力非常强，可以传播自然界中超过 60% 的植物病毒。植物病毒、蚜虫、寄主植物三者间形成的生态关系非常复杂，其中蚜虫无疑是最为重要的一环，它不仅可以直接危害寄主植物，还可以传播植物病毒。在完整的生活周期内较明显的有翅蚜迁飞至少会出现 3 次，分别出现在春季、夏季和秋季。因此，蚜虫的生活习性将会造成马铃薯生产中病毒病的广泛传播，从而造成马铃薯尤其是种薯中病毒含量增加，质量下降。

主要马铃薯病毒的传染方式见表 4-1。表中可知，除自身部分组织传播病毒外，由外界的昆虫传播病毒是最主要的途径之一，其中以蚜虫为介体传播的病毒病种类非常多。而由蚜虫传播的马铃薯病毒病包括：非持久性病毒 PVY、PVA 和 PVM 等；持久性病毒 PLRV。

表 4-1　马铃薯主要病毒的传染方式

病毒	传染方式					
	嫁接	块茎	汁液	昆虫	种子	土壤
PVX	＋	＋	＋			
PVS	＋	＋	＋			
PSTVd	＋	＋	＋		＋	
PVA	＋	＋	＋	蚜虫		
PVY	＋	＋	＋	蚜虫		
PVM	＋	＋	＋	蚜虫		
PAMV	＋	＋	＋	蚜虫		
PLRV	＋	＋		蚜虫		
PYDV	＋	＋		叶蝉		
PMTV	＋	＋				＋

注：＋表示病毒可以通过相应方式传染。

由蚜虫传播的马铃薯病毒中，传播最为广泛的是 PVY。由 PVY 引起的病毒病分布广泛，近年在我国马铃薯上的发生和危害呈上升趋势。PVY 可由多种蚜虫以非持久性方式进行传播，如棉蚜、桃蚜、萝卜蚜（*Lipaphis erysimi*）等，其中桃蚜是 PVY[O]、PVY[N]

两个株系最有效的传毒介体。

(二)马铃薯甲虫

1. 发生情况及分布 马铃薯甲虫（*Leptinotarsa decemlineata*）（图 4-22），隶属于鞘翅目叶甲科叶甲亚科。是重要的国际检疫对象。原发生于北美落基山区，危害茄科的一种野生植物刺萼龙葵（*Solanum rostratum*）。随着美洲大陆的开发，当马铃薯的栽培向西扩展到落基山区时，立刻遭到这种甲虫的严重危害。此后，这种甲虫又向东扩散，速度很快。现已知英国、法国、荷兰、比利时、卢森堡、德国、西班牙、葡萄牙、瑞士、奥地利、南斯拉夫、捷克、斯洛伐克、波兰都有发生。成虫体长 10 mm，卵圆形。橘黄色，头、胸部和腹面散布大小不同的黑

图 4-22 马铃薯甲虫

斑，各足跗节和膝关节黑色，每鞘翅上有 5 个黑色纵条纹，相当艳丽。成虫在地下越冬。在春季马铃薯出土时，越冬成虫出现，产卵于叶子反面，每次产卵 300～500 粒。老熟幼虫入土化蛹。一年发生 1～3 代。除对马铃薯造成毁灭性灾害外，还危害番茄、茄子、辣椒、烟草等茄科植物。

1993 年首次在我国新疆伊犁地区发现后，现已扩散到新疆北部的大部分地区。近年来，由于马铃薯甲虫在俄罗斯滨海边区已经蔓延到西南部，吉林珲春检验检疫局于 2013 年在距中俄边境线仅 1 km 的马铃薯地发现了马铃薯甲虫的零星分布。2014 年、2015 年、2016 年黑龙江连续在绥芬河、虎林等地发现马铃薯甲虫。

农业部分别在 2012 年及 2014 年发布了有关入侵有害生物名录及分布的文件，其中马铃薯甲虫在 2012 年版本中只有新疆一个地区有分布，涉及 38 个县（市、区），而 2014 年版本中新增了吉林珲春和黑龙江东宁、绥芬河以及虎林。

2. 危害 马铃薯甲虫种群一旦失控，成、幼虫危害马铃薯叶片和嫩尖，可把马铃薯叶片吃光，尤其是马铃薯始花期至薯块形成期受害，对产量影响最大，严重的造成绝收。马铃薯甲虫最喜欢取食马铃薯，其次为茄子和番茄。此外，也喜食菲沃斯属的植物。马铃薯甲虫是马铃薯的毁灭性害虫，幼虫和成虫常将马铃薯叶片吃光，一般造成减产 30%～50%，有的高达 90%。在合适的条件下，该虫的虫口密度往往急剧增长，即使在卵的死亡率为 90% 的情况下，若不加以防治，1 对雌雄个体 5 年之后可产生千亿个个体。

马铃薯甲虫的传播途径主要有以下两种。

① 自然传播。包括风、水流和气流携带传播，自然爬行和迁飞。

② 人工传播。包括随货物、包装材料和运输工具传播。来自疫区的薯块、水果、蔬菜、原木及包装材料和运载工具，均有可能携带此虫。

（三）二十八星瓢虫

二十八星瓢虫（图 4-23）是马铃薯瓢虫（*Henosepilachna vigintioctopunctata*）和茄二十八星瓢虫（*Henosepilachna vigintioctomaculata*）的统称，以危害茄子和马铃薯为主。二十八星瓢虫典型特点就是背上有 28 个黑点（黑斑），这是与其他瓢虫最显著的区别，在昆虫学分类上属于鞘翅目瓢虫科，俗称花大姐、花媳妇。

图 4-23 二十八星瓢虫

茄二十八星瓢虫：成虫体略小，前胸背板多具 6 个黑点，两鞘翅合缝处黑斑不相连，鞘翅基部 3 个黑斑后方的 4 个黑斑基本上在一条线上，幼虫体节枝刺毛为白色。

马铃薯瓢虫：成虫体略大，前胸背板中央有一个大的黑色剑状斑纹，两鞘翅合缝处有 1～2 对黑斑相连，鞘翅基部 3 个黑斑后方的 4 个黑斑不在一条线上，幼虫体节枝刺均为黑色。

1. 发生及分布 二十八星瓢虫 1 年发生 2～3 代。其成虫在枯草、树木裂口及石垣越冬，5 月飞至苗床和大棚番茄及茄子田产卵，亦常寄生于酸浆和牛蒡上。触摸时成虫从体内分泌出黄色液体，由叶片滑落。卵为弹头形，产在叶背。幼虫灰白色，带有枝状刺，20 d 后化为成虫。二十八星瓢虫在东北一般 1 年发生 1～2 代。以成虫群集在背风向阳的树洞、树皮缝、墙缝、山洞、石缝及山坡、丘陵坡地的土内、篱笆下、土穴等地方越冬。翌年 5 月中下旬出蛰、先在附近杂草上栖息，再逐渐迁移到马铃薯、茄子上繁殖危害。成、幼虫都有取食卵的习性，成虫有假死性，并可分泌黄色黏液。夏季温度较高，成虫易不食导致不能生育。幼虫共 4 龄，老熟幼虫在叶背或茎上化蛹。一般 6 月下旬至 7 月上旬、8 月中旬分别是第一、二代幼虫的危害盛期，随着茄科作物的收获，幼成虫转移至其他作物上。从 9 月中旬至 10 月上旬第二代成虫迁移越冬。东北地区越冬代成虫出蛰较晚，而成虫进入越冬休眠的时间稍早。以散居为主，偶有群集现象。二十八星瓢虫主要分布在华东、华北、西北、西南、华中地区，近些年随着气候的变暖，东北地区发生情况逐年加重。

2. 危害 二十八星瓢虫主要危害茄科、豆科、葫芦科、菊科、十字花科等科的蔬菜，大豆、马铃薯等粮食作物以及龙葵、苋等。二十八星瓢虫成虫、幼虫在叶背面剥食叶肉，仅留表皮，形成很多不规则半透明的食痕（图 4-24）。

果实被啃食处常常破裂、组织变僵、

图 4-24 二十八星瓢虫幼虫危害状

粗糙、有苦味，不能食用，甚至失去商品性。被害作物只留下叶表皮，严重的叶片透明，呈褐色枯萎，叶背只剩下叶脉。茎和果上也有细波状食痕。

(四) 潜叶蝇

潜叶蝇属双翅目潜蝇科，主要以幼虫在植物叶片或叶柄内取食，形成的线状或弯曲盘绕的不规则虫道影响植物光合作用，从而造成经济损失。其具有舐吸式口器，以幼虫危害植物叶片，幼虫往往钻入叶片组织中，潜食叶肉组织，造成叶片呈现不规则白色条斑，使叶片逐渐枯黄，造成叶片内叶绿素分解，叶片中糖分降低，危害严重时被害植株叶黄脱落，甚至死苗。目前我国的主要潜叶蝇类害虫有：美洲斑潜蝇 (*Liriomyza sativae*)、南美斑潜蝇 (*L. huidobrensis*)、三叶草斑潜蝇 (*L. trifolii*)、番茄斑潜蝇 (*L. bryoniae*)、豌豆彩潜蝇 (*Chromatomyia horticola*)、葱斑潜蝇 (*L. chinensis*) 等。

1. 发生及分布 豌豆彩潜蝇又名豌豆潜叶蝇，在河北、山东、河南及北京郊区主要危害豌豆、油菜、甘蓝、结球甘蓝和小白菜以及杂草中的苍耳等。稻小潜叶蝇 (*Hydrellia griseola*) 广泛分布于内蒙古、黑龙江、吉林、辽宁、河北、山西、陕西、宁夏、上海、浙江、江西、福建、湖北、湖南、四川等地，除危害草坪外，还可危害水稻、大麦、小麦、燕麦等，并取食看麦娘、游草、菖蒲、海荆三棱、甜茅、稗草等。紫云英潜叶蝇 (*Phytomyza peniculatae*) 分布于浙江、江西、福建等地，主要危害紫云英及一些草坪草，以幼虫在叶片内潜食叶肉，造成盘旋形弯曲潜道，导致叶片枯萎。甜菜潜叶蝇 (*Pegomyia hyosciami*) 幼虫潜叶危害，潜痕较宽，留下叶片的表皮呈半透明水泡状，多头幼虫潜害一叶时，很易使叶片枯萎；分布于华北、东北、西北、江苏和湖南等地，国内主要受害区均限于寒冷地区，多在年平均温度 7~9 ℃等温线范围内。寄主有甜菜、菠菜及藜属、蓼科等植物。

2. 危害 潜叶蝇以幼虫潜入寄主叶片表皮下，曲折穿行，取食叶肉及植物汁液，造成不规则的灰白色线状隧道。危害严重时，叶片组织几乎全部受害，叶片上布满蛀道，尤其以植株基部叶片受害最为严重，甚至枯萎死亡。幼虫也可潜食嫩荚及花梗。成虫还可吸食植物汁液使被吸处形成小白点 (图 4 - 25)。

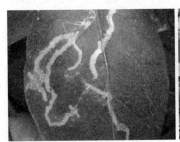

图 4 - 25 潜叶蝇危害

(五) 中华豆芫菁

芫菁科 (Meloidae) 属于鞘翅目 (Coleoptera) 拟步甲总科 (Tenebrionoidea)，迄今

为止全球记录芫菁科4亚科约120属2500余种；我国已知2亚科23属174种。中华豆芫菁隶属芫菁科豆芫菁属，学名为 *Epicauta chinensis*。成虫体长14.5～25 mm，宽4～5.5 mm，全体黑色被细短黑色毛，仅头部两侧后方红色，其余黑色，额中间具1块红斑；前胸背板中间具白色短毛组成的纵纹1条，沿鞘翅的侧缘、端缘及中缝处长有白毛，头部具密刻点，触角基部内侧生黑色发亮圆扁瘤1个。雌虫触角丝状，雄虫触角栉齿状，第三至九节向一侧展宽，第四节宽是长的3倍，前胸背板两侧平行，从端部的1/3处向前收缩。前足腿节、胫节背面密被灰短毛，中后足毛稀。雄虫前足第一跗节基半部细，向内侧凹，端部阔，雌虫不明显。幼虫共6龄，一龄幼虫衣鱼型，似双尾虫，体深褐色，胸足发达，末端有3个爪；二至四龄幼虫蛴螬型，五龄幼虫（又称假蛹）象甲幼虫型，六龄幼虫蛴螬型。卵椭圆形，大小约3 mm×1 mm；黄白色，表面光滑；70～150粒卵组成菊花状卵块。蛹长约15 mm，黄白色，复眼黑色；前胸背板侧缘及后缘各着生9根长刺；第一至六腹节后缘具一排刺，左右各6根；第七、八腹节左右各5根。翅芽达腹部第三节。

1. 发生与分布　中华豆芫菁（图4-26）已知分布在河北（唐山、保定、张家口、承德、沧州、衡水），北京，黑龙江，吉林，天津，内蒙古，新疆，宁夏，甘肃，陕西，四川，山西，山东，河南，安徽，江苏，湖北，湖南，台湾；朝鲜；韩国；日本。中华豆芫菁一般成群活动，少则几十头，多则上百头，很少有单独个体活动（除非在产卵之前各自寻找产卵场所）。在田间只要发现一头中华豆芫菁那么附近肯定有其他成群个体存在，在黄豆地块，有时可以发现几百头，有时却一头也见不到。点片危害，在同一块马铃薯地中，有的地方叶片被吃得干干净

图4-26　中华豆芫菁

净，但在相距不到2 m的地方，叶片毫发无损。据追踪观察，前一天中华豆芫菁聚集的地方，第二天已所剩不多，而在相距不远的另一处却发现了大量个体，说明中华豆芫菁吃完一处，再群迁到另一处，具有群集和迁徙性。

2. 危害　中华豆芫菁成虫危害大豆、马铃薯、黄芪、甜菜等作物茎叶，是马铃薯的主要害虫之一。成虫能短距离飞翔，常群集取食，每株马铃薯可集虫十几头，喜食嫩叶、嫩茎，吃光后转移，食料缺乏时也可取食老叶。危害轻者，茎叶残缺不全；重者，叶、茎、花全吃光，仅留老茎，遍地布满蓝黑色颗粒状粪便。

（六）蓟马

蓟马（图4-27）是昆虫纲缨翅目的统称。幼虫呈白色、黄色或橘色，成虫黄色、棕色或黑色；取食植物汁液或真菌。体微小，体长0.5～2 mm，很少超过7 mm。蓟马科（Thripidae）隶属于缨翅目（Thysanoptera）蓟马总科（Thripoidea），全世界已知276属2000余种，包括针蓟马亚科（Panchaetothripinae）、棍蓟马亚科（Dendrothripinae）、绢

蓟马亚科（Sericothripinae）和蓟马亚（Thripinae）4个亚科。该科昆虫广泛分布在世界各地，食性复杂，主要有植食性、菌食性和捕食性，其中植食性占一半以上，是重要的经济害虫之一。在瓜果、蔬菜上发生危害的主要种类有瓜蓟马、葱蓟马等，此外还有稻蓟马、西花蓟马等。

1. 发生及分布　蓟马一年四季均有发生，春、夏、秋三季主要发生在露地，冬季主要在温室大棚中，危害茄子、黄瓜、芸豆、辣椒、西瓜等作物。发生高峰期在秋季或入冬的11—12月，3—5月则是第二个高峰期。雌成虫主要进行孤雌生殖，偶有两性生殖，极难见到雄虫。

图4-27　蓟　马

卵散产于叶肉组织内，每雌产卵22～35粒。雌成虫寿命8～10 d，卵期在5—6月为6～7 d。若虫在叶背取食，到高龄末期停止取食，落入表土化蛹。它们常以锉吸式口器锉破植物的表皮组织吮吸其汁液，引起植株萎蔫，造成籽粒干瘪，影响产量和品质。蓟马喜欢温暖、干旱的天气，其适温为23～28℃，适宜空气湿度为40%～70%；湿度过大不能存活，当湿度达到100%，温度达31℃时，若虫全部死亡。在雨季，如遇连阴多雨，葱的叶腋间积水，能导致若虫死亡。大雨后或浇水后致使土壤板结，使若虫不能入土化蛹和蛹不能孵化成虫。在现代蓟马科分类研究工作中，广为接受的是蓟马科分为4亚科的系统：针蓟马亚科（35属125种）、棍蓟马亚科（3属95种）、绢蓟马亚科（3属140种）和蓟马亚科（225属1 700种）。我国有蓟马科昆虫79属315种。

2. 危害　蓟马以成虫和若虫锉吸植株幼嫩组织（枝梢、叶片、花、果实等）汁液，被害的嫩叶、嫩梢变硬卷曲枯萎，植株生长缓慢，节间缩短；幼嫩果实（如茄子、黄瓜、西瓜等）被害后会硬化，严重时造成落果，严重影响产量和品质。

有的种类可形成虫瘿，降低了园林植物的观赏价值进而造成更大的经济损失；更为严重的是有些种类还可传播病毒病，如烟蓟马（*Thrips tabaci*）可传播番茄斑萎病毒（TSWV），严重危害番茄、烟草、莴苣、菠萝、马铃薯等经济作物；又如于2003年传入我国的检疫性害虫西花蓟马（*Frankliniella occidentalis*），它对植物造成多种危害，同时还能传播TSWV、凤仙斑点坏死病毒（INSV）和烟草条纹病毒（TSV）等，给农业生产带来严重的经济损失。

蓟马还有一些对人类有益的种类：有些种类可以捕食其他昆虫，是天敌昆虫，可用在生物防治上，如食螨蓟马属的塔六点蓟马（*Scolothrips takahashi*）捕食叶螨及其卵；有些种类可以帮助植物传播花粉，如牛角花齿蓟马（*Odontothrips loti*）。

（七）草地螟

草地螟（*Loxostege sticticalis*），螟蛾科。又名黄绿条螟、甜菜网螟，网锥额蚜螟。

草地螟为多食性大害虫，可取食 35 科，200 余种植物。主要危害甜菜、大豆、向日葵、马铃薯、麻类、蔬菜、药材等。大发生时禾谷类作物、林木等均受其害。但它最喜取食的植物是灰菜、甜菜和大豆等。成虫淡褐色，体长 8～10 mm，前翅灰褐色，外缘有淡黄色条纹，翅中央近前缘有一深黄色斑，顶角内侧前缘有不明显的三角形浅黄色小斑，后翅浅灰黄色，有两条与外缘平行的波状纹。卵椭圆形，长 0.8～1.2 mm，为 3～5 粒或 10 多粒串状粘成瓦片状的卵块。幼虫共 5 龄，老熟幼虫 16～25 mm，一龄幼虫淡绿色，体背有许多暗褐色纹，三龄幼虫灰绿色，体侧有淡色纵带，周身有毛瘤。五龄幼虫多为灰黑色，两侧有鲜黄色线条。蛹长 14～20 mm，背部各节有 14 个赤褐色小点，排列于两侧，尾刺 8 根。

1. 发生及分布 草地螟在我国分布于东北、西北、华北一带，主要分布在吉林、内蒙古、黑龙江、宁夏、甘肃、青海、河北、山西、陕西、江苏等省。新中国成立以来，草地螟在东北曾于 1956 年、1979 年、1980 年和 1982 年严重发生。草地螟分布于我国北方地区，年发生 2～4 代，以老熟幼虫在土内吐丝作茧越冬。翌春 5 月化蛹及羽化。成虫飞翔力弱，喜食花蜜，卵散产于叶背主脉两侧，常 3～4 粒在一起，以距地面 2～8 cm 的茎叶上最多。初孵幼虫多集中在枝梢上结网躲藏，取食叶肉，三龄后食量剧增，幼虫共 5 龄。草地螟以老熟幼虫在丝质土茧中越冬。越冬幼虫在翌春随着日照增长和气温回升开始化蛹，一般在 5 月下旬至 6 月上旬进入羽化盛期。越冬代成虫羽化后，从越冬地迁往发生地，在发生地繁殖 1～2 代后，再迁往越冬地，产卵繁殖到老熟幼虫入土越冬。

2. 危害 在我国北方，草地螟的越冬发生地在内蒙古中部、山西北部和河北张家口地区。这些地区 8 月以后气温偏低，降水量不大，荒坡、草滩和休闲地面积大，草地螟越冬虫茧受人为耕作影响较小，大多海拔 1 000～1 600 m。如在越冬地草地螟幼虫越冬面积广、数量大，第二年春羽化后，便可随当时的季风迁至内蒙古东部、辽宁中西部。草地螟成虫有群集性。在飞翔、取食、产卵以及在草丛中栖息等，均以大小不等的高密度的群体出现。对多种光源有很强的趋性。对黑光灯趋性更强，在成虫盛发期一支黑光灯一夜可诱捕成虫成千上万头。成虫需补充营养，常群集取食花蜜。成虫产卵选择性很强，在气温偏高时，选高海拔冷凉的地方，气温偏低时，选低海拔向阳背风地，在气温适宜时选择比较湿润的地方。卵多产在藜属、菊科、锦葵科和茄科等植物上。幼虫四、五龄期食量较大，占幼虫总食量的 80% 以上，此时如果幼虫密度大而食量不足时可集群爬至他处危害。

（八）白粉虱

白粉虱（*Trialeurodes vaporariorum*）又名小白蛾子，属半翅目粉虱科。是一种世界性害虫，我国各地均有发生，是大棚内种植作物的重要害虫。寄主范围广，蔬菜中的黄瓜、菜豆、茄子、番茄、辣椒、冬瓜、豆类、莴苣以及白菜、芹菜、大葱、牡丹花等都能受其危害，还能危害花卉、果树、药材、牧草、烟草等 112 个科 653 种植物。

卵：椭圆形，具柄，开始浅绿色，逐渐由顶部扩展到基部为褐色，最后变为紫黑色。一龄：身体为长椭圆形，较细长；有发达的胸足，能就近爬行，后期静止下来，触角发达、腹部末端有一对发达的尾须，相当体长的 1/3。二龄：胸足显著变短，无步行机能，定居下来，身体显著加宽，椭圆形；尾须显著缩短。三龄：体形与二龄若虫相似，略大；

足与触角残存；体背面的蜡腺开始向背面分泌蜡丝；显著看出体背有三个白点：即胸部两侧的胸褶及腹部末端的瓶形孔。蛹：早期，身体显著比三龄加长加宽，但尚未显著加厚，背面蜡丝发达四射，体色为半透明的淡绿色，附肢残存；尾须更加缩短。中期，身体显著加长加厚，体色逐渐变为淡黄色，背面有蜡丝，侧面有刺。末期，比中期更长更厚，成匣状，复眼显著变红，体色变为黄色，成虫在蛹壳内逐渐发育起来。成虫：雌虫，个体比雄虫大，经常雌雄成对在一起，大小对比显著。腹部末端有产卵瓣三对，（背瓣、腹瓣、内瓣），初羽化时向上折，以后展开。腹侧下方有两个弯曲的黄褐色曲纹，是蜡板边缘的一部分。两对蜡板位于第二、三腹节两侧。雄虫和雌虫在一起时常常颤动翅膀。腹部末端有一对钳状的阳茎侧突，中央有弯曲的阳茎。腹部侧下方有四个弯曲的黄褐色曲纹，是蜡板边缘一部分。四对蜡板位于第二、三、四、五腹节上。

1. 发生及分布 温室白粉虱不耐低温，在辽宁均不能露地越冬。1年可发生10余代，以各种虫态在保护地内越冬危害，春季扩散到露地，9月以后迁回到保护地内。成虫不善飞，有趋黄性，群集在叶背面，具趋嫩性，故新生叶片成虫多，中下部叶片若虫和伪蛹多。交配后，1头雌虫可产100多粒卵，多者400～500粒。此虫最适发育温度25～30 ℃，在温室内一般1个月发生1代。

据《世界的白粉虱》（*Whitefly of the World*）一书统计，温室白粉虱分布于欧洲、亚洲、非洲、美洲及大洋洲等四十八个国家与地区。20世纪50年代曾在北京金山露地种植的架豆上发现过粉虱，但未鉴定过，当时也未闻造成显著危害。但近年来温室白粉虱逐渐猖獗，特别由于近年来冬季大量使用塑料薄膜搭成大棚育苗种菜，加上原来的大量土温室，城镇居民及花圃冬季在室内养花，这就为温室白粉虱的越冬创造了有利条件，使温室白粉虱在我国部分地区如东北的沈阳、大连以及北京、天津、济南等地泛滥成灾，尤以温室的黄瓜、番茄、架豆等被害最显著，露地的架豆、茄子等也受害不浅。

2. 危害 温室白粉虱对作物及花卉蔬菜的危害是多方面的。主要有：①直接危害，连续吸吮使植物生长缺乏糖类，产量降低；②注射毒素，吸食汁液时把毒素注入植物中；③引发霉菌，其分泌的蜜露适于霉菌生长，污染叶片与果实；④影响产品质量，真菌导致一般果实变黑；⑤传播病毒病，白粉虱是各种作物病毒病的介体。白粉虱成虫排泄物不仅影响植株的呼吸，也能引起煤烟病等病害的发生。白粉虱在植株叶背大量分泌蜜露，引起真菌大量繁殖，影响到植物正常呼吸与光合作用，从而降低蔬菜果实质量，影响其商品价值。

（九）马铃薯块茎蛾

马铃薯块茎蛾（图4-28、图4-29）又称马铃薯麦蛾、烟潜叶蛾等，属鳞翅目麦蛾科。在国内分布于14个省份，以云、贵、川等省受害较重。主要危害茄科植物，其中以马铃薯、烟草、茄子等受害最重，其次是辣椒、番茄。

成蛾体长约5～6 mm，翅展约14～16 mm，雌成虫体长约5.0～6.2 mm，雄成虫体长约5.0～5.6 mm。灰褐色，稍带银灰光泽。触角丝状。下唇须3节，向上弯曲超过头顶，第一节短小，第二节下方被覆疏松、较宽的鳞片，第三节长度接近第二节，但尖细。前翅狭长，鳞片黄褐色或灰褐色翅尖略向下弯，臀角钝圆，前缘及翅尖色较深，翅中央有4～

5个黑褐色斑点。雌虫翅臀区有显著的黑褐色大斑纹，两翅合并时形成一长斑纹。雄虫翅臀区无此黑斑，有4个黑褐色鳞片组成的斑点；后翅前缘基部具有一束长毛，翅缰一根。雌虫翅缰3根。雄虫腹部外表可见8节，第七节前缘两侧背方各生一丛黄白色的长毛，毛从尖端向内弯曲。卵椭圆形，微透明，长约0.5 mm，初产时乳白色，微透明且带白色光泽，孵化前变黑褐色，带紫蓝色光亮。空腹幼虫体乳黄色，危害叶片后呈绿色。末龄幼虫体长11～13 mm，头部棕褐色，每侧各有单眼6个，胸节微红，前胸背板及胸足黑褐色，臀板淡黄。腹足趾钩双序环形，臀足趾钩双序弧形。蛹棕色，长约6～7 mm，宽约1.2～2.0 mm，臀棘短小而尖，向上弯曲，周围有刚毛8根，生殖孔为一细纵缝，雌虫位于第八腹节，雄虫位于第八腹节，蛹茧灰白色，长约10 mm。

图4-28 马铃薯块茎蛾幼虫

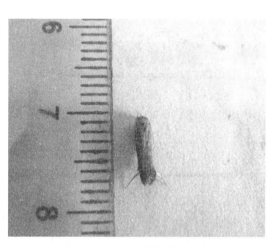

图4-29 马铃薯块茎蛾成虫

1. 发生及分布　马铃薯块茎蛾原产于南美洲亚热带山区或中美和南美的北部山区。入侵时主要在云南、贵州和广西局部地区发生。现已扩展到西南、西北、中南、华东，包括四川、贵州、云南、广东、广西、湖北、湖南、江西、河南、陕西、山西、甘肃、安徽、台湾等10余个省份。

马铃薯块茎蛾主要分布于我国西部及南方，以西南地区发生最重。在西南各省份年发生6～9代，以幼虫或蛹在枯叶或储藏的块茎内越冬。田间马铃薯以5月及11月受害较严重，室内贮存块茎在7—9月受害严重。成虫夜出，有趋光性。卵产于叶脉处和茎基部，薯块上卵多产在芽眼、破皮、裂缝等处。幼虫孵化后四处爬散，吐丝下垂，随风飘落在邻近植株叶片上潜入叶内危害，在块茎上则从芽眼蛀入。卵期4～20 d；幼虫期7～11 d；蛹期6～20 d。

在我国主要发生在山地和丘陵地区。海拔2 000 m以上仍有发生，随海拔高度降低危害程度相应减轻，沿海地区未发生。危害田间的烟草、马铃薯等茄科植物，也危害仓储的马铃薯。

一年发生9～11代。只要有适当食料和温湿条件，冬季仍能正常发育，主要以幼虫在田间残留薯块、残株落叶、挂晒过烟叶的墙壁缝隙及室内储藏薯块中越冬。1月平均气温高于0 ℃地区，幼虫即能越冬。越冬代成虫于3—4月出现。成虫白天不活动，潜伏于植株叶下，地面或杂草丛内，晚间出来活动，有弱趋光性，雄蛾比雌蛾趋光性强些。成虫飞翔力不强。此代雌蛾如获交配机会，多在田间烟草残株上产卵，如无烟草亦可产在马铃薯块茎芽眼、破皮裂缝及泥土等粗糙不平处。每雌产卵 150～200 粒，多者达 1 000 多粒。卵期一般 7～10 d，第一代全期 50 d 左右。

2. 危害　马铃薯块茎蛾幼虫潜叶蛀食叶肉，严重时嫩茎和叶芽常被害枯死，幼株甚至死亡。在田间和储藏期间幼虫蛀食马铃薯块茎，蛀成弯曲的隧道，严重时吃空整个薯块，使薯块外表皱缩并引起腐烂。是世界性重要害虫，也是重要的检疫性害虫之一。最嗜寄主为烟草，其次为马铃薯和茄子，也危害番茄、辣椒、曼陀罗、枸杞、龙葵、酸浆等茄科植物。是最重要的马铃薯仓储害虫，广泛分布在温暖、干旱的马铃薯产区。此虫能严重危害田间和仓储的马铃薯。在田间危害茎、叶片、嫩尖和腋芽，被害嫩尖、腋芽往往枯死，幼苗受害严重时会枯死。幼虫可潜食于叶片之内蛀食叶肉，使叶片仅留上下表皮，呈半透明状。其田间危害可使产量减少 20%～30%。在马铃薯贮存期危害薯块更为严重，在 4 个月左右的马铃薯储藏期中危害率可达 100%，以幼虫蛀食马铃薯块茎和芽。

三、地下害虫

（一）金针虫

金针虫（图 4 - 30）是鞘翅目（Coleoptera）叩甲科（Elateridae）昆虫幼虫的总称，成虫俗称叩头虫。多数种类危害农作物和林草等的幼苗及根部，是地下害虫的重要类群之一。在我国，成虫分类研究相对较多，刘淦芝在《中国叩甲科种类名录及属的概要》中记述了 166 种；胡经甫在《中国昆虫名录》中记述了 174 种；张祺等以我国叩甲的危害种类为主要对象，从分类区系、发生规律及综合防治等方面阐述了叩甲科研究现状和研究前景；江世宏等记述了 12 亚科 64 属 168 种。

图 4 - 30　金针虫

金针虫主要有沟金针虫、细胸金针虫等。沟金针虫末龄幼虫体长 20～30 mm，体扁平，黄金色，背部有一条纵沟，尾端分成两叉，各叉内侧有一小齿；沟金针虫成虫体长 14～18 mm，深褐色或棕红色，全身密被金黄色细毛，前脚背板向背后呈半球状隆起。细胸金针虫末龄幼虫体长 23 m 左右，圆筒形，尾端尖，淡黄色，背面近前缘两侧各有一个圆形斑纹，并有四条褐色纵纹；成虫体长 8～9 mm，体细长，暗褐色，全身密被灰黄色短毛，并有光泽，前胸背板略带圆形。

1. 发生及分布　沟金针虫主要分布于长江流域以北地区，其中又以旱作区域中有机质较为缺乏而土质较为疏松的粉沙壤土和粉沙黏壤土地带发生较重，是我国中部和北部旱作地区的重要地下害虫。细胸金针虫在淮河以北地区常年发生，以水浇地、潮湿低洼地和黏土地带发生较重。另两种金针虫在北方发生也较为普遍，褐纹金针虫分布于华北，宽背金针虫分布于黑龙江、内蒙古、宁夏、新疆。

沟金针虫一般3年完成1代，老熟幼虫于8月上旬至9月上旬在13~20 cm土中化蛹，蛹期16~20 d，9月初羽化为成虫，成虫一般当年不出土，在土室中越冬，第二年3—4月交配产卵，卵5月初左右开始孵化。由于生活历期长，环境多变，金针虫发育不整齐，世代重叠严重。细胸金针虫一般6月下旬开始化蛹，直至9月下旬。

金针虫随着土壤温度季节性变化而上下移动，在春、秋两季表土温度适合金针虫活动，上升到表土层危害，形成两个危害高峰；夏季、冬季则向下移动越夏越冬。如果土温合适，危害时间延长。当表土层温度达到6 ℃左右时，金针虫开始向表土层移动，土温7~20 ℃是适合金针虫活动的温度范围，此时金针虫最为活跃，土温是影响金针虫危害的重要因素。春季雨水适宜，土壤墒情好，危害加重，春季少雨干旱则危害轻，同时对成虫出土和交配产卵不利；秋季雨水多，土壤墒情好，有利于老熟幼虫化蛹和羽化。

2. 危害　以幼虫长期生活于土壤中，主要危害禾谷类、薯类、豆类、甜菜、棉花及各种蔬菜和林木幼苗等。幼虫能咬食刚播下的种子，食害胚乳使其不能发芽，如已出苗可危害须根、主根和茎的地下部分，使幼苗枯死。主根受害部不整齐，还能蛀入块茎和块根（图4-31）。

在欧洲、英国及美国等地区，金针虫是马铃薯的毁灭性害虫；在我国，20世纪50年代就报道过金针虫在华北地区危害人参、小麦等经济作物，近年来又有其严重危害竹笋的报道。金针虫在地

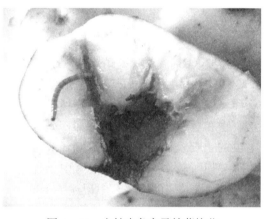

图4-31　金针虫危害马铃薯块茎

下活动和危害，隐蔽性强，周期长，且能随环境变化改变危害深度，控制难度大，其防治一直是植物保护工作的难点。

（二）蛴螬

蛴螬（图4-32）是金龟甲的幼虫，别名白土蚕、核桃虫。成虫通称为金龟甲或金龟子。危害多种植物和蔬菜。按其食性可分为植食性、粪食性、腐食性三类。其中植食性蛴螬食性广泛，危害多种农作物、经济作物和花卉苗木，喜食刚播种的种子、根、块茎以及幼苗，是世界性的地下害虫，危害很大。此外某些种类的蛴螬可入药，对人类有益。

蛴螬体肥大，体型弯曲呈C形，多为白色，少数为黄白色。头部褐色，上颚显著，腹部肿胀。体壁较柔软多皱，体表疏生细毛。头大而圆，多为黄褐色，生有左右对称的刚毛，刚毛数量的多少常为分种的特征。如华北大黑鳃金龟的幼虫为3对，黄褐丽金龟幼虫为5对。蛴螬具胸足3对，一般后足较长。腹部10节，第十节称为臀节，臀节上生有刺

毛，其数目的多少和排列方式也是分种的重要特征。

1. 发生及分布　蛴螬分布很广，从黑龙江起至长江以南地区以及内蒙古、西藏、陕西等地均有。蛴螬1～2年1代，幼虫和成虫在土中越冬，成虫即金龟子，白天藏在土中，晚上8—9时进行取食等活动。蛴螬有假死和负趋光性，并对未腐熟的粪肥有趋性。幼虫蛴螬始终在地下活动，活动深度与土壤温湿度关系密切。当10 cm土温达5 ℃时开始上升土表，13～18 ℃时活动最盛，23 ℃以上则

图4-32　蛴螬及危害状

往深土中移动，至秋季土温下降到其活动适宜范围时，再移向土壤上层。成虫交配后10～15 d产卵，产在松软湿润的土壤内，以水浇地最多，每头雌虫可产卵100粒左右。蛴螬年生代数因种、因地而异。这是一类生活史较长的昆虫，一般1年1代，或2～3年1代，长者5～6年1代。如大黑鳃金龟2年1代，暗黑鳃金龟、铜绿丽金龟1年1代，小云斑鳃金龟在青海4年1代，大栗鳃金龟在四川甘孜地区则需5～6年1代。蛴螬共3龄，一、二龄期较短，三龄期最长。

2. 危害　金龟子是国内外公认的难防治的土栖性害虫，是农林业生产的大敌，其幼虫也是地下害虫中最大的类群，也是危害最重、造成损失最大的种类。据调查统计，植物地下部分受害的86%是由蛴螬危害造成的。蛴螬对果园苗圃、幼苗及其他作物的危害在春秋两季最重。蛴螬咬食幼苗嫩茎，薯芋类块根被钻出孔眼，当植株枯黄而死时，它又转移到别的植株继续危害。此外，因蛴螬造成的伤口还可诱发病害。其中植食性蛴螬食性广泛，危害多种农作物、经济作物和花卉苗木，喜食刚播种的种子、根、块茎以及幼苗，是世界性的地下害虫，危害很大。

（三）小地老虎

小地老虎（*Agrotis ypsilon*）（图4-33）属鳞翅目（Lepidoptera）夜蛾科（Noctuidae），别名土蚕、地蚕、黑土蚕、黑地蚕、地剪、切根虫等，异名*Noctua ypsilon*，是地老虎中分布最广、危害最严重的种类，其食性杂，可取食棉花、瓜类、豆类、禾谷类、麻类、甜菜、烟草等多种作物。小地老虎主要危害作物幼苗，以剪断幼茎，取食嫩叶、幼茎为主，且能咬食种芽，危害果穗，取食块茎等。高龄幼虫剪苗率高，取食量大。近年来，小地老虎的危害常造成农作物

图4-33　小地老虎

缺苗、断垄，严重影响其产量。年发生代数随各地气候不同而异，愈往南年发生代数愈多，以雨量充沛、气候湿润的长江中下游和东南沿海及北方的低洼内涝或灌区发生比较严重；在长江以南以蛹及幼虫越冬，适宜生存温度为 15～25 ℃。天敌有知更鸟、鸦雀、蟾蜍、鼬鼠、步行虫、寄生蝇、寄生蜂及细菌、真菌等。对农、林木幼苗危害很大，轻则造成缺苗断垄，重则毁种重播。

成虫：体长 21～23 mm，翅展 48～50 mm。头部与胸部褐色至黑灰色，雄蛾触角双栉形，栉齿短，端 1/5 线形，下唇须斜向上伸。

幼虫：头部暗褐色，侧面有黑褐斑纹，体黑褐色稍带黄色，密布黑色小圆突，腹部末端肛上板有一对明显黑纹，背线、亚背线及气门线均黑褐色，不很明显，气门长卵形，黑色。

卵：半球形，宽约 0.5 mm，表面有纵横隆纹，初白后黑。

蛹：黄褐色至暗褐色，腹末稍延长，有一对较短的黑褐色粗刺。

1. 发生及分布　据报道，小地老虎在全国各地都有分布，其中以沿海、沿湖、沿河及地势低洼、地下水位较高处，土壤湿润杂草丛生的旱粮区和棉粮夹种地区发生最重，对其他旱作区和蔬菜区也有不同程度的危害。

2. 危害　该虫能危害百余种植物，是对农、林木幼苗危害很大的地下害虫，在东北主要危害落叶松、红松、水曲柳、核桃楸等苗木，在南方危害马尾松、杉木、桑、茶等苗木，在西北危害油松、沙枣、果树等苗木。

幼虫共分 6 龄，其不同阶段危害习性表现为：一、二龄幼虫昼夜均可群集于幼苗顶心嫩叶处，昼夜取食，这时食量很小，危害也不十分显著；三龄后分散，幼虫行动敏捷，有假死习性，对光线极为敏感，受到惊扰即卷缩成团，白天潜伏于表土的干湿层之间，夜晚出土从地面将幼苗植株咬断拖入土穴，或咬食未出土的种子，幼苗主茎硬化后改食嫩叶和叶片及生长点，食物不足或寻找越冬场所时，有迁移现象。五、六龄幼虫食量大增，每条幼虫一夜能咬断菜苗 4～5 株，多的达 10 株以上。幼虫三龄后对药剂的抵抗力显著增加。因此，药剂防治一定要掌握在三龄以前。3 月底至 4 月中旬是第一代幼虫危害的严重时期。

（四）蝼蛄

蝼蛄科昆虫统称为蝼蛄（图 4-34），俗名耕狗、拉拉蛄、扒扒狗、土狗崽等。为地下昆虫，体小型至大型，其中以短腹蝼蛄（*Gryllotalpa breviabdominis*）体型最小（体长＜2 cm），以单刺蝼蛄（*Gryllotalpa unispina*）体型最大（体长＞4 cm）；分类上隶属于蝼蛄科（Gryllotalpidae）。此类昆虫身体梭形，前足为特殊的开掘足，雌性缺产卵器，雄性外生殖结构简单，雌雄可通过翅脉识别

图 4-34　蝼　蛄

（雄性覆翅具发声结构）。全世界蝼蛄科现生种类含 2 亚科 6 属 110 种，另有 1 化石亚科，含 5 化石属 5 化石种，我国仅有蝼蛄亚科（Gryllotalpinae）蝼蛄属（*Gryllotalpa*）种类的分布，包含 11 种（含分布于台湾的 2 种，*Gryllotalpa dentist* 和 *Gryllotalpa formosana*）。

蝼蛄不全变态。蝼蛄的触角短于体长，前足宽阔粗壮，适于挖掘，属开掘式足前足，胫节末端形同掌状，具 4 齿。覆翅短小，后翅膜质，扇形，广而柔。尾须长。雌虫产卵器不外露，在土中挖穴产卵，卵数可达 200～400 粒，产卵后雌虫有保护卵的习性。刚孵出的若虫，由母虫抚育，至一龄后始离母虫远去。

华北蝼蛄的成虫体长 36～55 mm，黄褐色（雌大雄小），腹部色较浅，全身被褐色细毛，头暗褐色，前胸背板中央有一暗红斑点，前翅长 14～16 mm 覆盖腹部不到一半；后翅长 30～35 mm，附于前翅之下。前足为开掘足，后足胫节背面内侧有 0～2 个刺，多为 1 个。

华北蝼蛄的卵呈椭圆形，比非洲蝼蛄的小，初产下时长 1.6～1.8 mm，宽 1.1～1.3 mm，以后逐渐肥大，孵化前长 2.0～2.8 mm，宽 1.5～1.7 mm。卵色较浅，刚产下时乳白色有光泽，以后变为黄褐色，孵化前呈暗灰色。

华北蝼蛄若虫初孵化出来时，头胸特别细，腹部很肥大，行动迟缓；全身乳白色，复眼淡红色。约半小时后腹部颜色由乳白变浅黄，再变土黄，逐渐加深。脱一次皮后，变为浅黄褐色。以后每脱一次皮，颜色加深一些，五、六龄以后就接近成虫颜色。初龄若虫体长 3.5～4.0 mm，末龄若虫体长 36～40 mm。

东方蝼蛄成虫体型较华北蝼蛄小，在 30～35 mm（雌大雄小），灰褐色，全身生有细毛，头暗褐色，前翅灰褐色，长约 12 mm，覆盖腹部达一半；后翅长 25～28 mm，超过腹部末端。前足为开掘足，后足胫节背后内侧有 3～4 个刺。

非洲蝼蛄成虫身体比较细瘦短小，体长 30～35 mm，前胸阔 6～8 mm。体色较深，呈灰褐色，腹部颜色也较其他部位浅。全身同样密生细毛。头圆锥形，触角丝状。从背面看，前胸背板呈卵圆形，中央的暗红色长心脏形斑凹陷明显，长 4～5 mm。前翅灰褐色，长 12 mm 左右，覆盖腹部达一半。前足也特化为开掘足，但比华北蝼蛄小，前足腿节内侧外缘缺刻不明显。后足胫节背面内侧有刺 3～4 个。腹部末端近纺锤形。

非洲蝼蛄的卵同样呈椭圆形，但较大，初产下时长 2.0～2.4 mm，宽 1.4～1.6 mm；孵化前长 3.0～3.2 mm，宽 1.8～2.0 mm（1967 年在甘肃省临桃县挖到过长 3.3 mm，宽 2.2 mm 的非洲蝼蛄卵）。卵色较深，初产下时为黄白色，有光泽，以后变为黄褐色，孵化前呈暗紫色。

非洲蝼蛄的若虫初孵化出来时，同样是头胸特别细，腹部很肥大，行动迟缓；全身乳白色，腹部淡红色。多半天以后，从腹部到胸、头、足逐渐变成浅灰褐色，二、三龄以后，接近成虫颜色。初龄若虫体长 4 mm 左右，末龄若虫体长 24～28 mm。

1. 发生及分布 蝼蛄在我国的分布很广，华北蝼蛄主要分布在北纬 32°以北地区，包括黑龙江、辽宁、吉林、内蒙古、新疆、河北、河南、山西、陕西、山东以及苏北等地。东方蝼蛄几乎遍及全国。台湾蝼蛄只分布在台湾、广东、广西、江西、四川，危害不重。金秀蝼蛄分布在广西。河南蝼蛄主要分布在安徽、湖北、陕西和四川等省的山区。

2. 危害

（1）华北蝼蛄。 约三年一代，以成虫若虫在土内越冬，入土可达 70 mm 左右。第二年春天开始活动，在地表形成长约 10 mm 松土隧道，此时为调查虫口的有利时机，4 月是危害高峰期，9 月下旬为第二次危害高峰。秋末以若虫越冬。若虫三龄开始分散危害，如此循环，第三年 8 月羽化为成虫，进入越冬期。其食性很杂，危害盛期在春秋两季。

（2）东方蝼蛄。 多数 1～2 年一代，以成虫若虫在土下 30～70 mm 越冬。3 月越冬虫开始活动危害，在地面上形成一堆松土堆，4 月是危害高峰，地面可出现纵横隧道，其若虫孵化 3 d 即开始分散危害，秋季形成第二个危害高峰，严重危害秋播作物。在秋末冬初部分羽化为成虫，而后成、若虫同时入土越冬。

两种蝼蛄均有趋光性、喜湿性，并对新鲜马粪及香甜物质有强趋性。卵产于卵室中，卵室深 5～25 mm 不等。

蝼蛄的危害表现在两个方面，即间接危害和直接危害。直接危害是成虫和若虫咬食植物幼苗的根和嫩茎；间接危害是成虫和若虫在土下活动开掘隧道，使苗根和土壤分离，造成幼苗干枯死亡，致使苗床缺苗断垄，育苗减产或育苗失败。

四、马铃薯主要虫害的防治

（一）化学防治

1. 高毒化学农药的禁用和限用 20 世纪 70 年代，化学杀虫剂的使用使害虫防治进入了一个新的时代。如最开始被广泛使用的六六六，后来还出现了有机磷、有机氯等高毒农药，例如氧乐果、乐果、久效磷等。以上这些农药都具有毒性高、残留期长等特点，在农作物生产时如使用这类农药，会对人体健康产生极大隐患。随着人们生活水平的提高，人们对食品安全的重视程度也越来越高，这些农药都因其毒副作用被列入禁用或限用名单。

2. 高效低毒农药的使用 20 世纪 90 年代后，随着科学技术的发展、人们生活水平的提高，农业害虫的防治已经不仅只考虑防治效果，更多地将重点放在"绿色农业"上，即在保证高效的前提下，尽可能地将毒副作用降到最低，从而保护环境。现今主流杀虫剂以烟碱类杀虫剂及拟除虫菊酯类杀虫剂为主，拟除虫菊酯类杀虫剂有高效氯氟氰菊酯、甲氰菊酯、溴氰菊酯等。烟碱类杀虫剂有吡虫啉、噻虫嗪、吡蚜酮等。但是如果长期重复使用单种药剂极易产生抗药性，大幅降低防治效率。并且部分化学药剂对害虫天敌昆虫同样有较高的毒杀效果，在害虫产生抗药性的同时，天敌昆虫又被灭杀，更容易使害虫在缺少天敌昆虫抑制的条件下爆发。因此，在马铃薯生产过程中合理的喷施杀虫剂可以有效地控制田间害虫数量，但需按照药剂成分不同交替使用，以免产生抗药性。在隔离环境较好的地区可选择减少杀虫剂的喷施，保护害虫天敌，保持生态平衡。

（二）生物防治

生物防治是应用生物物种之间的关系，用有益生物消灭或抑制有害生物的一种方法。生物防治大致可以分为以菌治虫、以鸟治虫和以虫治虫这几类，生物防治可避免环境污染、不产生抗药性，与化学农药相比具有诸多优势。

1. 利用天敌昆虫防治

(1) 利用捕食性天敌昆虫。可用于马铃薯害虫防控的捕食性天敌昆虫非常多，现应用和研究较多的主要有七星瓢虫（*Coccinella septempunctata*）、异色瓢虫（*Harmonia axyridis*）、草蛉（*Chrysopidae* spp.）、龟纹瓢虫（*Propylaea japonica*）、小花蝽（*Orius* spp.）等。如北京市农林科学院植保环保研究所、北京市植保站等单位在异色瓢虫大量繁殖技术上都已较为成熟，不仅建立了规模繁育技术规程，优化了瓢虫规模化饲养的工艺流程，并使异色瓢虫商品化应用及工厂化生产成为现实。其中北京市植保站应用异色瓢虫产品在北京市进行了应用示范，对于温室中蚜虫、叶螨等害虫释放异色瓢虫卵卡，可以起到较好的防控作用，大大降低化学农药使用量。

(2) 利用寄生性天敌昆虫。在我国以虫治虫这种生物防治手段中，寄生性昆虫的研究和应用最为广泛，如在蔬菜害虫防治时，利用潜蝇姬小蜂（*Diglyphus isaea*）、丽蚜小蜂（*Encarsia formosa*）、菜蛾盘绒茧蜂（*Cotesia plutellae*）、烟蚜茧蜂（*Aphidius gifuensis*）等。在我国可以生产丽蚜小蜂产品的企业或单位已经很多了，并在多地开始了应用。

2. 昆虫病原微生物的应用　昆虫病原微生物在马铃薯上的应用很少，目前，我国的科研人员对云南省马铃薯害虫寄生真菌资源进行调查、采集和鉴定，结果显示云南省马铃薯害虫病原真菌有 2 门 8 属 9 种，属于有丝分裂孢子真菌和接合菌门真菌，其中前者包括蚜虫枝孢菌（*Cladosporium aphidis*）、丝孢纲真菌中的球孢白僵菌（*Beauveria bassiana*）、蜡蚧轮枝菌（*Verticillium lecanii*）、金龟子绿僵菌（*Metarhizium anisopliae*）、莱氏野村菌（*Nomurace iriley*）和拟青霉（*Paecilomyces fumosoroseus*）；接合菌门真菌有虫霉目的暗孢耳霉（*Conidiobolus obscurus*）、新蚜虫疠霉（*Pandora neoaphidis*）和努利虫疠霉（*Pandora nouryi*）。这些昆虫病原微生物可寄生 800 多种昆虫、蜘蛛和螨类。其中新蚜虫疠霉和球孢白僵菌分别是云南马铃薯上蚜虫及块茎蛾病原真菌的优势种。这类研究为马铃薯害虫的生物防治提供依据。但是，此类研究还处于资源搜集和鉴定中，并未形成成熟的生物防治技术体系。

3. 植物源农药的应用　植物源农药又称植物性农药，包括从植物中提取的活性成分、植物本身和按活性结构合成的化合物及衍生物，对作物施用后，可以杀死或抑制害虫。植物源农药是生物防治手段中一个重要的组成部分，喷施植物源农药不仅可以减少环境污染，还避免了化学农药极易产生的抗药性，对保护环境、维持生态平衡意义重大。

4. 昆虫信息素的应用　昆虫信息素又称昆虫外激素，是昆虫自身产生释放出的作为种间或种内个体传递信息的微量行为调控物质。在栖息、觅食、求偶、自卫和产卵等过程中起通信联络作用的化学信息物质。其中应用最多的是性引诱素。

化学防治为我国的害虫防治做出了巨大贡献，但是化学农药破坏生态平衡，不利于农业可持续发展，生物防治技术必然成为今后发展和研究的重点。

第七节　马铃薯非侵染性病害及防控

马铃薯的生长发育与外界环境是密切相关的。马铃薯在生长发育期，除受病菌侵染而发生病害外，也受到生产者的管理水平和自然环境条件的影响。当其在生长发育过程中遇到不良环境条件影响，或遭受环境中有害物质侵害，其代谢作用就会受到干扰，生理功能受到破坏，从而表现出些不良的症状，严重地影响马铃薯的产量和质量。这种由非生物因素直接引起的病害，称为非侵染性病害。侵染性病害具有循序性、局限性、点发性，有病征，而非侵染性病害具有突发性、普遍性、散发性，无病征。可以依据这些特点对病害类型进行简单的判断，在上述判断的基础上，还要结合实验室鉴定，才能更进一步取得较准确的鉴定结果。

近年来，马铃薯非侵染性病害有明显的快速发展势头，危害日益加重，已经成为生产过程中迫切需要解决的重要问题。了解和掌握马铃薯不良症状产生的原因，及时采取技术措施，就能减少或避免此类问题的出现，实现丰产优质。

一、药害

随着马铃薯连作时间的延长，马铃薯病虫害越来越多、越来越重，喷洒在马铃薯植株上的药剂也越来越多。由于农民用药时存在随意加量、频繁用药、乱混农药等不规范操作，致使每年的马铃薯均不同程度地产生药害。马铃薯药害现象的产生不仅造成产量损失，而且使马铃薯的商品品质、营养品质以及食品安全都受到威胁，严重影响了马铃薯生产的效益。因此，关注马铃薯科学、安全用药，减少药害，对马铃薯安全高效生产有非常重要的意义。

（一）常见药害的症状

1. 缺苗型　种薯在地里不能发芽，或能发芽但在出苗前或出苗后枯死，造成缺苗断垄。

2. 斑点型　接触药剂部位形成斑点，或药剂传导到的部位变褐形成药斑。药斑有褐斑、黄斑、枯斑、网斑几种。药斑与生理性病斑的区别在于前者在植株上的分布往往没有规律性，全田表现有轻有重，而后者通常发生普遍，植株出现症状的部位较一致。药斑与真菌性病害的病斑也有所不同，前者斑点大小、形状变化大，而后者具有发病中心，斑点形状较一致。

3. 颜色变化型　植株组织未破坏，但整株或部分组织颜色发生变化，如失绿白化、黄化、叶缘或沿叶脉变褐色、全叶变褐凋萎、叶色浓绿等。黄化表现在植株茎叶部位，以叶片发生较多。药害引起的黄化与营养元素缺乏引起的黄化相比，前者往往由黄叶发展成枯叶，发展快，后者常与土壤肥力和施肥水平有关，全田表现较一致，变化产生慢。与病毒引起的黄化相比，后者黄叶常有翠绿状表现，且病株表现系统性症状，病株与健株混生。

4. 形态异常　形态异常主要表现在作物茎叶和根部，常见的畸形有卷叶、厚叶、植株矮化、植株徒长、茎秆扭曲形成鸡爪状叶、叶片柳叶状、薯块深裂等。如：马铃薯植株受赤霉素药害，典型症状就是节间长、新叶变小。

5. 枯萎型　整株表现症状，如嫩茎、嫩叶枯萎，植株萎缩以至枯死。药害枯萎与侵染性病害引起的枯萎症状比较，前者没有发病中心，先黄化，后死株，根茎输导组织无褐变，后者多是根茎部输导组织堵塞，在阳光充足、蒸发量大时，先萎蔫，后失绿死株，根基部导管变褐色。

（二）造成药害的原因

药害的产生主要与农药质量、使用技术、作物和环境条件等因素有关。

1. 药剂原因 药剂方面的原因有：过量施药，或不均匀施药，重复施药；农药混用不当，同时使用 2 种或 2 种以上药剂，药剂发生物理或化学变化，引起增毒；施药方法不当，某些农药采用药土法安全而采用喷雾法则容易产生接触性药害，某些除草剂采用超低容量喷雾做茎叶处理容易产生药害；药剂飘移，如麦田、玉米田喷雾 2，4 - 滴，会使邻近马铃薯产生药害；土壤残留，如上茬作物使用多效唑、莠去津、磺隆类除草剂等对马铃薯有影响；某些农药由于加入表面活性剂毒性升高而产生药害；有的农药的微生物降解产物会造成作物药害；商品名称、容器、剂型、色泽类似的药剂误用而产生药害。

2. 作物和环境因素 作物和环境因素造成药害的原因：不同叶龄和生育期对农药敏感性有差异，施药时期不当，过早或过迟施药、苗弱施药，均会发生药害；环境条件不同会改变马铃薯对农药的敏感性，在不利于马铃薯生长条件下施药，如在沙质土上施药、将药直接洒在种薯上、喷药时遇极端高温或遇低温等恶劣气候条件均有可能产生药害。

（三）预防措施

1. 预防措施

（1）农药和水的质量要好。乳油剂农药要求药液清亮透明，无絮状物，无沉淀，加入水中能自行分散，水面无浮油；粉剂农药要求不结块；可湿性粉剂农药要求加入水中能溶于水并均匀分散。稀释农药不能用有杂质的硬水。在使用农药时最好加入"柔水通"，优化水质，消除水中有害的盐类，防止农药有效成分分解，可充分发挥农药的药效。

（2）配药浓度要适当。浓度过大是导致作物产生药害的主要原因之一，因此，配药时必须准确计算，严格称量，尤其是激素类农药。

（3）药液要随配随用。药液配好以后不能长时间存放，会发生沉淀或出现有效成分分解的现象，药效会降低，还容易产生药害。

（4）施药次数要适当。施药过频也易引起作物药害。一种农药的施用次数要根据病虫危害频率及药剂的药效长短来决定，要因地制宜，因时制宜，灵活掌握，原则是不超过作物的忍受力。

（5）选择适宜的天气施药。大部分农药在气温高、阳光充足的条件下药性增强，而且此时马铃薯的新陈代谢加快，易产生药害，尤以毒性高、挥发性大、碱性强的农药表现最为明显。

（6）注意马铃薯植株生长状况。耐药性差的马铃薯，一般都是生长衰弱以及受旱、涝、风等灾害的。对受害的马铃薯应减少喷药次数，降低喷药浓度。

（7）注意农药混用的禁忌。许多农药之间混合使用以后可产生药害。比如，乳油剂和某些水溶性药剂，有机磷杀虫剂和碱性的波尔多液、松脂合剂，波尔多液和石硫合剂等。因此禁止农药混合使用。

（8）施药质量要高。 喷药要求均匀一致，不能把喷头太靠近植株，不能在植株的某个部位喷药太多。要针对不同的农药品种选择施药器械，如手持喷雾器、机动喷雾器、超低容量喷雾器等。还要根据药剂的性质选择恰当的施药方法，如涂茎、灌根、熏蒸、制毒饵等。

（9）注意农药的残效期。 有的农药，特别是用于土壤处理的农药残效期很长，因此，在播种马铃薯的时候要考虑上茬所用的农药种类、使用时间、使用浓度等，或在使用用于土壤处理的农药时要考虑下茬马铃薯播种时间。

2. 补救措施 马铃薯一旦产生了药害，需分辨药害的种型，研究产生药害的原因，预测药害的产生程度，采取相应对策。如果药害比较轻，为 1 级，仅仅叶片产生短时性、接触性药害斑，一般不需要采取任何措施，作物就会很快恢复正常生长。如果作物药害产生较重，为 2 级，叶片此时出现褪绿、皱缩、畸形、生长受到较明显抑制，这时就必须采取一些相应补救措施。如果药害很重，达到 3～4 级，生长点死亡，此时生长受到持续严重抑制，导致一部分植株死亡，直接造成大幅度减产，这时就要认真考虑补种、毁种。发生药害所能采取的补救措施，主要是改善马铃薯生育条件，促进植株生长，增强其抗逆能力。可采取耕作措施：①覆盖地膜，增加地温和土壤通透性；②依据马铃薯植株的长势情况，补施采用叶面施肥，或施一些速效的氮、磷、钾肥，也可以喷施一些助壮或助长的生长调节剂，但一定要根据作物的需求施用，不可随意施用，否则会适得其反；③如果地面有积水，要及时排除；④如果发生病虫害，应及时防治。只要有利于作物生长发育的措施都有利于缓解药害，减少损失。

具体办法如下。

（1）用清水或弱碱性水淋洗。 对药害发现较早的，应该马上喷洒大量的清水淋洗作物，尽量把植株表面的药物冲洗掉。或在清水中加入适量的 0.2% 小苏打溶液或 0.5%～1.0% 石灰水，使之呈弱碱性，以加快药剂的分解。如果用错了土壤处理药剂，要进行田间排泄水洗药。

（2）迅速追施速效肥。 必须在药害发生的地块，马上施追施尿素以及其他速效肥，增加养分，加强作物的生长活力，确保早发，保证作物恢复能力。

（3）叶片喷施功能性叶面肥。 叶片喷洒阿卡迪安海藻肥（有机水溶肥料）或天达2116 植物细胞膜稳态剂（含氨基酸水溶肥料）等促进作物快速恢复生长。

（4）利用某些农药作用相反的特性，来进行挽救。 如在多效唑发生药害时，可用赤霉素来缓解，前者为植物生长延缓剂，后者为植物生长促进剂。

二、缺素症

马铃薯缺素症是马铃薯的一种常见病症，严重危害马铃薯的产量。导致该病症的主要原因有缺氮、缺磷、缺镁等，农民在发现此种病症时可适当使用合适的化肥，具体病症需具体分析。

（一）缺素症状

1. 缺氮症状 在充足的磷和钾肥存在的条件下，足够的氮肥促进顶生和侧生的分生组织细胞的分裂和生长，加速叶片发育。在植株迅速生长和块茎形成期，应有足够的速效氮肥。随着植株的生长，块茎迅速膨大，需消耗大量氮肥，导致从较低叶片输送到较高叶片的氮肥严重不足，进而上部叶片出现缺氮素症状。

缺氮的马铃薯植株一般表现褪绿、生长缓慢、直立、矮小、叶片发白。较低的叶片受影响最严重。叶脉较叶脉间的组织可保持较长时间的绿色。缺氮的程度决定着矮化、褪绿、下部叶片脱落的严重度和产量降低程度。叶片的斑点在大雨或灌水后，发展特别严重。这种斑点从褐色到黑色，直径约 1 mm，在一些早熟品种的下部叶片上，病斑可以连在一起，并且施用氮肥后可以缓和。

2. 缺磷症状 磷是植株早期生长和后期块茎形成所必需的。早期缺乏阻碍顶端生长，植株矮小，纤细，有些挺直。嫩叶难以正常伸展，叶子卷曲或呈杯状，比正常的叶子发黑，没有光泽，边缘可以形成焦痕。下部的叶片可能脱落，嫩叶不呈青铜色。叶柄比正常的更直立，推迟成熟。

根和匍匐茎的数量及长度减少，块茎缺少外部症状，而内部的锈褐色坏死点或斑遍布果肉组织，有时呈辐射状。

磷不足发生于广泛的土壤类型：钙质土壤、泥炭土、原来含量低的轻质土壤和磷被固定的重质土壤。大部分磷通过茎叶被输送到块茎，而植株又从土壤吸收大量的磷。在芽块旁带状施磷，在减少磷的固定和增加磷的吸收方面超过撒施。在生长期间，在叶面喷施足量的中性磷酸铵或复合型磷酸盐几乎不能缓和缺磷的症状。

含磷很高的地方，特别是碱性土壤里，对锌或铁吸收或利用可能减少。

3. 缺钾症状 钾是马铃薯生长必需的元素，在维持细胞内物质正常代谢、提高酶活性、促进光合作用及其产物的运输和蛋白质合成等方面发挥着重要作用。钾肥可以使植株茎秆健壮，促进淀粉的形成与运输。马铃薯缺钾早期出现不正常的黑绿色、蓝绿色或有光泽的叶片，这是缺钾的一种典型的症状。淡绿斑（直径约 1 mm）出现在较大叶片的叶脉之间，类似轻度花叶症状。当钾严重短缺时，底部较老的叶片首先变成青铜色，然后坏死。从植株的中部到顶部，叶缘向上卷曲，逐渐衰老。顶部叶片小，呈杯状，聚集到一起，卷曲，叶片上表面呈青铜色。植株叶片均成青铜色是缺钾主要症状，叶背面经常有暗黑色的斑点，斑点可以结合并引起边缘坏死。在阳光充足、晴朗的天气后，紧接着多云下雨，在 4 d 内症状可以迅速发展。坏死是严重的，外观上类似早疫病。茎轴纤弱，节间变短。当钾严重缺乏时，生长点受到影响。马铃薯缺钾一般发生顶枯。由于节间缩短，植株变矮。由于叶片向下卷缩，看起来植株的叶片下垂。根系发育受阻，匍匐茎变短，块茎的体积和产量下降，块茎内部常有灰蓝色晕圈。缺钾易感染黑斑病。在储藏早期，钾不足的块茎，暴露在空气中的粗切面，经常发展成褐色至黑色、由酶引起的变色，块茎脐端变色更严重。煮沸后，块茎果肉变成黑色。在松质土，特别是淋溶土、沙质土、堆肥或泥炭土里，最常见缺钾。在 20 cm 的土层里，可交换的钾每公顷应超过 200 kg。

4. 缺硼症状 缺硼导致根端、茎端生长停止，严重时生长点坏死，侧芽、侧根萌发生长，枝叶丛生。叶片粗糙、皱缩、卷曲、增厚变脆、褪绿萎蔫，叶柄及枝条增粗变短、开裂、木栓化，或出现水渍状斑点或环节状突起。块茎有褐色坏死。

5. 缺铁症状　土壤中磷肥多或偏碱性，影响铁的吸收和运转，常出现缺铁症状。马铃薯缺铁症状首先出现在幼叶上，缺铁叶片失绿黄白化，心叶常白化，称失绿症。初期脉间褪色而叶脉仍绿，叶脉颜色深于叶肉，色界清晰，褪绿的组织向上卷曲，严重时叶片变黄，甚至变白。

6. 缺锰症状　锰多在植株生活活跃部分，特别是叶肉内，对光合作用及糖代谢都有促进作用，缺锰使叶绿素形成受阻，影响蛋白质合成，出现褪绿黄化症状。土壤黏重、通气不良碱性土易缺锰。

7. 缺镁症状　马铃薯是对缺镁较为敏感的作物。缺镁时老叶的叶尖、叶缘及脉间褪绿，并向中心扩展，后期下部叶片变脆、增厚。

8. 缺硫症状　长期或连续施用不含硫的肥料，易出现缺硫。马铃薯缺硫时，植株叶片、叶脉普遍黄化，与缺氮类似，生长缓慢，但叶片并不提早干枯脱落，严重时叶片出现褐色斑块。

9. 缺钙症状　缺钙的植株纤细，叶子小，上卷，皱缩，边缘褪色，而后叶片坏死。在严重缺乏的情况下，叶片起皱纹；茎尖活动停止，出现丛生状；根的分生组织停止生长。

缺钙植株的块茎，在脐端附近的维管束环里，形成扩散性褐色坏死。而后，在髓部形成相似的斑点。块茎可能非常小，在低钙、趋向于酸性的干燥土壤，块茎内部的锈斑更严重。

缺钙土壤里的种用块茎保持坚硬和产生比较正常的根。枝芽在顶端坏死后立即坏死，并停止生长。在储藏期间，由于外皮层和内部的髓互融，以及而后维管束组织的瓦解，在顶端芽形成 3~5 mm 的坏死部位。顶芽下面形成多种多样的侧枝，对于特殊品种，地上芽能快速发育成"小马铃薯"，导致块茎内部长出内生芽，过早成熟。缺钙和内生芽具有一定的相关性。

pH 在 5.0 以下的沙壤土，缺钙的症状最严重，还可能出现锰和铝的毒害。用钙处理的芽减少芽顶下坏死的发生率。由于潜在的、普遍的疮痂病的问题，应避免用 pH 5.2 以上的石灰性土壤种植马铃薯。由于钙不能从老叶向嫩叶转移和从植株顶部向块茎转移，因此，在整个生长期，特别是块茎形成期，必须存在有效钙。

（二）缺素病因

1. 缺氮原因　前茬施用有机肥或氮肥少，土壤中含氮量低、施用稻草太多、降水多、氮素淋溶多时易造成缺氮。

2. 缺磷原因　苗期遇低温影响磷的吸收，此外土壤偏酸或紧实易发生缺磷症。

3. 缺钾原因　沙性土或土壤中含钾量低易缺钾；马铃薯生育中期块茎膨大需钾肥多，如供应不足易发生缺钾。

4. 缺硼原因　土壤酸化、硼素淋失或石灰施用过量均易引起缺硼。

5. 缺铁原因　土壤中磷肥多，偏碱性，影响铁的吸收和运转，致新叶显症。

6. 缺锰原因　黏重、通气不良的碱性土易缺锰。

7. 缺镁原因　缺镁一般是由于土壤中含镁量低，有时土壤中不缺镁，但由于施钾过多或在酸性及含钙较多的碱性土壤中影响了马铃薯对镁的吸收，有时植株对镁需要量大，当根系不能满足其需要时也会造成缺镁。

生产上冬春大棚或反季节栽培时，气温偏低，尤其是土温低时，不仅影响了植株对磷酸的正常吸收，而且还会波及根对镁的吸收，引致缺镁症。此外，有机肥不足或偏施氮肥，尤其是单纯施用化肥，易诱发此病。

8. 缺硫原因　在棚室等设施栽培条件下，长期连续施用没有硫酸根的肥料易发生缺硫病。

9. 缺钙原因　缺钙的主要原因是施用氮肥、钾肥过量，阻碍对钙的吸收和利用；土壤干燥、土壤溶液浓度高，也会阻碍对钙的吸收；空气湿度小，蒸发快，补水不及时及缺钙的酸性土壤都会造成植株缺钙。

（三）防治方法

① 缺氮时，采用配方施肥技术，施用酵素菌沤制的堆肥或充分腐熟的有机肥。

② 播种期要施足磷肥：在播种前测定，土壤中有效磷含量应为 $1\,000\sim1\,500$ mg/kg；在马铃薯盛花期前测定，土壤中速效磷含量应达到 40 mg/kg。如不足，缺多少补多少，土壤中每缺 1 mg/kg 速效磷，则应补过磷酸钙 2.5 kg。此外，也可叶面喷洒 $0.2\%\sim0.3\%$ 磷酸二氢钾或 $0.5\%\sim1.0\%$ 过磷酸钙水溶液。

③ 缺钾时，在多施有机肥基础上，施入足够钾肥，可从两侧开沟施入硫酸钾、草木灰，施后覆土，也可叶面喷洒 $0.2\%\sim0.3\%$ 磷酸二氢钾或 1% 草木灰浸出液。

④ 缺硼时，叶面喷洒 $0.1\%\sim0.2\%$ 硼砂水溶液，隔 $5\sim7$ d 喷 1 次，共 $2\sim3$ 次。

⑤ 缺铁时，可喷洒 $0.5\%\sim1.0\%$ 硫酸亚铁溶液 1 次或 2 次。

⑥ 缺锰时，叶面喷洒 1% 硫酸锰水溶液 $1\sim2$ 次。

⑦ 缺镁时，首先注意施足充分腐熟的有机肥或碧全有机肥，改良土壤理化性质，使土壤保持中性，必要时亦可施用石灰进行调节，避免土壤偏酸或偏碱。采用配方施肥技术，做到氮、磷、钾和微量元素配比合理，必要时测定土壤中镁的含量，当镁不足时，施用含镁的完全肥料。应急时，可在叶面喷洒 $1\%\sim2\%$ 硫酸镁水溶液，隔 2 d 喷 1 次，每周喷 $3\sim4$ 次。此外要加强棚室温湿度管理，前期尤其重要，注意提高棚温，地温要保持在 16 ℃以上，灌水最好采用滴灌或喷灌，适当控制浇水，严防大水漫灌，促进根系生长发育。

⑧ 缺硫时，施用硫酸铵等含硫的肥料。

⑨ 缺钙时，要根据土壤诊断，施用适量石灰，应急时叶面喷洒 $0.3\%\sim0.5\%$ 氯化钙水溶液，每 $3\sim4$ d 喷 1 次，共 $2\sim3$ 次。此外，还可施用惠满丰活性液肥，每亩用量为 450 mL，稀释 400 倍，喷叶 3 次即可，也可喷施绿风 95 植物生长调节剂 600 倍液，云大-120 植物生长调节剂（芸薹素内酯）3 000 倍液或 1.8% 爱多收液剂 6 000 倍液。

三、马铃薯块茎黑心病

（一）症状

黑心病薯块切块后，薯块内部起初为红褐色，而后变为灰蓝至蓝黑色。大薯比小薯发生黑心病的频率更高，在薯块外部看不见症状。切开马铃薯块茎后，可见中心部出现由黑色至蓝黑色的不规则花纹，变色部位轮廓清晰，通常病组织与健康组织边缘分界明显，但形状不规则，储藏过程中，黑心块茎易腐烂，发病严重时，黑色部分延伸到芽眼部位，薯皮局部变褐色并凹陷，易受细菌感染，发生腐烂（图4-35）。

图4-35 马铃薯黑心病

（二）发生原因

黑心病无论是在田间还是运输或储藏期间均可发生，高温和通风不良是产生黑心病的主要原因。块茎收获后或在运输过程中堆积过厚，没有充分通风，块茎内部组织供氧不足所引起的。缺氧严重时整个块茎都可能变黑。在温度较低情况下，块茎呼吸强度减弱，黑心发展较慢。在高温（40～42℃）缺氧条件下，黑心病发展很快，1～2 d即可发病。

（三）预防措施

防治黑心病需要进行良好的土壤水分管理，避免无氧条件。马铃薯收获后，不要将其长时间暴露在强光和高温条件下。不要将种薯储藏在2℃以下。预防马铃薯黑心病同时还需要注意储藏和运输期间保持薯堆良好的通气性，避免高温及长时间日晒。储藏期间，薯层不能堆积过厚，薯层之间要留有通风道，并保持适宜的储藏温度。当储藏库为了分级和筛选升温时，确保用来通风的空气温度不超过20℃，在运输期间温度变化也不能太剧烈。

四、马铃薯块茎畸形

（一）症状

马铃薯畸形的类型较多，比如在块茎的芽眼部位凸出形成疙瘩状、肿瘤状小薯，或在靠近块茎顶部形成"细脖"变成哑铃形块茎等（图4-36）。

（二）发生原因

发病马铃薯畸形产生原因是块茎的二次生长，即在块茎上再形成块茎。在高温、干旱等不良环境条件下，正在膨

图4-36 马铃薯畸形

大的块茎停止生长，周皮木栓化，后因降雨、灌溉、温度适宜等条件改善，块茎只能在生理活性强的芽眼处发生二次生长，从而产生畸形块茎。

（三）预防措施

为防止块茎生长异常，应增加土壤保水、保肥能力；科学配方，增施有机肥料。根据马铃薯不同生育阶段对水分的需求情况，适当深耕、注意中耕，保持土壤良好的透气性，干旱时注意浇水。选择抗旱、不易发生二次生长的品种。

五、马铃薯青皮病

（一）症状

马铃薯青皮病主要在生长后期或储藏期的块茎上发生。在田间，某些薯块拱出土面后，暴露在阳光下，表面组织由黄变绿（图 4 - 37）。变绿面积因暴露面积不同而不同。绿色组织可以向块茎内部扩展，并常伴有紫色色素沉积。储藏期间，薯块暴露在自然光下，表面也会变绿，有时甚至殃及深层组织。通常这种变绿不会通过块茎回到暗中储藏而恢复。本病属生理性病害。

图 4 - 37　马铃薯绿皮块茎

（二）发生原因及危害

马铃薯青皮病发生的直接原因是阳光照射。当块茎在田间或收获后在太阳光下暴露一段时间后，组织内的白色体会转化形成叶绿素，使块茎组织变绿。有些马铃薯品种趋向于接近土壤表面坐薯，或薯秧培土薄，或由于土壤水蚀、干燥形成裂缝，或块茎膨大拱土外露等，都可能在后期使块茎暴露于阳光下，而导致日晒青皮。另外，储藏期间窖内散射光或照明灯微弱光线长时间照射也会引起薯皮变绿。绿皮块茎产生叶绿素和龙葵素（茄素），龙葵素是一种有毒物质，人吃多了会中毒，引起呕吐，因此绿皮块茎失去食用价值和商品性。

（三）预防措施

① 加强田间管理，生长后期搞好植株培土，及时覆盖暴露的块茎，可有效减少青皮病的发生。

② 选择薯块不易外露出土的品种种植。

③ 薯块储藏期间尽量避免见光，保持环境黑暗。同时尽量保持冷凉的温度，减缓青皮病发展速度。

六、马铃薯冻害

（一）症状

块茎冻害和非冻害之间界限是明显的，解冻后，软化成海绵状，有水液从受伤处和芽眼处渗出，横切后，块茎从暗白色变成桃红色或红色，最后变成褐色、灰色或黑色。冻伤组织迅速变软、腐烂。当水分蒸发后，成为白垩状残渣。

（二）预防措施

秋季收获时，要预防霜冻，可用稻草、散布等覆盖薯堆保护块茎。田间受冻块茎，尽量不进行储藏，也不能作种薯使用。入库后，库房温度控制在 $2\sim4\,℃$。同时保持块茎干燥，供给充足的氧气。

七、马铃薯块茎机械损伤

（一）症状

马铃薯块茎机械损伤（图4-38）分为压伤、周皮脱落和痕伤等。压伤症状是块茎表面凹陷，下部薯肉有变黑现象。周皮脱落的块茎表现为周皮局部脱落，脱落的周皮处变为暗褐色。痕伤是指收获后块茎表面有较浅指痕状裂纹，多发生在芽眼稀少的部位。

图4-38　马铃薯块茎损伤

（二）发生原因

压伤的原因是块茎入库时操作过猛或堆积过厚，底部块茎承受过大的压力，造成表面凹陷，严重时不能复原。

周皮脱落是由于土壤湿度过大，或氮素营养过剩，或日照不足，或块茎收获过早等导致块茎周皮稚嫩、未充分木栓化，在收获或收获后运输、储藏、其他作业时也可能造成周皮脱落。

痕伤是块茎从高处落地后接触到硬物或互相强烈撞击造成的伤害，由于伤口较浅，很少发生腐烂现象。

（三）预防措施

为防止马铃薯指痕伤、压伤、周皮脱落等现象发生，在收获、运输、储藏过程中块茎要轻搬轻放，不要堆积过高，尽量避免各种机械操作和块茎互相撞击、摩擦；在马铃薯生育过程中避免过多施用氮肥，收获前停止灌溉等。

八、马铃薯空心病

（一）症状

马铃薯空心病（图4-39）多发生于块茎的髓部，在块茎的中心附近形成一个洞，星形放射状或扁口形，外部无任何症状。切开后，内洞壁呈白色或棕褐色至稻草色，煮熟后，硬而脆。在出现空心之前，其组织呈水渍状或透明状。一般大块茎易出现空心现象。

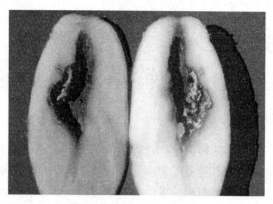

图 4 - 39　马铃薯空心病

（二）发生原因

空心是由马铃薯种植密度过稀，生育期高肥、足水块茎急剧增大，糖类在块茎中积累少，块茎膨大速度过快造成的。块茎缺钾时易发生空心。有些品种也易产生空心。

（三）预防措施

为防止马铃薯空心病应尽量选择不易空心的品种，合理密植，配方施肥，增施钾肥，在块茎膨大期保持适宜的土壤湿度，加强田间管理，采用综合栽培措施，防止块茎膨大过快。

第五章 | *Chapter 5*
马铃薯种薯质量检测认证

马铃薯种薯生产过程中极易受到病毒病、类病毒病、真菌性病害、细菌性病害、线虫病和虫害等侵染危害，导致种薯质量下降。同时，病虫害还可以随植株和块茎传播，造成病虫害的大面积发生，危害产业发展。因此，马铃薯生产中病虫害的检测极为重要，建立相应配套的种薯质量检测认证程序，是保证种薯质量的重要途径。

第一节　国内外马铃薯种薯质量检测的发展

在欧洲，马铃薯种薯生产水平较高，种薯质量检测认证工作已开展 100 多年。1913 年，英国建立的苏格兰农业科学咨询局（Science and Advice for Scottish Agriculture，SASA），是欧洲成立最早的开展马铃薯种薯质量检测认证工作的专业机构，是英国政府授权的种薯质量和认证机构。所有种薯生产者首先要通过 SASA 机构对其生产条件认可后，方可进行种薯生产。SASA 每年仅基础种薯检测面积达到 11 000 hm²，产量达 304 212 t，种薯价值达到 5 000 万～8 000 万英镑。

目前，SASA 保存了 800 个品种的核心试管苗材料，每 2 年进行一次生物学测试。同时利用每年的生物学测试工作，培训田检人员了解各品种的特征特性。除此之外，田检人员还需要学习田间病害的识别和检测程序。对于有经验的检测员需要进行 4 d 的培训，新的检测员需要 2 周左右的培训，检测员通过考试合格后，才能执行检测工作。

在英国种薯分为 5 个级别，分别为原原种（PBTC）、原种（PB）、一级种（S 和 SE）和二级种（E）。苏格兰大田种薯只繁育到基础级种薯的 E 级，核心试管苗材料由 SASA 保存和推广，以确保种薯质量，原原种繁育由 SASA 委托 7 家种子公司进行生产，苏格兰不生产认证级种薯，从而保证该地区良好的繁种环境。英国法律规定，在苏格兰马铃薯种薯产区内，种植生产的所有马铃薯都需要登记和进行产品质量溯源认证。

荷兰农业种子和马铃薯种薯检测服务公司（Dutch General Inspection Service for Agricultural Seed and Seed Potatoes，NAK）成立于 1923 年，拥有庞大的质检队伍，其中，全时工作人员 235 名，临时工作人员 80 名，检测人员总数达到 415 名，每年认证的种子面积达到 70 000 hm²（其中，种薯 35 000～40 000 hm²）。在荷兰法律的约束下，他们以独到的、世界上最严格的、科学的种薯质量监督和检测体系保障了他们的种薯质量始终居于世界前列。荷兰 NAK 种薯质量检测认证系统，执行严格的质量追踪溯源体系，每一批种薯都有一个"身份证"，能轻松查到种薯质量相关信息，保护了种薯生产企业和购买者的利益。荷兰马铃薯种薯出口量居世界第一位，种薯远销 80 多个国家和地区，占世界种薯市场的 60%。

我国马铃薯种薯质量检查认证工作开展较晚，1998年，受农业部委托，由黑龙江省农业科学院和河北坝上农业科学研究所（现河北省张家口市农业科学院）分别筹建农业部马铃薯种薯检测机构（哈尔滨中心、张家口中心），2001年通过农业部和国家技术监督局的机构和计量认证（双认证），正式开始对外服务。经过16年的努力和发展，已初步建成适合我国的马铃薯种薯质量认证溯源体系。目前，2个部级检测中心的专职检测技术人员已达到50余人。同时，我国各地已建成10个省级和地市级马铃薯质检机构，分布在甘肃、四川、内蒙古等省（自治区），共有检测技术人员110人；此外，还有17个具有一定检测能力的企业。

通过十余年的努力，我国在马铃薯种薯质量检测技术研究及标准制修订方面取得重要成果。制修订马铃薯产品标准3项、技术标准15项，完善了标准体系，有效保证了检测工作的开展。在病害检测方面，建立了病毒检测的生物学方法（指示植物）、透射电子显微镜方法、血清学方法［双抗体夹心酶联免疫吸附测定（DAS-ELISA）］、分子生物学方法（RT-PCR、实时荧光PCR）等检测方法及类病毒检测的生物学方法（指示植物）、核酸探针方法［核酸斑点杂交（NASH）］、分子生物学方法（RT-PCR、实时荧光PCR）等检测方法。自主研发了马铃薯病毒病、环腐病、类病毒病等检测试剂盒。所研究的试剂盒具有特异性强、灵敏度高、成本低等特点，检测效果达到国际同类产品水平，检测成本降低了55%～69%。

马铃薯种薯质量检测的主要依据为GB 18133—2012《马铃薯种薯》，通过几年的努力，初步建立了一个适合我国国情的马铃薯种薯质量检测标准体系。涉及产品5个，标准4项（表5-1），检测参数15项，标准14项（表5-2）。

表5-1　认证产品及标准

序号	产品名称	质量标准
1	马铃薯脱毒种苗	GB/T 29375—2012《马铃薯脱毒试管苗繁育技术规程》
2	马铃薯原原种	GB 18133—2012《马铃薯种薯》 GB 7331—2003《马铃薯种薯产地检疫规程》 NY/T 1303—2007《农作物种质资源鉴定技术规程　马铃薯》
3	马铃薯原种	GB 18133—2012《马铃薯种薯》 GB 7331—2003《马铃薯种薯产地检疫规程》 NY/T 1303—2007《农作物种质资源鉴定技术规程　马铃薯》
4	马铃薯一级种薯	GB 18133—2012《马铃薯种薯》 GB 7331—2003《马铃薯种薯产地检疫规程》 NY/T 1303—2007《农作物种质资源鉴定技术规程　马铃薯》
5	马铃薯二级种薯	GB 18133—2012《马铃薯种薯》 GB 7331—2003《马铃薯种薯产地检疫规程》 NY/T 1303—2007《农作物种质资源鉴定技术规程　马铃薯》

表 5-2　检测参数及标准

序号	产品名称	质量标准
1	马铃薯病毒（PVX）	NY/T 401—2000《脱毒马铃薯种薯（苗）病毒检测技术规程》 NY/T 2678—2015《马铃薯 6 种病毒的检测　RT-PCR 法》
2	马铃薯病毒（PVY）	NY/T 401—2000《脱毒马铃薯种薯（苗）病毒检测技术规程》 NY/T 2678—2015《马铃薯 6 种病毒的检测　RT-PCR 法》
3	马铃薯病毒（PVA）	NY/T 401—2000《脱毒马铃薯种薯（苗）病毒检测技术规程》 NY/T 2678—2015《马铃薯 6 种病毒的检测　RT-PCR 法》
4	马铃薯病毒（PVM）	NY/T 401—2000《脱毒马铃薯种薯（苗）病毒检测技术规程》 NY/T 2678—2015《马铃薯 6 种病毒的检测　RT-PCR 法》
5	马铃薯病毒（PVS）	NY/T 401—2000《脱毒马铃薯种薯（苗）病毒检测技术规程》 NY/T 2678—2015《马铃薯 6 种病毒的检测　RT-PCR 法》
6	马铃薯病毒（PLRV）	NY/T 401—2000《脱毒马铃薯种薯（苗）病毒检测技术规程》 NY/T 2678—2015《马铃薯 6 种病毒的检测　RT-PCR 法》
7	马铃薯品种纯度	NY/T 1963—2010《马铃薯品种鉴定》 GB/T 28660—2012《马铃薯种薯真实性和纯度鉴定　SSR 分子标记》
8	马铃薯类病毒（PSTVd）	NY/T 2744—2015《马铃薯纺锤块茎类病毒检测　核酸斑点杂交法》 GB/T 31790—2015《马铃薯纺锤块茎类病毒检疫鉴定方法》
9	马铃薯帚顶病毒（PMTV）	SN/T 1135.3—2016《马铃薯帚顶病毒检疫鉴定方法》
10	马铃薯丛枝植原体	SN/T 2482—2010《马铃薯丛枝植原体检疫鉴定方法》
11	马铃薯黄化矮缩病毒（PYDV）	SN/T 1135.2—2016《马铃薯黄化矮缩病毒检疫鉴定方法》
12	马铃薯甲虫	SN/T 1178—2003《植物检疫　马铃薯甲虫检疫鉴定方法》
13	马铃薯环腐病	GB/T 28978—2012《马铃薯环腐病菌检疫鉴定方法》 GB 7331—2003《马铃薯种薯产地检疫规程》
14	马铃薯青枯病	SN/T 1135.9—2010《马铃薯青枯病菌检疫鉴定方法》
15	马铃薯晚疫病	DB23/T 1234—2008《马铃薯晚疫病检测方法》

　　农业农村部脱毒马铃薯种薯质量监督检验测试中心（哈尔滨）研发了马铃薯种苗、种薯质量检测认证系统 V1.0，该系统可实现马铃薯种薯生产者、种薯购买者及种薯质量检测机构的实时数据连接，对马铃薯种薯生产可进行全程跟踪检测。同时，平台可提供与马铃薯种薯相关的质量信息，并保护各方的利益。通过该系统，种薯生产者可进行相关信息登记；检测机构利用系统下达检测任务，提供检测报告；检测员利用手机软件接受检测任务，实时上传检测结果，保证检测结果的时效性和准确性；种薯购买者可以通过扫描包装标签上的二维码获取种薯产地、级别、种植者、生产地块位置、存放库房等详细信息。该系统的运行可实现马铃薯种薯质量的追踪溯源（图 5-1），保障马铃薯种薯购买者买到符合国家标准要求的种薯。

　　我国在马铃薯种薯质量检测工作取得了一定成绩，但也存在一定的不足。我国马铃薯种薯种植区域广，面积大，现有专业检测人员少，不能满足实际的工作需要。我国马铃薯种植面积 533 万 hm² 左右，种薯种植面积超过 35 万 hm²，按照荷兰 NAK 质检人员配备

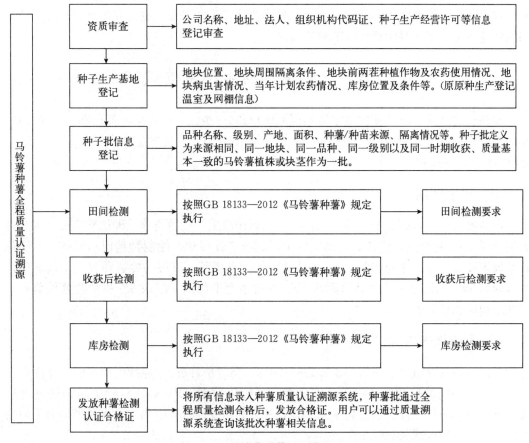

图 5-1　马铃薯种薯认证溯源流程

比例，我国需要质检人员 2 075 人，而目前我国从事马铃薯质检的人员仅为 110 人左右，主要集中在两个部级质检中心、各省份的科研及农技部门，并且他们多数还肩负科研、技术推广等其他工作，因此在质检队伍能力建设方面，我国与国外尚有十分大的差距。

　　马铃薯种薯质量检测具有涉及参数多、检测流程长（其中包括实验室检测技术、田间检测技术和库房检测技术）的特点。多年来，我国围绕种薯质量检测技术开展技术攻关，取得显著成效，初步建成了我国马铃薯种薯质量认证溯源体系（图 5-1）。在标准建设方面，由于我国检测工作刚刚起步，缺少相关的检测技术及标准，加之我国国情与国外有很大不同，不能完全照搬国外的技术标准，需要建立适合我国国情的检测技术及产品标准。

　　荷兰、美国、加拿大等国种薯质检工作已应用几十年以上，得到了广泛认可，种薯享誉世界，具有很强的国际竞争力。现阶段我国马铃薯种薯质量控制体系不健全，法律约束力不强，市场上对马铃薯种薯质量监管不够，导致种薯市场混乱，种薯质量不过关，合格种薯种植率低。目前，国内一些规模较大、运行比较规范的种薯企业已经开始重视种薯全程质量检测工作，呼吁推动种薯质量认证工作的实施，并签署了倡议书。种薯是马铃薯产业链的源头，种薯质量直接影响产业的发展。只有有效提高马铃薯种薯质量，才可保障我国马铃薯产业健康良性发展。因此，马铃薯种薯质量检测工作迫在眉睫。

本章主要介绍马铃薯种薯质量认证程序和检测方法，提高大家对马铃薯种薯检测工作的了解和认识，加速我国马铃薯种薯质量检测认证工作的普及，提升我国马铃薯种薯质量和国际竞争力，促进马铃薯产业的健康发展。

第二节　马铃薯种薯生产资格认证

本马铃薯种薯检测认证方案主要参照 GB 18133—2012《马铃薯种薯》和 GB 20464—2006《农作物种子标签通则》中的要求制订，适用范围：马铃薯脱毒苗、原原种（G1）、原种（G2）、一级种（G3）、二级种（G4）。

一、申请注册

申请种薯生产认证的企业或个人，必须达到相应生产资质要求（种植地检疫要求和种薯生产要求）。种薯生产经营者需确定种子田的唯一性标识，绘制种薯田示意图，标明位置及周围环境（隔离作物和距离），并提供种薯生产档案。填写马铃薯种薯质量认证申请表（附录 1）、认证登记信息表（附录 2）、种薯生产平面图（附录 3）和马铃薯种薯质量检测基础信息登记表（附录 4）。

二、种植地检疫要求

我国马铃薯种植目前执行 GB 18133—2012《马铃薯种薯》，标准中规定的检疫性有害生物有马铃薯癌肿病菌、马铃薯环腐病菌、马铃薯病毒（PVA）、马铃薯纺锤块茎类病毒、马铃薯丛枝植原体、马铃薯甲虫和各省补充的检疫性有害生物。要求种植地为无检疫性病害发生的地区或是非疫生产点。

三、种薯生产要求

种薯生产应符合下列与生产认证种薯类别相适应的条件。

（一）脱毒苗生产条件要求

要求有独立的工作间、无菌间、培养室、洗涤室、储藏室以及繁殖脱毒苗所需的仪器设备，如：超净工作台、高压灭菌锅、天平、培养架、电冰箱、玻璃器皿等。

（二）原原种生产条件要求

要求有水源、电源、通风透光，周围 100 m 内无马铃薯病虫害侵染源和蚜虫寄主植物；温室或网室生产，有严格隔离措施，网室防虫隔离网纱大于 45 目（孔径小于 325 μm），基质无污染。

（三）原种生产条件要求

要求种植地在气候冷凉，无检疫性有害生物发生的地区，二年以上前茬无茄科作物，具备良好的隔离条件，周围 800 m 内无其他茄科作物、桃树、低于本级别种薯和商品薯生产；或具备网棚等隔离条件。

(四) 一级种、二级种生产条件要求

要求种植地在气候冷凉、无检疫性有害生物发生的地区，前茬无茄科作物，具备一定的隔离条件，周围 500 m 内无其他茄科作物、桃树、低于本级别种薯和商品薯种植田。

四、种薯批的概念

来源相同、同一地块、同一品种、同一级别以及同一时期收获、质量基本一致的马铃薯植株或块茎作为一个种薯批，每个种薯批具有唯一编码。

第三节　种薯检验程序

一、检疫性病害检验

马铃薯原原种、原种、一级种、二级种在整个生育期共进行两次田间检验，每次检验都要进行检疫性有害生物检验。一旦发现检疫性病害结束检验，该地块所有马铃薯不能用作种薯，并报告给检疫部门。

二、马铃薯脱毒苗的检验

在启用经过检测合格的核心种苗用于马铃薯脱毒苗扩繁生产的过程中，针对不同批次的脱毒苗抽样检验，在批的不同位置随机取 5～7 瓶 (成苗不少于 150 株) 混合后做实验室检验。整个生育期只进行一次马铃薯病毒 (PVX、PVY、PVA、PVS、PVM、PLRV) 和纺锤块茎类病毒 (PSTVd) 检测。

三、马铃薯种薯的田间检验

田间检验以目测为主，目测不能确诊的非正常植株或器官组织需采集样本进行实验室检验。允许田检员随机检查种薯批中具有代表性的样本。对于品种不真实或为其他品种的地块在田检报告中需要分别记录，并计算出其在每个种薯批中的百分率。

田检应该尽早开始。第一次田检是田检员首次观察作物生长情况的时机，这个时期的植株可以正常展示品种的所有特性，且大部分的病害特征容易识别。

第一次田检通常选在植株现蕾期至盛花期之间进行，整个田间检验过程 (含整改过程) 要求于 40 d 内完成。

第二次田检在杀秧前，在第一次田检后 30 d 内进行。第二次检查结果为最终田间检查结果。最后实验室检测完成时，可正确评估种薯批及等级。

(一) 原原种生产过程检验

温室或网棚中，脱毒苗扦插结束或试管薯出苗后 30～40 d，同一生产环境条件下，全部植株目测检查一次，填写田间检验记录表 (附录 5)。

（二）原种、一级种和二级种生产过程检验

采用目测检查，种薯每批次至少随机抽检 5～10 个点，每个点检查 100 株（表 5-3），填写田间检验记录表（附录 5）。

表 5-3　每种薯批抽检点数

检测面积/hm²	检测点数/个	检查总数/株
≤1	5	500
>1～40	6～10（每增加 10 hm² 增加 1 个检测点）	600～1 000
>40	10（每增加 40 hm² 增加 2 个检测点）	>1 000

第一次检查指标中任何一项超过允许率的 5 倍，则停止检查，该地块马铃薯不能作为种薯销售。

第一次检查任何一项指标在允许率的 5 倍以内，可通过种植者拔除病株和混杂株降低比率，但必须移除所有感染的地下块茎以及植株，以确保在收获时没有感病块茎。

各级别种薯田间检查植株质量允许率（表 5-4）。

表 5-4　各级别种薯田间检查植株质量要求

项目		允许率/%			
		原原种	原种	一级种	二级种
混杂		0	1.0	5.0	5.0
病毒	重花叶	0	0.5	2.0	5.0
	卷叶	0	0.2	2.0	5.0
	总病毒病（所有有病毒症状的植株）	0	1.0	5.0	10.0
	青枯病	0	0	0.5	1.0
	黑胫病	0	0.1	0.5	1.0

（三）田间检测结果的处理措施

1. 田检阶段的整改措施　田检员可以允许种植者采取整改措施。根据检测结果，例如：病毒含量、黑胫病、品种混杂、隔离不当、虫害等，向种植者提出建议，并告知他们应采取的措施，保证下一次检测达到等级要求，包括去劣、除杂、杀秧时间等。田检员需要确保种植者了解情况并设定后续检验时间限制。整改措施可以立即进行或在田检员推荐的时间段内执行。一旦整改完成，生产者必须联系田检员进行一次完整的检测，包含后续检测或最终检测。

对于相同的问题，不应该提出两次整改要求。如整改不达标，该种子批将被降级或被拒绝。

2. 终止田检　在检验过程中，如遇到以下问题，可立即终止一个种薯批的田检，或终止农场中所有种薯批的田检。

① 检测时发现病情水平过高或品种混杂，不符合认证标准。

② 相同品种不同级别的种薯批之间没有明确的标记或隔离，或者级别低的种薯批已经无法再降低等级。

③ 田检员意识到种薯批已经被处理过或使用了抑芽剂。

④ 由于杂草太多，叶片损伤，药害或肥料损伤，导致不能通过肉眼判断品种纯度或病害发病率。

⑤ 检测到零允许率的检疫性病虫害。

3. 辅助田检的其他措施　一般情况下，通过目测确定种薯批的田间检测结果。当需要确认特殊症状产生的原因时，田检员可进行适当的其他检测。

4. 田检记录要求　在田检时，所有现场检测结果直接记录在田检员的记录本上，在田检结束时，根据检测结果确定是否符合该级别标准。更改信息必须签名并注明日期，信息记录的格式（空白、破折号、行和选中标记）必须前后一致。评价、采取任何行动或取样进行实验室检测均应在检验员的现场说明中记录并注明日期。当样品需送到实验室进行检测时，应告知种植者。

5. 后续检测　后续检测不是指第一次或最后一次检查。

在第一次田检时，如果田检员尚不能确定地块的病害或品种混杂情况，则需要进行后续检测或者复查上次检测的结果。

6. 复检　在检测存在争议的情况下，种植者有权要求检验权威部门进行再次确认检查，即复检。

7. 重新安排田检需满足的条件　重新安排田检需满足以下条件。

① 植物或环境条件不适合田检（例如强风，杂草过多，干旱造成的植物枯萎，刚刚进行过耕作，植物生长不足）。

② 叶片损伤过多（如：霜冻、冰雹、虫害、真菌）。

③ 田检环境不安全。大多数农药在标签上列出了再次进入田间的安全时间（例如24~72 h）。建议种植者在地块边缘张贴标识，说明施用的农药和安全入田日期。

四、种薯收获后检验

马铃薯种薯收获后检测是种薯质量检测的重要环节，田间检测以目测为主，受品种抗性、病毒和类病毒株系和环境条件等影响，植株有时不表现症状，易产生误判、漏判。同时，最后一次田间检测完成后距离种薯收获仍有 2 周到 1 个月的时间，马铃薯植株仍有感染病毒和类病毒的风险。因此对收获后的种薯进行实验室检测，能够更准确地判断种薯在下一种植季的质量。

荷兰种薯收获后检测参数为病毒和细菌，其中必须检测的病毒包含 PVY、PVX、PVS，PVA 和 PLRV 可二选一检测。细菌病害包括环腐病和青枯病。2012 年以前，NAK 检测病毒采用 DAS-ELISA 法对种薯植株进行 4 合 1 检测，2013 年，NAK 增加了实时荧光 PCR 检测技术，可对收获后的休眠薯块 50 合 1 后直接进行病毒病、青枯病及环腐病检测。合样数量增加，检测样品量相应降低，提高了检测的效率。目前，英国 SASA 在马铃薯种薯收获后检测工作中仍采用 DAS-ELISA 法检测温室种植的植株。

我国马铃薯种薯收获后检测主要参数包括病毒（PVY、PLRV）、类病毒和细菌（青枯病、黑胫病和环腐病的病菌）。目前，病毒的主要检测技术有生物学法、DAS-ELISA 法、RT-PCR、实时 PCR 等，后三种为收获后检测病毒的主要方法。马铃薯纺锤块茎类病毒主要检测技术有生物学方法、电子显微镜法、往返电泳法、RT-PCR 法、核酸斑点杂交法以及实时 PCR 等，后两种为目前收获后检测 PSTVd 的主要方法。

由于我国马铃薯种薯有产地直接销售和储存后销售两种情况，因此我国马铃薯种薯收获后检测分为两者情况，其中，种薯产地直接销售的采用杀秧前抽样检测，种薯库存后销售的采用收获后抽样检测和出库前检验。

（一）杀秧前检验

病毒样品为随机扦取地上部第三或第四个侧枝，细菌样品取块茎检测，每个植株取一个块茎。每种薯批都要抽样检测，抽取的样品取样量见表 5-5。

（二）收获后检验

随机扦取块茎，经催芽、栽植出苗后检测。取样可在收获时的田间取，也可在入库后库房抽取，田间取样时，每个植株取一个块茎，避免在同一植株重复取样，库房取样时，在批的不同位置随机取，取样量见表 5-5。

表 5-5　杀秧前/收获后实验室检测样品数量

种薯级别	取样量
原原种	≤100 万粒时，取样量为 200 株植株（200 个块茎），每增加 100 万粒，增加 40 株植株（40 个块茎）
原种	≤40 hm² 时，取样量为 200 株植株（200 个块茎），每增加 10~40 hm²，增加 40 株植株（40 个块茎）
一级种	≤40 hm² 时，取样量为 100 株植株（100 个块茎），每增加 10~40 hm²，增加 20 株植株（20 个块茎）
二级种	≤40 hm² 时，取样量为 100 株植株（100 个块茎），每增加 10~40 hm²，增加 10 株植株（10 个块茎）

（三）种薯收获后检测质量要求

各级别种薯收获后检测质量要求见表 5-6。

表 5-6　各级别种薯收获后检测质量要求

项目	允许率/%			
	原原种	原种	一级种	二级种
总病毒病（PVY 和 PLRV）	0	1.0	5.0	10.0
类病毒（PSTVd）	0	0	0	0
青枯病	0	0	0.5	1.0
环腐病	0	0	0	0

（四）收获后检验技术

1. 收获后检测方法　实验室检测在取样后一周内进行，样品处理及检测方法见表 5 - 7。

表 5 - 7　实验室检测方法及依据

项目	DAS - ELISA 检测		NASH 检测		RT - PCR/PCR 检测	
	合样量（植株）	检测依据	合样量（植株）	检测依据	合样量（块茎）	检测依据
病毒（PVY）	4 合 1	NY/T 401—2000	—		10 合 1	NY/T 2678—2015
病毒（PLRV）	4 合 1	NY/T 401—2000	—		10 合 1	NY/T 2678—2015
类病毒（PSTVd）	—		10 合 1	NY/T 2744—2015	10 合 1	GB/T 31790—2015 NY/T 2744—2015
青枯病	—		—		10 合 1	SN/T 1135.9—2010
黑胫病	—		—		10 合 1	文献方法
环腐病	—		—		10 合 1	GB/T 28978—2012

注：检测块茎样品时，样品合样量是表中推荐的 1/2；PSTVd 也可采用 NASH 方法。

2. 收获后检测主要技术

（1）血清学方法。双抗体夹心酶联免疫吸附技术（DAS - ELISA）为目前应用较广的血清学技术，利用抗原（病毒）与其特异性抗体，在离体条件下产生专一性反应的原理，病毒如果存在于样品中，将首先被吸附在酶联板孔中的特异性抗体捕捉，然后与酶标抗体反应。加入特定的反应底物后，酶将底物水解并产生有颜色（黄色或蓝色）的产物，颜色的深浅与样品中病毒的含量成正比。如果不存在病毒，实验结束时将不会产生颜色反应。该方法广谱性强、操作简单快速。DAS - ELISA 是目前国内外广泛采用的马铃薯种薯收获后检测技术。

（2）核酸斑点杂交。随着生物技术突飞猛进的发展，国内外很多学者开始应用核酸斑点杂交法（NASH）检测 PSTVd。此法基于互补碱基的结合，因而可靠、灵敏度高。1989 年以后，^{32}P 和生物素先后被应用于 cDNA 探针的标记。但是，^{32}P 半衰期短，有放射性危害，对操作及废物处理要求严格，而生物素成本较高，因此，这两种方法都没有广泛普及。1992 年，何小源和周广和用光敏生物素标记了 PCR 扩增后的 PSTVd - cDNA 探针。1997 年，董江丽等用长臂光敏生物素标记 cDNA 探针，克服了之前的一些弊端，使该技术更具实用性。通过各种努力，尽管 NASH 方法有了一定的改进，但该方法仍然存在探针制备复杂，不利于推广应用等缺点。后来，吕典秋等利用地高辛标记技术制备了马铃薯纺锤块茎类病毒 cDNA 双体探针。又在此基础上成功地研制出了 PSTVd 核酸斑点杂交法检测试剂盒，为 PSTVd 检测开拓了更为简便、快捷、安全的方法。现在利用 NASH 方法检测 PSTVd 已经变得非常简便，一次可以检测大量样品，灵敏度高，操作简单，如果采用地高辛等无放射性的标记物，还能避免放射性危害，对环境友好，对操作人员亦没有危害，是日常检测 PSTVd 非常便利、有效、可靠的方法。

（3）反转录-聚合酶链式反应。反转录-聚合酶链式反应（RT - PCR）技术灵敏、快速，广泛应用于检测领域，迄今为止，报道了 PVY 和 PLRV 双重 RT - PCR 检测技术。Peiman 和 Xie 报道了 PVX、PLRV 和 PVS 三重 RT - PCR 技术，Zhang 等报道了 PVX、PVY、PVA、PVM、PLRV 五重 RT - PCR 检测技术体系。吴志明等分别采用 RT - PCR 技术成功检测出了 PSTVd。叶明研制出了利用一步法 RT - PCR 检测 PSTVd 的技术。

（4）实时荧光 PCR 技术。 实时荧光 PCR 技术（Real - time fluorescence PCR）在聚合酶链式反应中加入荧光化学物质，在每次扩增反应过程中监控荧光分子数量，通过荧光信号，对 PCR 进程进行实时检测。在 PCR 扩增的指数时期，模板的 Ct 值和该模板的起始拷贝数存在线性关系，可以用于定量样品中初始病毒数量，该方法快速、灵敏、准确，是目前常用方法中最为灵敏的一种。2007 年，Agindotan 等建立了同时检测 PVY、PLRV、PVA 和 PVX 的探针法实时荧光 PCR 体系，可以同时检测 4 种病毒。Balme - Sinibaldi 等建立了 PVY^N 和 PVY^O 实时荧光 PCR 技术体系，可以特异检测 PVY 两种株系。Singh 等在种薯收获后 PVY 检测工作中，比较了 DAS - ELISA 法检测植株和实时荧光 PCR 法检测休眠块茎的效果，发现两种方法检测到的 PVY 阳性样品数量相似。Mortimerjones 等建立了在马铃薯块茎中同时检测 PLRV、PVX、PVS 和 TSWV 的检测技术体系。

3. 检测技术的选择　对于马铃薯种薯/苗生产者来说，可以结合本单位的实际情况选择合适的检测方法。在方法的选择上，本单位的实验条件和设施是必须考虑的因素之一，不同的检测方法需要不同的设备，因此，要全方位考虑问题，做出适当的选择，在保证检测质量的同时，尽可能减少不必要的经费支出。例如 PSTVd 检测，如果本单位有 PCR 仪，而且环境条件控制得比较好，不易产生交叉污染，则可以选择 RT - PCR 法；如果检测的样品量比较大，可以选择 NASH 法；如果实验条件有限，只有电泳仪，则可以选择往复聚丙烯酰胺凝胶电泳（R - PAGE）。如果不具备检测条件，也可以委托国内具有检验资质的单位进行委托检测以达到确保马铃薯种薯质量安全的目的。

马铃薯病毒检测技术中，DAS - ELISA 病毒检测广谱性、灵敏度高、造价低、易操作的特点为业内公认，但在检测过程中，通过与 RT - PCR 分子检测进行比较，发现其针对性与灵敏性有所差异。DAS - ELISA 病毒检测试剂盒中的单克隆抗体要尽量覆盖所有基因型，而多克隆抗体检测范围更宽。同理，在 RT - PCR 检测技术研究上，检测人员需要经常改进检测引物，使其适应能检测到病毒的所有株系。在 DAS - ELISA 检测技术的研究中，制备各个株系的抗体混合在一起使用，使试剂盒能够检测到病毒所有株系，保障检测的准确性。因此，DAS - ELISA 病毒方法与 RT - PCR 法可优势互补。

在实际的马铃薯生产及研究中，有人通常认为检测数据要翔实准确，进而会倾向于使用更为精确的检测方法。但事实上，不论是生产或者科学研究，使用最适合当前工作，效率最高的方法才是最正确的选择。在马铃薯脱毒种苗、种薯生产过程中，种苗是整个生产链的源头，对于脱毒材料、试管苗的病毒筛查，以及其他方法无法确定的样品，需要使用检测灵敏度高的方法，如 RT - PCR 法等，以保证种薯的质量。对于大田种薯样品检测以及企业自测，可以选择 DAS - ELISA 法，检测成本低、操作简单、易学易用、对仪器要求低，亦可根据检测结果初步掌握种薯质量情况。此外，在某些研究中，研究者们需要以脱毒种薯为实验材料，这时，可使用灵敏度较高的方法进行检测，以免对实验造成损失。

4. 注意事项

(1) 控制实验室检测环境条件。实验室环境要满足一般条件，如仪器设备齐全、通风、干燥、无污染、安全防火等，这是实验成功的前提。

(2) 实验室温度控制在 25～26 ℃ 之间。应用 DAS‑ELISA 法检测病毒，包被、IgG‑AP 抗体与底物催化反应，孵育需在 25 ℃ 或 37 ℃ 下完成（根据不同试剂公司试剂标准完成），在这几个环节中，用相近温度环境来完成操作有利于每个环节的精准实现，减少操作环境因素造成的误差，因此，有条件的实验室，要在实验室中安装空调来调控温度。

(3) 临界值处理。如果在检测过程中发现一些处于临界状态的、不易判断的检测结果，可以采用多种方法相互进行验证，以获得准确的结果，或者对其培养一段时间后进行复检。

(4) PSTVd 待测样品勿在低温储存。在长期的日常检测过程中发现，感染了 PSTVd 的块茎经过长期低温储藏后，PSTVd 的含量显著下降，经常降低到检出限以下，导致假阴性产生。因此，长期低温储藏后的块茎在检测之前应置于室温、光照条件下进行回暖处理一段时间（2 周左右）后再进行检测，以确保检测结果的准确性。

(5) 实验应具备自动发电装置。每一次实验检测，都是由多个环节组成的，消耗人力，物力财力，完成连贯的实验流程，是检测实验成功的基本保障。所以，实验检测中一旦电力中断，造成的损失将是无法挽回的，因此，供电设备必不可少。

五、库房检验

马铃薯种薯库房检测是指在马铃薯种薯出库前对其进行质量检测。房进检测是非常必要的，可以及早发现问题，汰除病薯，防止病害在库房中继续蔓延，最大限度地减小损失；同时能够避免带病种薯流入市场，减小第二年种植时的病害压力，减少农民损失。库房检测采用目测检验，目测不能确诊的病害也可采用实验室检测技术，目测检验包括同时进行块茎表皮检验和必要情况下一定数量的内部症状检验。

根据种植者填写的马铃薯种薯块茎存储登记表（附录 6），种薯出库前要进行库房检查，检验员填写库房（发货前）检测记录表（附录 7）。

检查各级别种薯块茎质量要求（表 5‑8）。

表 5‑8　各级别种薯库房检查块茎质量要求

项目	原原种允许率（每 100 个允许个数）	允许率（每 50 kg 允许个数）		
		原种	一级种	二级种
混杂	0	3	10	10
湿腐病	0	2	4	4
软腐病	0	1	2	2
晚疫病	0	2	3	3
干腐病	0	3	5	5
普通疮痂病[①]	2	10	20	25

（续）

项目	原原种允许率（每100个允许个数）	允许率（每50 kg允许个数）		
		原种	一级种	二级种
黑痣病①	0	10	20	25
外部缺陷	1	5	10	15
冻伤	0	1	2	2
检疫性病虫害	0	0	0	0
土壤和杂质②	0	1%	2%	2%

① 指病斑面积不超过块茎表面积的1/5。

② 允许率按重量百分比计算。

原原种根据每批次数量确定扦样点数（表5-9），随机扦样，每点取块茎500粒。

表5-9 原原种块茎扦样量

每批次总产量/万粒	块茎取样点数/个	检验样品量/粒
≤50	5	2 500
>50～500	5～20（每增加30万粒增加1个检测点）	2 500～10 000
>500	≥20（每增加100万粒增加2个检测点）	≥10 000

大田各级种薯根据每批次总产量确定扦样点数（表5-10），每点扦样25 kg，随机扦取，样品应具有代表性，同批次大田种薯存放不同库房，按不同批次处理。

表5-10 大田各级别种薯块茎扦样量

每批次总产量/t	块茎取样点数/个	检验样品量/kg
≤40	4	100
>40～1 000	5～10（每增加200 t增加1个检测点）	125～250
>1 000	≥10（每增加1 000 t增加2个检测点）	≥250

六、种薯批定级

（一）种薯批合格

经过检测后符合申请等级标准的种薯批可以发放检验合格证。

（二）种薯批降级

由于各种原因，一个种薯批未达到规定的种薯批检测标准，可降级为适合的等级。被降级的种薯批需继续检测，需要达到所降等级的标准。

（三）种薯批拒绝认证

如果种薯批在第一次或随后或最终检测期间不符合认证级种薯的标准，该种薯批不能作为种薯。田检员必须在田检报告中注明拒绝的原因。当种薯批不符合所要求的标准时，田检员必须通知种植者检验结果。被拒绝的种薯批不需要进行下一步种薯认证。

如果在末次田间检测后，检验机构发现以下情况将会影响种薯批认证资质时，该种薯批可能面临被拒绝。

① 种薯批丢失认证编号。

② 种薯批与其他种薯批或与未经权威机构允许的种薯批混杂。

③ 违反检测要求。

④ 田检员在该地块发现了允许率为 0 的有害生物。

⑤ 种薯批不符合标准。

⑥ 没有按要求及时杀秧。

⑦ 种薯批可能受到来自另一地块的除草剂或抑芽剂药害。

第四节　种薯检验合格证发放、包装及标签的规定

一、种薯检验合格证发放

在最后一次田检之后，田检员根据田检记录撰写田检报告，形成终稿，其中包含所有相关信息。

在生长季对种植进行的所有田间检测工作完成后，田检报告的原件要提交到检测机构存档。田检结果提供给种植者。种子认证机构根据种子生产者申报的种薯批，对照田间检验报告、收获期检测报告和发货前检验报告对种薯进行认证，对达到认证种薯质量要求的种薯批签发认证标识或认证证书。

二、种薯包装的规定

（一）储存包装的条件

袋子应是全新的；其他种类的包装，如果清洗干净也可以重复使用。

（二）容器封装

包装由认证机构或在权威机构监管下进行封装，封好的包装一旦打开，将损坏官方封签或者留有篡改官方标签的痕迹。

再次封签只能由认证机构或在权威机构的监管下进行。

（三）包装的一致性

每个包装应该装有相同品种、种类、级别、大小和来源的马铃薯块茎。

一个种薯批应具有一致性，即一个种薯批内各个包装内的马铃薯种薯，在外观和品种

真实性方面要保持一致。

三、种薯标签的规定

（一）官方标签

标签应放置于外包装上，必须是全新的。

标签内容必须包括以下信息：①作物种类；②品种名称；③审定/登记编号；④作物级别；⑤检疫证明编号；⑥生产单位；⑦种子生产经营许可证编号；⑧联系电话；⑨单位地址；⑩生产年月；⑪净含量；⑫是否为转基因种子；⑬检测单位；⑭种子批号；⑮检测日期；⑯质量指标（按照 GB 18133—2012《马铃薯种薯》）。

（二）备用标签

每个包装要求在包装内部放一个与标签颜色相同的备用标签，这个备用标签最少要包含品种、级别等主要信息。备用标签标注信息应与官方标签一致。若标签材质是胶质的或者不易撕掉的，可以不用放置备用标签。备用标签上的详细数据也可以印刷到每个包装上来替换备用标签。

（三）重新封签

如果需要进行二次检验，应在标签上标注进行二次检验的认证部门及重新封签的日期。如果需要一个新的标签，必须详细记录原标签上的内容、重新封口的日期以及执行二次检验的权威部门。

（四）供货商的标签

每个包装可以额外放置一个供货商的标签。

第五节　马铃薯种薯检测认证网络平台

农业农村部脱毒马铃薯种薯质量监督检验测试中心（哈尔滨），通过几年的研发，建设了"马铃薯种苗、种薯质量检测认证系统 V1.0"，该系统可实现马铃薯种薯生产者、种薯购买者及种薯质量检测机构的实时数据连接，对马铃薯种薯生产可进行全程跟踪检测。同时，平台可提供与马铃薯种薯相关的质量信息，并保护各方的利益。通过该系统，种薯生产者可进行相关信息登记，检测机构利用系统下达检测任务，提供检测报告。检测员利用手机软件接受检测任务，实时上传检测结果，保证检测结果的时效性和准确性。种薯购买者可以通过扫描包装标签上的二维码获取种薯产地、级别、种植者、生产地块位置、存放库房等详细信息。该系统的运行可实现马铃薯种薯质量的追踪溯源，保障马铃薯种薯购买者买到符合国家标准要求的种薯。具体操作详见附录8。

附　　录

附录1　马铃薯种薯质量认证申请表

申请者				
注册地址				
邮编		组织机构代码或统一社会信用代码		
法定代表人		农作物种子生产经营许可证编号		
联系方式	姓名	职务	邮箱	
	手机	固定电话	传真	
企业情况	企业总人数		质量管理人数	
申请认证作物种类	品种名称	审定（登记）证书编号	品种权证书编号	非转基因声明
申请者声明	本单位自愿向你机构提出认证申请，保证材料真实。本单位接受你机构安排的基地检查、田间检验、种子检验和跟踪检查等活动，接受主管部门的执法监督和检查，履行规定的义务。 　　法定代表人：（签字） 　　申请单位（公章） 　　　　年　月　日			
种子认证机构审核意见				

附录 2　认证登记信息表

公司名称		地址		组织机构代码证		种子生产经营许可	
法人		电话		传真		邮箱	

地块情况登记

名称	位置	病虫害情况	前年种植作物	去年种植作物	前年农药使用情况	去年农药使用情况

基础条件登记

	库房			温室			网棚	
名称	位置	条件	名称	位置	条件	名称	位置	条件

（续）

种薯批登记											
种薯批号											
品种名称											
级别											
种薯/种苗来源											
地块名称											
隔离条件											
面积											
农药名称											
施用时间											
网棚名称											
温室名称											
库房名称											

附录3　种薯生产平面图

种薯批号：　　　　　　　　　　　　绘图日期：

检测品种：　　　　　　　　　　　　级别：

面积：　　　　　　　　　　　　　　地址：

绘图人：　　　　　　　　　　　　　陪同田检的种植者姓名：

种植者电话：　　　　　　　　　　　地块编号：

附录 4　马铃薯种薯质量检测基础信息登记表

种植者/代理人姓名：
通信地址：

单位：　　　　　　　　电话：
邮箱：　　　　　　　　邮编：

种薯批号	地块编号	地块位置	品种	面积/公顷	播种种薯		播种日期	前茬		农药使用		隔离	备注
					级别	来源		去年	前年	药名	施用时间		

注：请附种子批次地块示意图。

附录 5　第＿＿次田间检验记录表

种植者/代理人姓名：
地块编号：

检验日期：　　　　　　种薯批号：
品种：　　　　　　　　面积：
　　　　　　　　　　　级别：

检测点	混杂	类病毒	病毒			环腐病	青枯病	黑胫病	丝核菌立枯病	晚疫病	早疫病	备注
			总病毒	重花叶	卷叶							
1												
2												
3												
4												
5												
6												

（续）

7					
8					
9					
10					
百分率/%					
备注					

检验员：

种植者/代理人：

附录 6 马铃薯种薯块茎存储登记表①

种植者/代理人姓名：　　　　种植者/代理人编号：　　　　电话：　　　　邮编：

通信地址：　　　　邮箱：　　　　库房地址：　　　　库房管理人：

批次	库房号②	品种	级别	数量（吨）	来源（地块编号＋入库时间）	库房位置	库房类型	设施③	备注

注：①田间检测合格的种薯和不合格的种薯分别存放。本表只适用于田间检测合格的种薯登记，用于进行收获后检测和库房检测。
②种薯批号书写格式为：库房号＋批次编号。
③填写库房内设施，如制冷机、供暖设备等。

附录 7 库房（发货前）检测记录表

种植者/代理人姓名：　　　　种植者/代理人编号：　　　　检测时间：　　　　温度：　　　　湿度：

库房管理人：　　　　电话：　　　　邮箱：　　　　库房号：

种薯批号：　　　　品种：　　　　级别：　　　　总量：　　　　取样量：

检测点	混杂	环腐病	青枯病	湿腐病	软腐病	晚疫病	干腐病	疮痂病	黑痣病	缺陷薯	冻伤	杂质	检疫性病虫害	备注
百分率/%														

种植者/代理人：　　　　检测员：

附录8 马铃薯种薯质量认证溯源平台操作示范

1. 登录黑龙江省农业科学院植物脱毒苗木研究所网页，点左下角"马铃薯种薯质量检测认证溯源平台"。

2. 输入用户名称、用户密码和验证码登录。

3. 企业登记注册"企业基本信息"。

4. 企业登记"地块信息"。

5. 管理中心审核通过。

6. 中心下发田检任务到检测室。

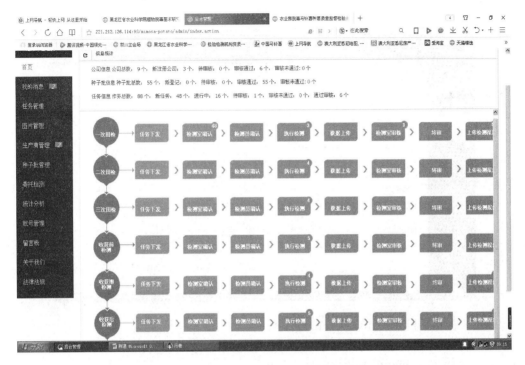

7. 检测室主任下发检测任务，指派检验员负责具体地块的检测。

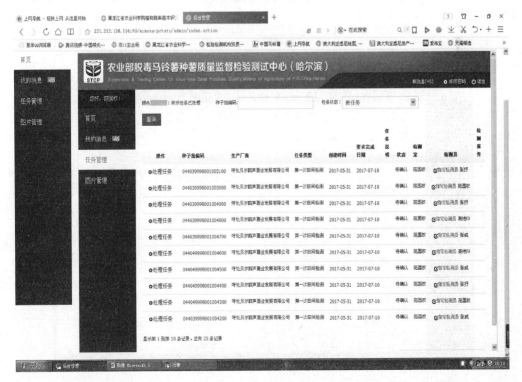

8. 检验员领取任务后，做好田检准备。

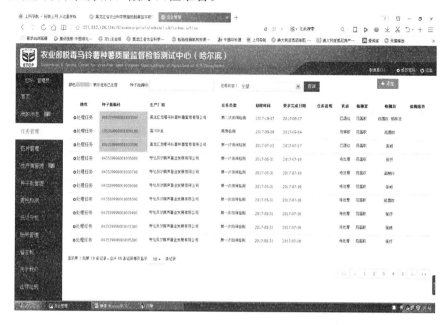

9. 检验员在手机上操作，执行田检任务。

10. 检验员在田检后，可通过手机操作，填写检测结果，上传到网络。

11. 将库房检测的结果上传到网络。

12. 生产企业登录"马铃薯种薯质量检测认证溯源平台"，可以直接在网上看到种薯田检测结果。

主 要 参 考 文 献

白建明，陈晓玲，卢新雄，等，2010. 超低温保存法去除马铃薯 X 病毒和马铃薯纺锤块茎类病毒 [J]. 分子植物育种，8 (3)：605 - 611.

高明杰，罗其友，闫玉赞，2011. 世界马铃薯生产与国际贸易分析 [M]//陈伊里，屈冬玉. 马铃薯产业与科技扶贫. 哈尔滨：哈尔滨工程大学出版社：41 - 46.

谷宇，杜志游，郎秋蕾，等，2006. 基于 RNA 杂交的马铃薯纺锤块茎类病毒检测芯片 [J]. 高等学校化学学报，27 (11)：2106 - 2109.

何小源，周广和，1992. 应用聚合酶链式反应扩增和光敏生物素标记的 cDNA 探针检测马铃薯纺锤块茎类病毒 [J]. 病毒学报，8 (4)：337 - 341.

黑龙江省农业科学院马铃薯研究所，1994. 中国马铃薯栽培学 [M]. 北京：中国农业出版社.

金黎平，屈冬玉，谢开云，等，2004. 中国马铃薯育种技术研究进展 [C]//中国作物学会. 中国马铃薯学术研讨会与第五届世界马铃薯大会论文集. 哈尔滨：中国作物学会马铃薯专业委员会：10 - 19.

康哲秀，金顺福，姜成模，等，2009. 应用 RT - PCR 技术快速检测马铃薯纺锤块茎类病毒 [J]. 延边大学农学学报，31 (2)：101 - 104.

李文娟，秦军红，谷建苗，等，2015. 从世界马铃薯产业发展谈中国马铃薯的主粮化 [J]. 中国食品与营养，21 (7)：5 - 9.

李芝芳，张生，朱光新，等，1979. 利用主要鉴别寄主对马铃薯纺锤块茎类病毒（Potato spindle tuber virus）鉴定效果的研究初报 [J]. 黑龙江农业科学 (3)：26 - 31.

刘华，冯高，2000. 化学因素对马铃薯病毒钝化的研究 [J]. 中国马铃薯，14 (4)：340 - 341.

刘洋，高明杰，何威明，等，2014. 世界马铃薯生产发展基本态势及特点 [J]. 中国农学通报，30 (20)：78 - 86.

吕典秋，李学湛，白艳菊，2005. 马铃薯纺锤块基类病毒（PSTVd）的检测与防治研究进展 [J]. 中国马铃薯，19 (6)：361 - 364.

吕典秋，邱彩玲，王绍鹏，等，2009. 马铃薯类病毒 cDNA 双体探针的研制及其在检测上的应用 [J]. 园艺学报，36 (10)：1538 - 1544.

闵凡祥，王晓丹，胡林双，等，2010. 黑龙江省马铃薯干腐病菌种类鉴定及致病性 [J]. 植物保护，36 (4)：112 - 115.

田波，张广学，张鹤令，等，1980. 马铃薯无病毒种薯生产的原理和技术 [M]. 北京：科学出版社.

吴兴泉，陈士华，魏广彪，等，2005. 福建省马铃薯 S 病毒的分子鉴定及发生情况 [J]. 植物保护学报，32 (4)：134 - 137.

吴志明，贾晓梅，谢晓，等，2003. 马铃薯纺锤块茎类病毒 RT - PCR 检测及全序列分析 [J]. 华北农学报，18 (院庆专辑)：63 - 65.

杨波，刘晓兵，吕典秋，2016. 荷兰马铃薯种薯生产与质量认证 [J]. 中国马铃薯，30 (3)：181 - 185.

叶明，李德森，杜荣骞，等. 2009. 利用一步法 RT - PCR 检测马铃薯纺锤块茎类病毒 [J]. 云南大学学报（自然科学版），21 (S3)：190 - 191.

俞大绂，1977. 镰刀菌分类学的意义 [J]. 微生物学报，17 (2)：163 - 171.

赵九州，陈洁敏，陈松笔，等，1999. 无土基质与营养液 EC 值对切花菊生长发育的影响 [J]. 园艺学报，5：327－330.

Cullen D W，Toth I K，Pitkin Y，et al，2005. Use of quantitative molecular diagnostic assays to investigate Fusarium dry rot in potato stocks and soil ［J］. Phytopathology，95：1462－1471.

Muro J，Díaz V，Goñi J L，et al，1997. Comparison of hydroponic culture and culture in a peat/sand mixture and the influence of nutrient solution and plant density on seed potato yields ［J］. Potato Research，40（4）：431－438.

Oraby H，Lachance A，Desjardins Y，2015. A Low Nutrient Solution Temperature and the Application of Stress Treatments Increase Potato Mini－tubers Production in an Aeroponic System ［J］. American Journal of Potato Research，92（3）：387－397.

PEIMAN M，XIE C，2006. Sensitive detection of potato viruses，PVX，PLRV and PVS，by RT－PCR in potato leaf and tuber ［J］. Autralas Plant Disease，1：41－46.

SINGH RP，KURZ J，BOITEAU G，1996. Detection of stylet－borne and circulative potato viruses in aphids by duplex reverse transcrip－tion polymerase chain reaction ［J］. J Virol Methods，59：189－196.

图书在版编目（CIP）数据

马铃薯种薯生产与质量检测／吕典秋，闵凡祥主编
.—北京：中国农业出版社，2022.1
ISBN 978-7-109-27991-9

Ⅰ.①马… Ⅱ.①吕… ②闵… Ⅲ.①马铃薯—栽培
技术 Ⅳ.①S532

中国版本图书馆 CIP 数据核字（2021）第 038144 号

中国农业出版社出版

地址：北京市朝阳区麦子店街 18 号楼
邮编：100125
责任编辑：舒 薇 李 蕊 黄 宇 文字编辑：宫晓晨
版式设计：杜 然 责任校对：刘丽香
印刷：中农印务有限公司
版次：2022 年 1 月第 1 版
印次：2022 年 1 月北京第 1 次印刷
发行：新华书店北京发行所
开本：787mm×1092mm 1/16
印张：12.25
字数：280 千字
定价：70.00 元